国防工程系列丛书

# 工程结构分析程序设计与应用

主编：何　煌　朱卫华

编者：孔位学　崔伟峰　谭清华　段金曦

　　　张　胜　张凡榛　张硕云　刘希月

　　　谢建军　周常蓉

国防科技大学出版社
·长沙·

**图书在版编目（CIP）数据**

工程结构分析程序设计与应用/何煌，朱卫华主编 . —长沙：国防科技大学出版社，2016.1

ISBN 978 – 7 – 5673 – 0424 – 6

Ⅰ.①工…　Ⅱ.①何…②朱…　Ⅲ.①工程结构－结构分析－计算机辅助分析－程序设计　Ⅳ.①TU311.41

中国版本图书馆 CIP 数据核字（2015）第 285946 号

国防科技大学出版社出版发行

电话：（0731）84572640　邮政编码：410073

http://www.gfkdcbs.com

责任编辑：徐 飞　唐卫威　责任校对：梁 慧

新华书店总店北京发行所经销

国防科技大学印刷厂印装

＊

开本：787×1092　1/16　印张：17.5　字数：415 千

2016 年 1 月第 1 版第 1 次印刷　印数：1 – 800 册

ISBN 978 – 7 – 5673 – 0424 – 6

定价：**35.00** 元

# 前　言

　　工程结构分析程序设计与应用是土木工程专业的一门专业基础课程，通过课程的学习可以促进土木工程专业的学生具备对各种复杂工程结构进行力学分析的能力。

　　本教材采用基本原理、程序设计和上机实习三者紧密结合的方式编写，点面结合、由浅入深地介绍工程结构分析程序设计基础，连续梁的内力计算及程序设计，平面刚架、桁架计算及程序设计，弹性力学与有限单元法，以及平面问题三结点三角形单元有限元法程序设计等内容。始终注意按软件工程思想组织学习内容，使初学者养成良好且科学的程序设计习惯。通过本课程的学习，在工程结构分析原理与程序设计之间架起一座桥梁，掌握使用FORTRAN（或VB，VC）开发 Windows 应用程序的一般方法和特点，了解有限元的基本概念、主要功能和 ANSYS 应用程序开发的基本思想，能够根据实际需要自行开发简单的 Windows 应用程序，并为今后进一步开发和使用ANSYS 等应用程序奠定基础。

　　本书第一、五、九章由何煌编写，第二章由朱卫华、张硕云、周常蓉、谢建军编写，第三章由段金曦、张凡榛编写，第四章由朱卫华编写，第六、七章由孔位学编写，第八章由崔伟峰、张胜编写，谭清华、刘希月参与了第九章的编写，谢建军等绘制了部分插图，最后由何煌统稿，何煌、孔位学、朱卫华、张凡榛、张硕云等对全书进行了修改与校对。

　　本教材编写得到了长沙理工大学刘晓平教授的大力支持和帮助，在此表示衷心感谢！近年来，编者根据试用情况将教材中错漏进行了多次修改和补充，尽管如此，教材中仍会有一些不足之处，敬请各位读者批评指正。读者如有疑问或需要书中的有关程序，可通过电子邮件与作者联系。电子邮箱：67102347@ qq. com。

编　者

2015 年 09 月

# 目　录

# 第1章 绪 论

## 1.1 引 言

现代工程的规模越来越大，工程结构越来越复杂，如大型飞机、航天飞行器、高速列车、巨型轮船、海上采油平台、超高层建筑及超大型公共建筑、大型桥梁、核电站、大型水坝、水下隧道等，对这些工程结构进行分析设计或安全性评估时，即进行工程结构分析时，单单凭借基本力学知识已无法实现工程结构的分析计算，需要借助现代计算机技术，采用数值计算方法，实现对复杂超大型结构进行分析计算的问题。

数值计算方法是一种研究并解决数学问题的数值近似解方法，是在计算机上使用的解数学问题的方法，可以实现微分方程、常微分方程、线性方程组的求解。将复杂的力学问题通过有限元法等方法转化为可求解的数学线性方程组，采用数值计算，解决工程结构分析中的力学问题。尽管这是一种近似计算方法，但是大量工程实践证明，其计算精度能够满足工程实际的要求。

本书重点阐述两个部分的内容：

一是以数值计算为基础，采用自编程序对工程结构进行分析与计算，按照由简到难、循序渐进的思路，依次阐述了连续梁计算及程序设计、平面刚架、桁架计算与程序设计以及弹性力学平面问题和有限单元法的基本原理和程序设计。

二是介绍了大型常用应用软件 ANSYS 的技术特点、主要功能及工程应用，并对自编程序如何与 ANSYS 软件衔接的问题进行了概略分析。

## 1.2 计算力学在工程结构分析中的应用

计算力学是依据力学基础理论，利用现代电子计算机和数值计算方法，解决力学实际问题的一门新兴学科。随着计算机的发展与普及，计算力学在工程结构分析中获得了广泛的应用，大幅提高了工程结构分析水平，减轻了设计人员的劳动强度，提高了工作效率，缩短了分析计算周期，节约了资源，提高了设计质量。计算力学在工程结构分析中的应用主要体现在以下方面[1]。

## 1. 工程结构分析模型精确化

进行工程结构分析，以往由于计算手段的限制，需要对工程结构做较多的简化假定，从而导致计算结果较为粗糙。现在，计算力学及其计算机的应用，可以按照比较符合实际的、较精确的模型进行分析，较大地提高了计算精度。

例如矩形框架通常用来构筑地下工程等全埋结构，它由顶材、础材构件和侧墙构件组成。前者视为梁、后者视为柱。根据构件的连接特点，通常将结点视为铰接。按构件的受力情况不同，又分为受弯构件和压弯构件两类，运用传统方法设计时，需采用简化计算方法分别按梁、柱结构进行内力计算，如图 1-1 所示。而基于计算力学方法，利用有限元单元分析，将结构整体及其与之耦联的基础作为一个结构体系，考虑结构物与基础的相互作用和相互影响来进行计算分析。

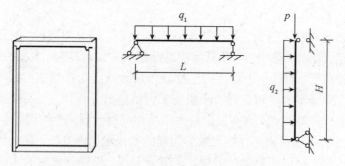

图 1-1　地下工程矩形框架结构计算简图

## 2. 大型工程结构分析整体化

囿于力学分析的局限性，面对大型地下工程结构，如大跨地下洞室、大型隧道等，进行整体分析是较困难的，往往将其分解为许多便于计算的"平面结构"，或者在宏观上看成"梁""桁架""拱"等易于分析的结构进行估算，然后对组成结构构件进行设计。计算力学的发展为这种大型、复杂结构的整体分析提供了有力的工具，为结构的合理设计创造了条件。

例如在地下工程中常用的地下框架结构(图 1-2)，以往都是采用简化计算方法，即将土压力、地下水压力等荷载作用在边墙上，边墙视为嵌固在底板上的悬臂梁，而底板则视为弹性地基梁分别计算。而现在可以利用有限元或其他方法，将结构整体及其与之耦联的地基作为一个结构体系，考虑结构物与地基的相互作用和相互影响来进行计算分析。

另外，以往工程结构的设计分析主要是针对完整结构在使用荷载下的反应分析。应用计算力学后，可以考虑建造全过程的反应分析。

例如，地下工程的防护墙的分段分期施工、洞体的分段分层开挖、闸室结构不同的施工工序等，都可按实际情况进行全过程的仿真反应分析，从而既能保证结构建造全过程的可靠性，又为选用合理的施工方案提供参考。

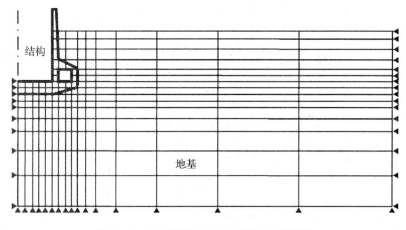

图1-2 地下框架结构的有限元计算模型

### 3. 力学分析中的本构关系实际化

针对岩土、混凝土等防护工程中广泛采用的结构材料，由于其组成的复杂性及其力学性能的特殊性，长期以来人们大多依据由实验室得出的经验公式来计算破坏载荷，或者假设为弹性材料来分析计算，这与实际结构受力反应相差悬殊，只好采用较大的"安全系数"来解决这个问题。而计算力学的应用，可以结合此类材料的特殊本构关系，对结构受力的全过程进行分析，对结构受力过程中的应力分布、变形发展、因非线性变形与裂缝的发展而产生的应力重分布和极限荷载等都可得到较准确的解答。在保证结构可靠性的同时，有效地促进了材料的合理利用。

### 4. 结构动力分析

对于工程中的瞬时冲击作用(爆炸冲击波等)、地震作用等反应分析，在过去长时间内一直采用等效静载法，而计算力学中已有多种直接动力法可用于结构的动力反应分析，可得到随时间变化的各种参数，提高了动力设计的精度和可靠性。

### 5. 优化结构设计及仿真结构试验分析

以往的"设计"，很大程度上是一种"验算"，因为它往往是对预先选定的结构进行计算，若满足规定的数值限制，就可通过，否则就局部修改构件尺寸，这就很难说是创新意义上的"设计"。现在这种状态已随着计算力学的发展与应用而开始改变，各种优化方法、自动控制中的控制技术，人工智能中的专家系统已开始与结构工程相结合，能够对结构进行真正的优化设计。

另外，过去对新型工程结构的采用或对复杂结构的性能无把握时，总是借助于模型试验，试验工作既费工费时，又需很大的劳动强度，而且由于试验设备、场地、经费等方面的限制，难以做足尺试验，其精度有限。基于计算力学、数值模型和计算机图形技术相结合而发展起来的试验仿真技术则可以克服以上缺点。目前，这种试验仿真已完全可以取代光弹试验和有机玻璃模型试验。较成功的案例有：钢筋混凝土裂缝的发展以及破坏过程的模拟，地下结构在地震作用下非线性反应的动态模拟，地下结构洞体塌方模拟等。

### 6. 多物理场耦合分析

由于计算力学方法的适应性以及互通性很强，使得多介质组成的工程结构大系统的分析成为可能。例如在基础与上部结构的共同作用，风流、水流与结构物的耦合振动等方面取得了一些成果。

# 第 2 章　工程结构分析程序设计基础

随着科学技术的不断进步,计算机硬件发展迅速,尤其是微型计算机以其容量越来越大、速度越来越快、价格越来越低、功能越来越强且使用方便等特点,使得工程师们利用计算机进行工程结构分析计算既现实又经济。特别是现代巨型计算机的成功开发应用,可以实现土木工程结构分析的超大规模的并行计算。

## 2.1　计算机程序设计基础

鉴于工程结构分析自身的特点,利用计算机进行工程结构分析计算具有以下特点:程序设计时,首先由于计算机本身机器资源问题,设计者需要侧重考虑计算时间、内存占用、精度要求以及可行性等因素,在计算方法、程序结构、数据管理、资源利用等方面精心设计和研究;其次应该采用实用合理的程序结构,如结构化、模块化、层次化等,使程序具有良好的结构,层次清楚,可读性好,易于调试与维护,便于用户的二次开发利用。

### 2.1.1　程序设计要求

计算力学由基础理论、计算方法、计算机软件或程序构成,其中,软件或程序将这三大部分有机地联系起来。计算机软件是由计算机程序、方法、规划及相关的文档以及在计算机上运行所必需的数据组成的。所谓工程结构分析程序设计就是在工程结构分析基础理论指导下,设计和采用合理的方法和步骤编写程序,借助计算机完成计算分析。

#### 1. 软件开发要求

通过长期的计算机工程实践,工程师们总结出了运用工程化、规范化的方法实现软件的开发和维护的经验,并对拟编写的软件提出了以下要求[1]。

(1)正确性:保证正确地实现软件的全部功能。

(2)可靠性:软件反复多次使用不失败,出错率小于一定指标。

(3)简明性:表达简明易读,程序内外层次分明,接口简单。

(4)易维护性:能方便地进行校正、适应、完善、扩充等方面的维护。

(5)采用结构化设计方法：用顺序、判断、循环三种基本逻辑关系编制程序。

(6)规范性：文档齐全、格式规范。

## 2. 软件开发内容

软件开发过程一般包括问题分析、规划设计、程序编制、调试维护、软件说明等内容，具体内容包括以下方面。

(1)问题分析：分析研究对象，建立计算模型，选择合适的计算方法等。

(2)规划设计：功能规划，模块划分，数据结构与算法的设计，文档的编制等。

(3)调试维护：调试是指在保证程序语句正确的基础上，有目的地输入一定信息，由程序的执行结果来判断程序行为正确与否的过程；维护是指在软件使用期间，对软件进行的查询、增加、删减、功能扩充等持续性工作。

(4)软件说明：对软件的功能、所采用的理论方法、操作使用说明、扩展维护等方面所作的明确陈述。

## 3. 程序结构组成

程序结构通常由两方面组成：一是解决问题本身的结构；二是计算结构(即程序静态结构)。其计算结构既要与所有理论中的计算步骤一致，又要与机器执行计算时的动态结构一致，同时还要满足程序设计的客观标准，这就要求程序系统具有结构化、模块化[1]。

### (1)程序结构化

程序结构化就是通常所说的结构化程序设计。结构化程序设计就是按照一组能够提高程序可读性与易维护性的规则进行程序设计的方法。在保证程序正确可靠的前提下，结构化程序为达到程序清晰、有效率，需要满足以下基本要求：

① 全部程序均由顺序、选择和循环三类基本结构组成；

② 具有单入口、单出口的特点；

③ 不包含无限循环，没有死语句。

### (2)程序模块化

将一个规模较大的程序化整为零，划分为若干小的模块，每个模块都具有一定的功能，执行一个方便的运算，这样的程序称之为模块式结构程序。具有模块式结构的程序在程序编写、修改、增删、调试及易读性和可靠性方面都有较大的优越性。

## 2.1.2  数据处理

数据处理包括数据准备、数据输入、数据加工处理、数据存储、数据交换、计算结果分析等。对于一个实际的结构分析问题，数据处理是非常重要的工作，特别是对大型的复杂结构，要求提供和处理的结构数据量是相当大的[1]。

### 1. 数据准备

工程结构分析的数据准备可分为四步。

(1)建立结构分析的数学力学模型。例如在有限元法中用合适的单元模拟和划分实际结构,确定边界条件等。

(2)计算模型的数字化。即通过一系列的数字来描述模型化后的结构,如单元结点总数、单元类型、单元信息、材料特性、约束条件、荷载情况等。

(3)数据格式化。即按程序输入数据的要求,将定义结构的数据列表,最终建立一个或多个原始数据的输入文件。

(4)检查和校正数据。鉴于结构分析问题数据量巨大,在模型数字化、表格化的过程中难免会有错误,因此需要利用计算机进行检查校正。

### 2. 数据输入

一般简单的结构分析程序都是采用数据文件的方式进行数据的输入输出的。由使用者输入原始数据形成输入文件,程序运行结束后其结果储存到输出文件,以便对计算数据进行分析。大型的结构分析程序一般具有数据的预处理功能,即在结构分析程序内部具有一个数据预处理的模块,该模块的功能是读入原始结构的输入信息,按照要求产生和扩充数据,完成某些数据的检查,在显示器或打印机上显示数据产生的图形。

外部数据预处理程序(一般又称为前处理器),它的功能是接受分析人员准备的必要数据,或接受其他分析程序产生的数据,按照它所服务的主要结构分析程序的要求完成对数据的再加工,如数据产生、检查、显示等,最后产生一个供结构分析计算程序用的输入文件。

### 3. 数据处理与存储

在结构分析程序设计中,常常采用一些方法来达到节约计算机资源的目的。

例如,一般大中型计算机的整型变量占有 4 个字节(即 32 位二进制数),能表示十进制整数的合法范围为 $-2^{31} \sim 2^{31} - 1$,即 $-2\,147\,483\,650 \leqslant N \leqslant 2\,147\,483\,649$;一般微型计算机的整型变量占有 2 个字节,可表达最大的十进制整数范围为 $-2^{15} \sim 2^{15} - 1$,即 $-32\,768 \leqslant N \leqslant 32\,767$。显示将几个数值不大的整型量信息"紧缩"存储在同一整型变量内,形成一条数值较大的组合信息将会充分地利用计算机资源。

例如,在结构有限元分析中,对某结点的约束情况一般需要用约束结点号、该结点 $x$ 方向的约束、$y$ 方向的约束等 3 个参数来表示,如果将这些参数单独存放,就要占用计算机 3 个整型变量的资源。如 256 结点在 $x$ 方向有约束,$y$ 方向无约束,单独的信息是 2560,组合后的信息是 25 610,这就达到了节约 2/3 存储量的目的。

又如,结构分析问题所形成的刚度矩阵一般都是对称的稀疏矩阵,即一些与解方程组有关的非零元素主要分布在主对角线附近,而大量的与解方程组无关的零元素是没有必要存储的。因此,在结构分析程序中,往往利用矩阵的对称性只储存上三角(或下三角)的元素,达到节省一半内存的目的。

### 4. 数据交换

数据交换对于结构分析程序来讲，主要发生在主控制程序与各程序模块之间、程序模块与程序模块之间；对计算机来讲，主要发生在内存空间与外存空间之间。

内存空间数据传递的速度比较快，一般在内存能容许的情况下，应尽可能地利用内存空间。在内存中数据的传递主要是通过公用区、调用参数的虚实结合来完成的。由于计算机的内存总是有限的，特别是在微机上解决较为复杂的结构分析问题，内存不足是常见的问题，因此，在程序设计中还要考虑使用外存空间。利用外存空间主要是通过存取内存文件来实现。

### 5. 结果分析

结果分析包括中间结果分析和最终结果分析。在程序设计时要考虑设置一些中间过程提示或中间结果的显示，主要是为了了解程序的运行过程，分析可能出现的错误，如了解方程组中出现的非正定情况、迭代算法中出现不收敛情况、数组越界情况、单元信息或坐标信息输错而造成的"溢出"现象等。

最终结果分析时，会产生大量的数据信息，其中有些数据可能是我们需要的，如结构的位移、应变、应力和振型等，输出时可直接将这些计算结果通过图形显示出来，如图2-1所示。

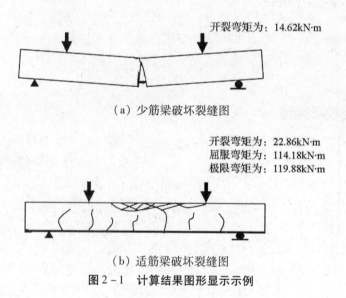

开裂弯矩为：14.62kN·m

（a）少筋梁破坏裂缝图

开裂弯矩为：22.86kN·m
屈服弯矩为：114.18kN·m
极限弯矩为：119.88kN·m

（b）适筋梁破坏裂缝图

**图2-1　计算结果图形显示示例**

## 2.2　数值计算方法简介

数值计算方法有很多种，例如差分法、变分法、有限单元法、边界元法等。这里仅简单介绍较常用的有限单元法。

有限单元法(Finite Elements Method, FEM)是将结构体离散化,再将离散模型进行数值分析求解的工程方法,是求解数学物理问题的一种数值计算近似方法。它发源于固体力学,以后迅速扩展到流体力学、传热学、电磁学、声学等其他物理领域。其基本思路是将连续系统分割成有限个分区或单元,对每个单元提出一个近似解,再将所有单元按标准方法组合成一个与原系统近似的系统。

由于有限单元法选用的单元类型及单元形状可以是多种多样的,且对单元都是进行独立的分析,允许单元之间具有不同的特性,对于复杂的因素,如复杂的几何形状,任意的边界条件,不均匀的材料特性及复杂的结构都能加以考虑,这就使得有限元法的应用具有很大的灵活性和通用性,在结构分析中,已成为最强有力、最普遍的应用方法。

# 2.3　线性方程组解法及程序设计

复杂的工程结构分析中的力学问题可以通过有限元法等方法转化为可求解的数学线性方程组问题,而求解方程组的时间常常占据了大部分的计算时间;因此为提高结构分析的计算精度和求解效率,了解在计算机上用什么方法求解不同特点的线性方程组,以及研究有效的求解线性方程组的方法是十分必要的。

## 2.3.1　一般线性方程组解法

### 1. 高斯消元法[1, 3]

高斯消元法是求解线性代数方程组的一种直接解法,它实际上是初等代数加减消元法及代入消元法的发展。其基本思想是按自然顺序逐次消去方程组中的一个未知数,把原方程组化为具有同解(等价)的三角形方程组,较小的运算量使它成为用计算机求解方程组的有效算法之一。

下面通过一个算例了解高斯消元法求解线性代数方程组的基本过程。

设有线性代数方程如下

$$\begin{bmatrix} 4 & -2 & -1 & 0 \\ 0 & 6 & 4 & -3 \\ -2 & 3 & -1 & 2 \\ 8 & -4 & -2 & 1 \end{bmatrix} \begin{Bmatrix} x_1 \\ x_2 \\ x_3 \\ x_4 \end{Bmatrix} = \begin{Bmatrix} 1 \\ 8 \\ 6 \\ 8 \end{Bmatrix} \tag{2.1}$$

用高斯消元法解此方程组可按如下步骤进行:

第一步,对于式(2.1)所示方程组,为使第一个方程的主元素(主元素即系数矩阵[$A$]中主对角线上的元素)为1,用4除第一个方程得

$$\begin{bmatrix} 1 & -\dfrac{1}{2} & -\dfrac{1}{4} & 0 \\ 0 & 6 & 4 & -3 \\ -2 & 3 & -1 & 2 \\ 8 & -4 & -2 & 1 \end{bmatrix} \begin{Bmatrix} x_1 \\ x_2 \\ x_3 \\ x_4 \end{Bmatrix} = \begin{Bmatrix} \dfrac{1}{4} \\ 8 \\ 6 \\ 8 \end{Bmatrix} \qquad (2.2)$$

消去式(2.2)方程组中第二、三、四方程中的 $x_1$。因为第二个方程有关 $x_1$ 的系数已为 0，故只需将第三个方程加上第一个方程的 2 倍，第四个方程加上第一个方程的 $-8$ 倍，得

$$\begin{bmatrix} 1 & -\dfrac{1}{2} & -\dfrac{1}{4} & 0 \\ 0 & 6 & 4 & -3 \\ 0 & 2 & -\dfrac{3}{2} & 2 \\ 0 & 0 & 0 & 1 \end{bmatrix} \begin{Bmatrix} x_1 \\ x_2 \\ x_3 \\ x_4 \end{Bmatrix} = \begin{Bmatrix} \dfrac{1}{4} \\ 8 \\ \dfrac{13}{2} \\ 6 \end{Bmatrix} \qquad (2.3)$$

第二步，对于式(2.3)，只需考虑后三个方程，首先使第二个方程的主元素为 1，然后消去第三、四个方程中的 $x_2$，得

$$\begin{bmatrix} 1 & -\dfrac{1}{2} & -\dfrac{1}{4} & 0 \\ 0 & 1 & \dfrac{2}{3} & -\dfrac{1}{2} \\ 0 & 0 & -\dfrac{17}{6} & 3 \\ 0 & 0 & 0 & 1 \end{bmatrix} \begin{Bmatrix} x_1 \\ x_2 \\ x_3 \\ x_4 \end{Bmatrix} = \begin{Bmatrix} \dfrac{1}{4} \\ \dfrac{4}{3} \\ \dfrac{23}{6} \\ 6 \end{Bmatrix} \qquad (2.4)$$

第三步，同理，使式(2.4)方程组中第三个方程的主元素为 1，并消去第四个方程的 $x_3$，得

$$\begin{bmatrix} 1 & -\dfrac{1}{2} & -\dfrac{1}{4} & 0 \\ 0 & 1 & \dfrac{2}{3} & -\dfrac{1}{2} \\ 0 & 0 & 1 & -\dfrac{18}{17} \\ 0 & 0 & 0 & 1 \end{bmatrix} \begin{Bmatrix} x_1 \\ x_2 \\ x_3 \\ x_4 \end{Bmatrix} = \begin{Bmatrix} \dfrac{1}{4} \\ \dfrac{4}{3} \\ -\dfrac{23}{17} \\ 6 \end{Bmatrix} \qquad (2.5)$$

第四步，使式(2.5)方程组中第四个方程的主元素为 1（该例已自然为 1）。

现在由式(2.5)方程组从后向前可依次求得各个未知量元 $x_1$，$x_2$，$x_3$，$x_4$。

$$x_4 = 6$$

$$x_3 = -\frac{23}{17} - \left( -\frac{18}{17} \times 6 \right) = 5$$

$$x_2 = \frac{4}{3} - \left( -\frac{1}{2} \times 6 + \frac{2}{3} \times 5 \right) = 1$$

$$x_1 = \frac{1}{4} - \left( 0 \times 6 - \frac{1}{4} \times 5 - \frac{1}{2} \times 1 \right) = 2$$

通过以上实例，对于高斯消元法的计算过程可以归纳为以下几点：

（1）高斯消元法由两部分组成，即前代过程和回代过程。

（2）对于 $n$ 阶线性方程组 $[\boldsymbol{A}]_{n \times n} \{\boldsymbol{x}\}_n = \{\boldsymbol{b}\}_n$ 中的系数矩阵，经过 $n$ 步初等变换将其化约为主元素为 1 的上三角矩阵（单位上三角矩阵）。具体做法是：按方程组的编号依次化约和消去有关系数，该过程称为消元过程或前代过程。

设有 $n$ 个待求变量的线性代数方程组如下

$$[\boldsymbol{A}]_{n \times n} \{\boldsymbol{x}\}_n = \{\boldsymbol{b}\}_n \tag{2.6}$$

则高斯消元法的前代过程需由 $n$ 步组成，假设前代过程已进行到 $k-1$ 步，此时得到的矩阵 $[\boldsymbol{A}]^{(k-1)}$ 形式为

$$[\boldsymbol{A}]_{n \times m}^{(k-1)} = \begin{bmatrix} 1 & a_{12}^{(k-1)} & \cdots & a_{1k-1}^{(k-1)} & a_{1k}^{(k-1)} & \cdots & a_{1n}^{(k-1)} \\ 0 & 1 & \cdots & a_{2k-1}^{(k-1)} & a_{2k}^{(k-1)} & \cdots & a_{2n}^{(k-1)} \\ \vdots & \vdots & \ddots & \vdots & \vdots & \cdots & \vdots \\ 0 & 0 & \cdots & 1 & a_{(k-1)k}^{(k-1)} & \cdots & a_{(k-1)n}^{(k-1)} \\ 0 & 0 & \cdots & 0 & a_{kk}^{(k-1)} & \cdots & a_{kn}^{(k-1)} \\ \vdots & \vdots & \cdots & \vdots & \vdots & \ddots & \vdots \\ 0 & 0 & \cdots & 0 & a_{nk}^{(k-1)} & \cdots & a_{nn}^{(k-1)} \end{bmatrix} \tag{2.7}$$

右端自由项为

$$\{\boldsymbol{b}\}^{(k-1)} = \begin{Bmatrix} b_1^{(k-1)} \\ b_2^{(k-1)} \\ \vdots \\ b_n^{(k-1)} \end{Bmatrix} \tag{2.8}$$

求前代过程第 $k$ 步的矩阵 $[\boldsymbol{A}]^{(k)}$ 和右端项 $\{\boldsymbol{b}\}^{(k)}$ 各元素的计算公式如下：

① 第 $k$ 行以前的元素保留不变

$$\begin{cases} a_{ij}^{(k)} = a_{ij}^{(k-1)} & i < k \text{ 或 } j < k \\ b_i^{(k)} = b_i^{(k-1)} & i < k \end{cases}$$

② 第 $k$ 行的所有元素除以 $a_{kk}^{(k-1)}$

$$\begin{cases} a_{kj}^{(k)} = \dfrac{a_{kj}^{(k-1)}}{a_{kk}^{(k-1)}} \\ b_k^{(k)} = \dfrac{b_k^{(k-1)}}{a_{kk}^{(k-1)}} \end{cases} \quad j = k, \cdots, n \qquad (2.9)$$

③ 化约 $k$ 行以下的各元素

$$\begin{cases} a_{ij}^{(k)} = a_{ij}^{(k-1)} - a_{ik}^{(k-1)} a_{kj}^{(k)} & i = k+1, \cdots, n; \quad j = k, \cdots, n \\ b_i^{(k)} = b_i^{(k-1)} - a_{ik}^{(k-1)} b_k^{(k)} & i = k+1, \cdots, n \end{cases}$$

重复以上前代过程，一直进行至 $k = n$ 步，则化约后的矩阵 $[A]^{(k)}$ 为单位上三角矩阵。

（3）从最后一个方程开始，按从后向前的顺序求解基本未知量，从而求出方程组 (2.6) 的解。这一过程称为回代过程，其计算公式为

$$\begin{cases} x_n = b_n^{(n)} \\ x_i = b_i^{(n)} - \displaystyle\sum_{j=i+1}^{n} a_{ij}^{(n)} x_j & i = n-1, \cdots, 1 \end{cases} \qquad (2.10)$$

（4）式 (2.9) 中的元素 $a_{kk}^{(k-1)}$ 称为前代过程第 $k$ 步的主元素。在实际计算过程中，可能会出现主元素为 0 的情况，使计算无法进行下去。为避免这种现象，在程序设计时就考虑对第 $k$ 列从 $a_{kk}^{(k-1)}$ 开始按列次序在 $a_{kk}^{(k-1)}$，$a_{(k+1)k}^{(k-1)}$，$\cdots$，$a_{nk}^{(k-1)}$ 中寻找第一个非零元素作为主元，并用行交换完成这种替换。

## 2. 克劳特 (Crout) 分解法[1]

对于线性方程组 (2.6)，若系数矩阵 $[A]$ 的各阶顺序主子式全不为 0，则它总可以唯一地分解成一个下三角矩阵 $[L]$ 和一个上三角矩阵 $[U]$ 的乘积

$$[A] = [L][U] \qquad (2.11)$$

即

$$\begin{bmatrix} a_{11} & a_{12} & \cdots & a_{1n} \\ a_{21} & a_{22} & \cdots & a_{2n} \\ \vdots & \vdots & \ddots & \vdots \\ a_{n1} & a_{n2} & \cdots & a_{nn} \end{bmatrix} = \begin{bmatrix} l_{11} & & & \\ l_{21} & l_{22} & & 0 \\ \vdots & \vdots & \ddots & \\ l_{n1} & l_{n2} & \cdots & l_{nn} \end{bmatrix} \begin{bmatrix} u_{11} & u_{12} & \cdots & u_{1n} \\ & u_{22} & \cdots & u_{2n} \\ 0 & & \ddots & \vdots \\ & & & u_{nn} \end{bmatrix} \qquad (2.12)$$

如果设法直接从系数矩阵 $[A]$ 的元素得出计算 $[L]$、$[U]$ 的递推公式，而不需要任何中间步骤，这是另一类求解线性方程组的方法——直接三角分解法。克劳特分解法就是其中一种。

将式(2.11)代入$[A]\{x\} = \{b\}$得：

$$[L][U]\{x\} = \{b\} \qquad (2.13)$$

令$\{y\} = [U]\{x\}$ 即

$$\begin{bmatrix} u_{11} & u_{12} & \cdots & u_{1n} \\ & u_{22} & \cdots & u_{2n} \\ 0 & & \ddots & \vdots \\ & & & u_{nn} \end{bmatrix} \begin{Bmatrix} x_1 \\ x_2 \\ \vdots \\ x_n \end{Bmatrix} = \begin{Bmatrix} y_1 \\ y_2 \\ \vdots \\ y_n \end{Bmatrix} \qquad (2.14)$$

则$[L][y] = \{b\}$即

$$\begin{bmatrix} l_{11} & & & \\ l_{21} & l_{22} & & 0 \\ \vdots & \vdots & \ddots & \\ l_{n1} & l_{n2} & \cdots & l_{nn} \end{bmatrix} \begin{Bmatrix} y_1 \\ y_2 \\ \vdots \\ y_n \end{Bmatrix} = \begin{Bmatrix} b_1 \\ b_2 \\ \vdots \\ b_n \end{Bmatrix} \qquad (2.15)$$

若已知矩阵$[L]$和$[U]$，于是由式(2.15)可求得$\{y\}$的分量$y_i$为

$$\begin{cases} y_1 = \dfrac{b_1}{l_{11}} \\ y_i = \dfrac{b_i - \displaystyle\sum_{k=i}^{i-1} l_{ik} y_k}{l_{ii}} \qquad i = 2, 3, \cdots, n \end{cases} \qquad (2.16)$$

再从式(2.14)可求得$\{x\}$的分量$x_i$为

$$\begin{cases} x_n = \dfrac{y_n}{u_{nn}} \\ x_i = y_i - \dfrac{\displaystyle\sum_{k=i+1}^{n} u_{ik} x_k}{u_{ii}} \qquad i = n-1, n-2, \cdots, 2, 1 \end{cases} \qquad (2.17)$$

现在的问题是如何求得分解式(2.11)。克劳特分解法为求该分解式，通常令$u_{kk} = 1$，即

$$\begin{bmatrix} a_{11} & a_{12} & \cdots & a_{1n} \\ a_{21} & a_{22} & \cdots & a_{2n} \\ \vdots & \vdots & \ddots & \vdots \\ a_{n1} & a_{n2} & \cdots & a_{nn} \end{bmatrix} = \begin{bmatrix} l_{11} & & & \\ l_{21} & l_{22} & & 0 \\ \vdots & \vdots & \ddots & \\ l_{n1} & l_{n2} & \cdots & l_{nn} \end{bmatrix} \begin{bmatrix} 1 & u_{12} & \cdots & u_{1n} \\ & 1 & \cdots & u_{2n} \\ & 0 & \ddots & \vdots \\ & & & 1 \end{bmatrix} \qquad (2.18)$$

由式(2.18)即可得到确定$u_{ij}$和$l_{ij}$的递推公式

$$\begin{cases} u_{ii} = 1 & i = 1, 2, \cdots, n \\ l_{ij} = a_{ij} - \displaystyle\sum_{k=1}^{j-1} l_{ik}u_{kj} & i = 1, 2, \cdots, n; \quad j = 1, 2, \cdots, i \end{cases} \tag{2.19}$$

$$\begin{cases} u_{ij} = \dfrac{a_{ij} - \displaystyle\sum_{k=1}^{i-1} l_{ik}u_{kj}}{l_{ii}} & i = 1, 2, \cdots, n; \quad j = i + 1, i + 2, \cdots, n \\ l_{ij} = 0 & i < j \\ u_{ij} = 0 & j < i \end{cases} \tag{2.20}$$

**例题 2 - 1**  试用手算，将下列矩阵进行 Crout 分解

$$[A] = \begin{bmatrix} 4 & 8 & 4 \\ 2 & 7 & 2 \\ 1 & 2 & 3 \end{bmatrix}$$

解：由式(2.19)和(2.20)的各公式计算可得

$u_{ii} = 1 \qquad i = 1, 2, 3$

$l_{11} = a_{11} = 4 \qquad l_{21} = a_{21} = 2 \qquad\qquad l_{31} = a_{31} = 1$

$u_{12} = \dfrac{a_{12}}{l_{11}} = 2 \qquad\qquad u_{13} = \dfrac{a_{13}}{l_{11}} = 1$

$u_{22} = a_{22} - l_{21}u_{12} = 3 \qquad l_{32} = a_{32} - l_{31}u_{12} = 0$

$u_{23} = \dfrac{a_{23} - l_{21}u_{13}}{l_{22}} = 0$

$l_{33} = a_{33} - l_{31}u_{13} - l_{32}u_{23} = 2$

则得到

$$[A] = [L][U] = \begin{bmatrix} 4 & & \\ 2 & 3 & \\ 1 & 0 & 2 \end{bmatrix} \begin{bmatrix} 1 & 2 & 1 \\ & 1 & 0 \\ & & 1 \end{bmatrix}$$

## 2.3.2  一般线性方程组程序设计

### 1. 高斯消元法程序设计[1]

高斯消元法主程序设计框图如图 2 - 2 所示。

根据图 2 - 2 的框图编制的源程序如下：

```
PROGRAM   GSF                                ! 高斯消元法主程序
DIMENSION   A(20, 20), B(20)
COMMON/C1/N, EP, KW
OPEN(5, FILE = 'GSF. IN', STATUS = 'OLD')     ! 打开输入数据文件
OPEN(6, FILE = 'GSF. OUT', STATUS = 'NEW')    ! 打开输出数据文件
READ(5, *)N, EP                              ! 读入方程组阶数 N, 极小数 EP
```

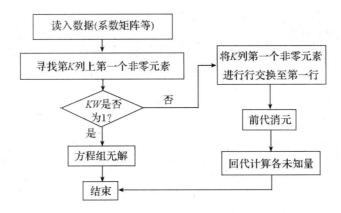

图 2 - 2　高斯消元法主程序设计框图

```
      WRITE(6, 80)N, EP
80    FORMAT(1X, I6, E10.4)
      READ(5, *)((A(I, J), J=1, N), I=1, N)        ! 读入方程组的系数矩阵 A
      WRITE(6, 100)((A(I, J), J=1, N), I=1, N)
      READ(5, *)(B(I), I=1, N)                      ! 读入方程组的常量矩阵 B
      WRITE(6, 100)(B(I), I=1, N)
      CALL GS(A, B)                                 ! 调子程序 GS
      IF(KW. EQ. 0) THEN
      WRITE(*, *)'有解, 请查看文件 GSF. OUT'
      ELSE
      WRITE(*, *)'方程组无解'
      ENDIF
100   FORMAT(1X, 5F6.2)
      DO 20 I=1, N
      WRITE(6, 200)'X', I, '=', B(I)                ! 输出方程的结果
20    CONTINUE
200   FORMAT(/1X, A1, I2, A1, F8.2)
      CLOSE(5)
      CLOSE(6)
      END
      SUBROUTINE GS(A, B)                           ! 高斯消元法子程序
      DIMENSION A(20, *), B(*)
      COMMON/C1/N, EP, KW
      DO 10 K=1, N                                  ! 对矩阵[A]的列循环
      WRITE(6, 130)'第', K, '次消元过程:'
130   FORMAT(/1X, A2, I2, A12)
      DO 20 IS=K, N
```

```
          ST = ABS(A(IS, K))                        ! 按 K, K+1, …, N 次序找
          IF(ST. LE. EP) THEN                        出第 K 列上第一个非零元素
          WRITE(6, 120)'第', IS, '行、', '第', K, '列元素为零'
     120  FORMAT(2X, A2, I2, A4, A2, I2, A10)
          IF(IS. EQ. N) THEN                         ! 如果找不出非零元素, 则该线
          KW = 1                                       性方程组无解, 返回主程序
          RETURN
          ENDIF
          ELSE
          GOTO  25
          ENDIF
     20   CONTINUE
     25   IF(IS. NE. K) THEN
          T = B(K)                                   ! 如果 K 列第一个非零元素是
          B(K) = B(IS)                                 在第 IS 行, 则要进行行交换
          B(IS) = T
          DO 30 J = K, N
          T = A(K, J)
          A(K, J) = A(IS, J)
          A(IS, J) = T
     30   CONTINUE
          ENDIF
          T = 1.0/A(K, K)
          DO 40 J = K, N
          A(K, J) = T * A(K, J)                      ! 前代公式: $a_{kj}^{(k)} = a_{kj}^{(k-1)}/a_{kk}^{(k-1)}$
     40   CONTINUE
          B(K) = T * B(K)
          IN = K + 1
          IF(K. NE. N) THEN
          DO 50 I = IN, N
          AA = A(I, K)
          DO 60 J = K, N
          A(I, J) = A(I, J) - AA * A(K, J)
     60   CONTINUE
          B(I) = B(I) - AA * B(K)                    ! $a_{ij}^{(k)} = a_{ij}^{(k-1)} - a_{ik}^{(k-1)} a_{kj}^{(k)}$
     50   CONTINUE
          ENDIF
     10   CONTINUE
```

WRITE(6, 110) ( ( A(I, J), J = 1, N), B(I), I = 1, N)

110　FORMAT(IX, 6F6.2)

　　　DO 70 IK = I, N − 1　　　　　　　　　！显示前代结束后的方程组形式

　　　I = N − IK

　　　DO 80 J = I, N − 1　　　　　　　　　！回代过程：从倒数第二行向上
　　　　　　　　　　　　　　　　　　　　　　进行行循环

　　　B(I) = B(I) − A(I, J + 1) ∗ B(J + 1)

80　CONTINUE

70　CONTINUE　　　　　　　　　！$x_i = b_i^{(n)} - \sum_{j=i+1}^{n} a_{ij}^{(n)} x_j$

　　　KW = 0

　　　RETURN

　　　END　　　　　　　　　　！方程组求解完毕，正常返回

以上程序的主要变量说明如下：

$N$——方程组阶数；

$EP$——控制常数，通常取极小的正实数；

$A$——输入参数，是 $N \times N$ 的二维实数组，存放方程组的系数矩阵$[A]$；

$B$——输入参数，是阶数为 $N$ 的一维实数组，存放方程组的常量矩阵$\{b\}$；

$KW$——输出参数，$KW = 1$ 时，认为方程组无解。

**例题 2 − 2**　有一方程组为

$$\begin{bmatrix} 2 & 4 & 0 & -5 & -8 \\ 1 & 2 & -7 & 6 & 9 \\ 7 & -2 & 4 & -1 & 2 \\ -4 & 2 & 5 & -3 & 1 \\ 8 & -2 & 3 & -5 & 6 \end{bmatrix} \begin{Bmatrix} x_1 \\ x_2 \\ x_3 \\ x_4 \\ x_5 \end{Bmatrix} = \begin{bmatrix} 5 \\ 13 \\ 17 \\ 16 \\ 7 \end{bmatrix}$$

试用程序求解。

解：输入数据为

5　0.1000E − 09

2.00　　4.00　　0.00　　−5.00　　−8.00

1.00　　2.00　　−7.00　　6.00　　9.00

7.00　　−2.00　　4.00　　−1.00　　2.00

−4.00　　2.00　　5.00　　−3.00　　1.00

8.00　　−2.00　　3.00　　−5.00　　6.00

5.00　　13.00　　17.00　　16.00　　7.00

输出数据为

第 1 次消元过程：

第 2 次消元过程：

第 2 行、第 2 列元素为 0

第 3 次消元过程：

第 4 次消元过程：

第 5 次消元过程：

| | | | | | |
|---|---|---|---|---|---|
| 1.00 | 2.00 | 0.00 | −2.50 | −4.00 | 2.50 |
| 0.00 | 1.00 | −1.25 | −1.03 | −1.88 | 0.03 |
| 0.00 | 0.00 | 1.00 | −1.21 | −1.86 | −1.50 |
| 0.00 | 0.00 | 0.00 | 1.00 | 2.75 | 5.75 |
| 0.00 | 0.00 | 0.00 | 0.00 | 1.00 | 1.00 |

计算结果：

$$x_1 = 2.00 \quad x_2 = 6.00 \quad x_3 = 4.00 \quad x_4 = 3.00 \quad x_5 = 1.00$$

高斯消元法也存在一些问题，如在消元过程中出现主元素 $a_{kk}^{(k)}$ 的绝对值非常小的情况时，用它作除数会导致其他元素舍入误差放大，如果这种放大始终积累式地传播，最后会使计算误差达到不可允许的程度，计算结果极不准确，甚至面目全非。

为了使高斯消元法中舍去误差的影响减小，从高斯消元法中又派生出几种方法。其中一种称列主元消元法，该法是在前代过程的第 $k$ 步上，从 $[\boldsymbol{A}]^{(k-1)}$ 的第 $k$ 列、$k$ 行及以下的元素中选取绝对值最大的元素；另一种称全主元消元法，它是在前代过程的第 $k$ 步上，从 $[\boldsymbol{A}]^{(k-1)}$ 的后 $n-k+1$ 行和列的元素中选取绝对值最大的元素。

## 2. 克劳特分解法程序设计[1]

根据克劳特分解法的理论计算公式编制的子程序如下：

```
SUBROUTINE CRO(N, M, A)          ! 克劳特分解法子程序
DIMENSION A(N, M)                ! 分解：
DO 10 J = 2, N                   ! 令 u_ii = 1   i = 1, 2, …, n
A(I, J) = (1, J)/A(1, 1)
10  CONTINUE                     ! u_1j = a_1j / l_11   j = 2, …, n
DO 20 K = 2, N
DO 30 I = K, N
DO 30 MI = 2, K
A(I, K) = A(I, K) − A(I, MI − 1) * A(MI − 1, K)
30  CONTINUE                     ! l_ij = a_ij − Σ_{k=1}^{j-1} l_ik u_kj
J1 = K + 1
IF(J1. LE. N) THEN
DO 50 J = J1, N
DO 60 MJ = 2, K
```

```
          A(K, J) = A(K, J) - A(K, MJ - 1) * A(MJ - 1, J)
60     CONTINUE
          A(K, J) = A(K, J)/A(K, K)
       50CONTINUE
       ENDIF
20     CONTINUE
       I1 = N + 1
       DO 70 I = I1, M
       A(1, I) = A(1, I)/A(1, 1)
       CONTINUE
       DO 80 JJ = I1, M
70     DO 90 L = 2, M
       DO 100 KL = 2, L
          A(L, JJ) = A(L, JJ) - A(L, KL - 1) A(KL - 1, JJ)
100  CONTINUE
          A(L, JJ) = A(L, JJ)/A(L, L)
90     CONTINUE
80     CONTINUE
       DO 110 JI = I1, M
       DO 120 KI = 2, N
       K2 = N - K1 + 2
       DO 130 K3 = K2, N
       K4 = N - K1 + 1
          A(K4, JI) = A(K4. JI) - A(K4, K3) A(K3. JI)
130  CONTINUE
120  CONTINUE
       CONTINUE
110  RETURN
       END
```

$$! \quad u_{ij} = \frac{a_{ij} - \sum_{k=1}^{i-1} l_{ik} u_{kj}}{l_{ii}}$$

$$! \quad \begin{cases} y_1 = \dfrac{b_1}{l_{11}} \\ \\ y_i = \dfrac{b_1 - \sum_{k=1}^{i-1} l_{ik} y_k}{l_{ii}} \end{cases}$$

! 回代

$$! \quad \begin{cases} x_n = \dfrac{y_n}{u_{nn}} = y_n \\ \\ x_i = \dfrac{y_i - \sum_{k=i+1}^{n} u_{ik} x_k}{u_{ii}} \end{cases}$$

以上程序的主要变量说明如下:

$A$——输入输出参数, 是 $N \times M$ 的二维实数组, 开始存放由 $[A]$ 和 $K$ 个右端项 $\{b\}$ 所组成的增广矩阵; 工作结束时, 在 $A$ 的第 $N + 1$ 列到第 $M$ 列中存放方程组的解;

$N$——方程组阶数;

$K$——系数矩阵 $\{b\}$ 的个数;

$M$—— $M = N + K$。

克劳特分解法不需要进行列和行的交换, 可防止舍入误差的增大, 用该法求解精度较高。此外, 系数矩阵 $[A]$ 的分解与右端常量矩阵 $\{b\}$ 无关, 故该方法适合系数矩阵 $[A]$

相同而右端常量矩阵$\{b\}$不同的多个方程组的求解。这一特性对结构分析中求解多荷载情况和非线性问题是十分有用的。

**例题 2-3** 用克劳特分解法计算程序求以下线性方程组的解。

$$\begin{bmatrix} 4 & 8 & 4 \\ 2 & 7 & 2 \\ 1 & 2 & 3 \end{bmatrix} \begin{Bmatrix} x_1 \\ x_2 \\ x_3 \end{Bmatrix} = \begin{Bmatrix} 32 \\ 22 \\ 14 \end{Bmatrix} \quad 和 \quad \begin{bmatrix} 4 & 8 & 4 \\ 2 & 7 & 2 \\ 1 & 2 & 3 \end{bmatrix} \begin{Bmatrix} x_1 \\ x_2 \\ x_3 \end{Bmatrix} = \begin{Bmatrix} 32 \\ 22 \\ 10 \end{Bmatrix}$$

解：输入数据

3          2

| | | |
|---|---|---|
| 4.00 | 8.00 | 4.00 |
| 2.00 | 7.00 | 2.00 |
| 1.00 | 2.00 | 3.00 |
| 32.00 | 22.00 | 14.00 |
| 32.00 | 22.00 | 10.00 |

分解后的$[A]$矩阵：

| | | |
|---|---|---|
| 4.00 | 2.00 | 1.00 |
| 2.00 | 3.00 | 0.00 |
| 1.00 | 0.00 | 2.00 |

输出结果

第 1 组解：

$x_1 = 1.00$        $x_2 = 2.00$        $x_3 = 3.00$

第 2 组解：

$x_1 = 3.00$        $x_2 = 2.00$        $x_3 = 1.00$

从以上例题可见克劳特分解的执行过程有以下特点：

（1）$[A]$分解时需交替地应用式（2.19）和式（2.20）；

（2）$[A]$分解后只存储$[L]$主系数和$[U]$副系数；

（3）$[A]$分解后，每行第一个非零元素从$a_{ij}$变成$l_{ij}$时，其值不变；

（4）应用公式可以证明，$[A]$矩阵带外（有关带缘的概念见后）的零元素分解后得到的$l$元素和$u$元素皆为 0，也即$[A]$分解后的带状保持不变。

## 2.3.3 大型稀疏线性方程组解法

前一节讨论求解方程组$[A]\{x\} = \{b\}$的方法适用于$[A]$阶数不高的矩阵，然而结构计算的实践中，遇到的大量系数矩阵$[A]$是阶数较高，并且含有大量零元素的稀疏对称矩阵。因而，在解这一类线性方程组时，如何利用系数矩阵$[A]$的稀疏性来避免零元素的存储和运算是合理利用计算机资源、提高计算效率必须考虑的问题。

## 1. 有关稀疏矩阵的几个概念

### (1) 稀疏矩阵的结构

稀疏矩阵可按其零元素和非零元素的分布状态来分类。图 2 - 3 所示稀疏矩阵的非零元素集中在主对角线附近，则这类矩阵被称为带状矩阵。

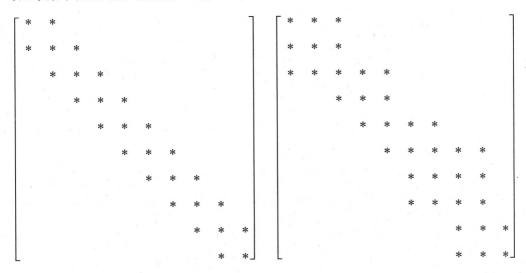

(a) 等带宽带状矩阵                (b) 变带宽带状矩阵

**图 2 - 3    带状矩阵**

有些稀疏矩阵的非零元素分布不规则，如图 2 - 4 所示的矩阵，这种矩阵被称为随机分布稀疏矩阵。本书讨论的稀疏矩阵主要是指带状稀疏矩阵，如图 2 - 5 所示。

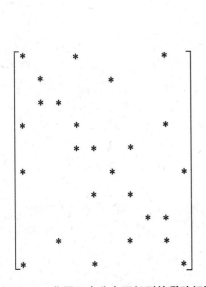

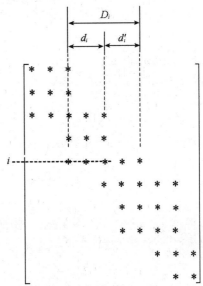

**图 2 - 4    非零元素分布不规则的稀疏矩阵**        **图 2 - 5    带状稀疏矩阵**

**（2）稀疏矩阵的带宽**

矩阵中每行第一个非零元素到该行最后一个非零元素之间元素（包括中间的零元素）的个数称为该行的全带宽 $D_i$。

每行第一个非零元素到该行主对角线元素为止，其之间元素（包括中间的零元素）的个数称为该行的半带宽 $d_i$；每行主对角线元素到该行最后一个非零元素之间元素（包括中间的零元素）的个数称为该行的半带宽 $d_i'$。

第 $i$ 行全带宽 $D_i$ 与半带宽的关系为：$D_i = d_i + d_i' - 1$。

如果 $d_i$ 和 $d_i'$ 都是常数，则 $D_i$ 也为常数，这种带状矩阵 $[A]$ 称为等带宽矩阵，如图 2-3(a)所示；通常，带状矩阵的半带宽和全带宽是随 $i$ 而变化的，这种带状矩阵 $[A]$ 称为变带宽矩阵，如图 2-3(b)所示。

变带宽矩阵各行全带宽中的最大者称为最大全带宽 $D_{imax}$，各行半带宽中的最大者称为最大半带宽 $d_{imax}$。

**（3）稀疏矩阵的带缘**

系数矩阵 $[A]$ 中各列由上而下第一个非零元素所在位置的连线称为上带缘，而各行由左至右第一个非零元素所在位置的连线称为下带缘。总之，上（下）带缘就是带状区域非零元素的边界（图 2-5）。

## 2. 稀疏矩阵的压缩存储

大型稀疏系数矩阵 $[A]$ 一般采用压缩形式进行存储，这种存储方式有以下明显的优点：

（1）可减少很多存储信息，节约计算机内外存资源，提高计算机处理大型矩阵的能力；

（2）使矩阵中大量零元素不参与运算，提高计算效率，节省大量的计算机运算时间。

在压缩存储方法中，变带宽一维存储是一种比较理想的存储方式。变带宽一维存储是将系数矩阵 $[A]$ 中下带缘与主对角线之间（或对角线与上带缘之间）的元素，按行的次序依次存入到一维数组 $SK$ 中，而不存入带缘以外的零元素，达到节约计算机资源的目的。为了在以后运算时能方便地从一维数组 $SK$ 中找到 $[A]$ 中有关的元素，还需建立一个辅助的主元素指示矩阵 $MA$，存放 $[A]$ 中主对角线上的元素在一维数组 $SK$ 中的位置序号。下面以一个具体例子说明这种存储方法。

**例题 2-4** 某结构计算分析所形成的线性方程组的系数矩阵为

$$[A] = \begin{bmatrix} 3.2 & 0.5 & -2.1 & 0 & 0 & 0 \\ 0.5 & 7.2 & 0 & 0 & 0 & 0 \\ -2.1 & 0 & 8.7 & 0 & 0 & -0.5 \\ 0 & 0 & 0 & 4.3 & 2.1 & 1.8 \\ 0 & 0 & 0 & 2.1 & 9.4 & 0 \\ 0 & 0 & -0.5 & 1.8 & 0 & 5.2 \end{bmatrix}$$

试求其变带宽一维存储矩阵。

解：$[A]$ 的变带宽一维存储矩阵 $SK$ 为

$$\{SK\}^T = (\mathbf{3.2}, 0.5, \mathbf{7.2}, -2.1, 0.0, \mathbf{8.7}, \mathbf{4.3}, 2.1, \mathbf{9.4}, -0.5, 1.8, 0.0, \mathbf{5.2})。$$

注：$\{SK\}$ 矩阵中黑体数字是 $[A]$ 矩阵的主元素。

### 3. 变带宽一维存储的有关计算

**(1) $[A]$ 中半带宽 $d_i$ 的计算**

$[A]$ 中任意第 $i$ 行半带宽 $d_i$ 的值，等于该行第一个非零元素所在列数 $j_0$ 与该行主元素所在列数（也等于它的行数）的差值加 1。

$$d_i = (i - j_0 + 1) \tag{2.21}$$

例题 2-4 的系数矩阵 $[A]$ 中各行的半带宽为

$$\{d\}^T = (1, 2, 3, 1, 2, 4)$$

**(2) 主元素指示矩阵 $\{MA\}$ 的计算**

在求得系数矩阵 $[A]$ 中各行的半带宽后，$[A]$ 中任一主元素在矩阵 $SK$ 的位置，可以通过行半带宽的累加得到。如第一行主元素的序号为 $l$，第二行主元素序号等于第一行主元素序号加上第二行的半带宽，依次类推，可求得各主元素序号。例题 2-4 中 $[A]$ 的主元素指示矩阵 $\{MA\}$ 为

$$\{MA\}^T = (1, 3, 6, 7, 9, 13)$$

### 4. 大型稀疏矩阵方程组的直接解法

这里介绍克劳特分解法求解大型稀疏矩阵方程组的具体运用。其基本公式还是采用克劳特分解法确定 $u_{ij}$ 和 $l_{ij}$ 的递推公式（2.19）和（2.20），但在计算时要考虑大型稀疏矩阵特点及克劳特分解法的特性，采取一些措施节约计算机资源和计算时间。

(1) 大型稀疏矩阵采用一维存储法将 $[A]$ 存入 $\{SK\}^T$ 中，在以后的计算时又需从 $\{SK\}^T$ 取 $[A]$ 中的元素，这就有定位的问题。$[A]$ 中带缘内任意一元素 $a_{ij}$ 在 $\{SK\}^T$ 中的位置为

$$M = MA(i) - i + j$$

(2) 如 $[A]$ 中任意一行第一个非零元素所在的列为 $j_0$，根据克劳特分解法的特性可知：

$l_{i_1} = \cdots = l_{i_{j_0}-1} = 0$，故式（2.19）总和号中 $k$ 从 1 到 $j_0 - 1$ 均为空运算，因此在求 $l_{ij}$ 时，$k$ 可以从第一个非零元素所在的列数 $j_0$ 起算[1]。

## 2.3.4　大型稀疏线性方程组程序设计

根据大型稀疏矩阵方程组的直接解法编制的子程序如下[1]：

```
PROGRAM BANDV                    ! 大型稀疏矩阵方程组直接解法程序
DIMENSION A(20, 20), B(20, 5), SK(200), MA(20)
```

```
      OPEN(5, FILE = 'BAN. IN', STATUS = 'OLD')
      OPEN(6, FILE = 'BAN. OUT', STATUS = 'NEW')
      READ(5, *)N, M                              ! N——方程组阶数
      WRITE(6, 80)N, M                            ! M——常数矩阵个数
80    FORMAT(1X, 216)
      READ(5, *)((A(I, J), J = 1, N), I = 1, N)
      WRITE(6, 100)((A(I, J), J = 1, I = 1, N)
      DO 10 J = 1, M
      READ(5, *)(B(I, J), I = 1, N)
      WRITE(6, 100)(B(I, J), I = 1, N)
100   FORMAT(1X, 6F6. 2)
10    CONTINE
      DO 20 I = 1, N
      MA(I) = 0
20    CONTINUE
      NN = 0
      DO 30 I = 1, N
      DO 40 J = 1, I
      ST = ABS(A(I, J))
      IF (ST. GT. 0. 0) THEN
      MA(I) = I - J + 1                           ! 计算第 I 行的半带宽
      DO 45 K = J, I
      NN = NN + 1
      SK(NN) = A(I, K)                            ! 将系数矩阵 A 的元素存入一维数组 SK
45    CONTINUE
      GOTO 30
      ENDIF
40    CONTINUE
30    CONTINUE
      DO 50 I = 2, N
      MA(I) = MA(I - 1) + MA(I)                   ! 形成主元素指示矩阵 MA
50    CONTINUE
      NA = MA (N)                                 ! NA——SK 数组中的最大存储数
      WRITE(6, *)'NA = ', NA
      CALL DECOMP(SK, MA, B, N, M, NA)            ! 调用分解, 前代子程序
      CALL FOBA(SK, MA, B, N, M, NA)              ! 调用回代子程序
      NN = 0
      DO 60 J = 1, M
```

```
        NN = NN + 1
        WRITE(6, 150) '第', NN, '组解:'
150     FORMAT(/1X, A, I2, A)
        DO 70 I = 1, N
        WRITE (6, 200)'X', I, ' = ', B(I, J)              ! 打印第 I 组计算结果
70      CONTINUE
60      CONTINUE
200     FORMAT(/1X, A1, I2, A1, F10.2)
        WRITE( * , * )'方程组有解, 请查看文件 BAN.OUT'
        CLOSE(5)
        CLOSE(6)
        END
        SUBROUTINE DECOMP(SK, MA, B, N, M, NA)           ! 分解、前代子程序
        DIMENSION SK(200), MA(20), B(20, 0)
        DO 50 I = 2, N
        L = MA(I - 1) + I - MA(I) + 1
        K = I - 1
        L1 = L + 1
        IF(L1.GT.K) GO TO 30
        DO 20 J = L1, K
        IJ = MA(I) - I + J
        MI = J - MA(J) + MA(J - 1) + 1
        IF(L.GT.MI) MI = L
        MP = J - 1
        IF(MI.GT.MP) GO TO 20
        DO 10 LP = MI, MP
        IP = MA(I) - I + LP
        JP = MA(J) - I + LP
        SK(IJ) = SK(IJ) - SK(IP) * SK(JP)
10      CONTINUE
20      CONTINUE
30      IF(L.GT.K) GO TO 50
        DO 40 LP = L, K
        IP = MA(I) - I + LP
        LPP = MA(LP)
        SK(IP) = SK(IP)/SK(LPP)
        II = MA(I)
        SK(II) = SK(II) - SK(IP) * SK(IP) * SK(LPP * )
```

```
40    CONTINUE
50    CONTINUE
      RETURN
      END
      SUBROUTINE FOBA(SK, MA, B, N, M, NA)        ! 回代子程序
      DIMENSION SK (200), MA(20), B(20, 2)
      DO 10 I = 2, N
      L = I - MA(I) + MA(I-1) +1
      K = I - 1
      IF(L. GT. K) GO TO 10
      DO 20 LP = L, K
      IP = MA(I) -1 + LP
      DO 30 J = 1, M
      B(I, J) = B(I, J) - SK(IP) * B(LP, J)
30    CONTINUE
20    CONTINUE
10    CONTINUE
      DO 40 I = 1, N
      II = MA(I)
      DO 50 J = 1, M
      B(I, J) = B(I, J)/SK(II)
50    CONTINUE
40    CONTINUE
      RETURN
      END
```

以上程序的主要变量说明如下：

*A*——方程组系数矩阵，是 $N \times N$ 的二维实数组，存放 $[A]$；

*B*——方程组右端常数矩阵 $\{b\}$；

*N*——方程组阶数；

*M*——系数矩阵 $\{b\}$ 的个数；

*MA*——系数矩阵 $[A]$ 的主元素指示矩阵；

*SK*——系数矩阵 $[A]$ 的一维存储矩阵。

例题 2-5　用大型稀疏矩阵方程组的直接解法计算程序求以下线性方程组的解。

$$\begin{bmatrix} 3.2 & 0.5 & -2.1 & 0 & 0 & 0 \\ 0.5 & 7.2 & 0 & 0 & 0 & 0 \\ -2.1 & 0 & 8.7 & 0 & 0 & -0.5 \\ 0 & 0 & 0 & 4.3 & 2.1 & 1.8 \\ 0 & 0 & 0 & 2.1 & 9.4 & 0 \\ 0 & 0 & -0.5 & 1.8 & 0 & 5.2 \end{bmatrix} \begin{pmatrix} x_1 \\ x_2 \\ x_3 \\ x_4 \\ x_5 \\ x_6 \end{pmatrix} = \begin{pmatrix} 1.6 \\ 7.7 \\ 6.1 \\ 8.2 \\ 11.5 \\ 6.5 \end{pmatrix}$$

$$\begin{bmatrix} 3.2 & 0.5 & -2.1 & 0 & 0 & 0 \\ 0.5 & 7.2 & 0 & 0 & 0 & 0 \\ -2.1 & 0 & 8.7 & 0 & 0 & -0.5 \\ 0 & 0 & 0 & 4.3 & 2.1 & 1.8 \\ 0 & 0 & 0 & 2.1 & 9.4 & 0 \\ 0 & 0 & -0.5 & 1.8 & 0 & 5.2 \end{bmatrix} \begin{pmatrix} x_1 \\ x_2 \\ x_3 \\ x_4 \\ x_5 \\ x_6 \end{pmatrix} = \begin{pmatrix} -2.67 \\ 49.99 \\ 65.19 \\ -4.9 \\ -11.17 \\ -15.68 \end{pmatrix}$$

解：输入数据：

```
6       2
 3.20    0.50   -2.10    0.00    0.00    0.00
 0.50    7.20    0.00    0.00    0.00    0.00
-2.10    0.00    8.70    0.00    0.00   -0.50
 0.00    0.00    0.00    4.30    2.10    1.80
 0.00    0.00    0.00    2.10    9.40    0.00
 0.00    0.00   -0.50    1.80    0.00    5.20
 1.60    7.70    6.10    8.20   11.50    6.50
-2.67   49.99   65.19   -4.90  -11.17  -15.68
```

第一组解：

$$x_1 = 1.00 \quad x_2 = 1.00 \quad x_3 = 1.00$$
$$x_4 = 1.00 \quad x_5 = 1.00 \quad x_6 = 1.00$$

第二组解：

$$x_1 = 3.50 \quad x_2 = 6.70 \quad x_3 = 8.20$$
$$x_4 = 0.50 \quad x_5 = -1.30 \quad x_6 = -2.40$$

# 习 题

## 一、思考题

1. 高斯消元法存在哪些问题？有何解决思路和方法？
2. 克劳特分解法有何特点？
3. 什么是稀疏矩阵？什么是稀疏矩阵的全带宽、半带宽？
4. 大型稀疏系数矩阵为什么采用压缩形式进行存储？
5. 解释系数矩阵 $[A]$ 的变带宽一维存储方法及目的。
6. 主元素指示矩阵 $MA$ 有何作用？

## 二、计算题

1. 用克劳特分解法求以下线性方程组的解。

$$\begin{bmatrix} 4 & 8 & 4 \\ 2 & 7 & 2 \\ 1 & 2 & 3 \end{bmatrix} \begin{Bmatrix} x_1 \\ x_2 \\ x_3 \end{Bmatrix} = \begin{Bmatrix} 32 \\ 22 \\ 14 \end{Bmatrix}$$

2. 用高斯消元法计算例题 2-5。

## 三、上机题

1. 将高斯消元法程序修改为列主元高斯消元法程序，并计算以下线性方程组。

$$\begin{bmatrix} 4 & 8 & 4 \\ 2 & 7 & 2 \\ 1 & 2 & 3 \end{bmatrix} \begin{Bmatrix} x_1 \\ x_2 \\ x_3 \end{Bmatrix} = \begin{Bmatrix} 32 \\ 22 \\ 14 \end{Bmatrix}$$

2. 在 BANDV 程序中加入适当的输出语句，并以例题 2-4 为例。
a. 显示 $[A]$ 的变带宽一维存储矩阵 $SK$；
b. 显示主元素指示矩阵 $MA$；
c. 计算例题 2-4。
3. 采用 VC 或 VB 语言编写高斯消元法程序。

# 第3章　连续梁的内力计算及程序设计

位移法是结构力学中分析超静定结构的一种基本方法。位移法的基本思想是在分析超静定结构时，先设法确定结构的某些位移，再据此推求出内力。

矩阵位移法是建立在矩阵分析基础上的位移法。它的解题步骤首先是进行单元分析，然后再进行整体分析。矩阵位移法具有简单、定型、便于计算过程程序化等优点，有助于编写程序以及应用计算机解决比较复杂的结构分析问题。

杆系结构的矩阵位移法分析也称为杆系有限元分析，它的主要内容分以下两部分。

（1）单元分析：即把结构离散分解为有限个较小的单元。对于杆系结构，一般以一根杆件或杆件的一段作为一个单元，然后以单元分析为基础，建立单元的内力与位移的关系，形成单元刚度矩阵。

（2）整体分析：在原有的整体结构中，分析各单元应满足的几何条件和平衡条件，从而建立结构的整体刚度方程，解方程可得原结构的位移和内力[2]。

连续梁是工业与民用建筑、塔、桥梁、港航、防护工程等土木工程中常见的结构形式之一。例如防护门扇边框可简化为一不等跨连续梁计算，因中间肋和边肋刚度较大，可作为边框的支座。计算简图如图3-1所示。

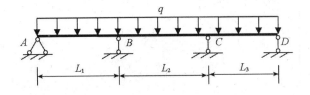

**图3-1　防护门扇边框计算简图**

本章以连续梁为分析对象，说明矩阵位移法（也称有限元位移法）解题的基本思想和基本步骤。

# 3.1 计算原理

## 3.1.1 确定基本结构

在矩阵分析中,确定矩阵位移法基本结构的方法与位移法相同。并且,矩阵分析需要明确严格的坐标系统和符号规定,本文采用右手坐标系。力和线位移以沿坐标的正方向为正,力偶和转角位移以逆时针方向为正。另外,为使得矩阵分析方法易于在计算机上实现,还应有一个数字编号系统。

以两跨连续梁图3-2(a)为例来说明说明矩阵位移法(杆系有限元位移法)解题的思路。

对图3-2所示连续梁结构的三个结点分别编号为1、2、3,连续梁上只作用外力矩$M_1$,$M_2$,$M_3$,结点1,2,3处是铰支座,只能转动。此外,对于连续梁来说,一般都可以忽略轴向变形的影响,这样各单元在杆端只有角位移,没有线位移,故结构中可选择结点角位移$\varphi_1$,$\varphi_2$,$\varphi_3$作为基本未知量。在原结构的1,2,3处附加约束刚臂后,所形成的基本结构将连续梁分为了两个杆件的单元,编号为(1)、(2)。从图3-2(b)可以看到,组成基本结构的杆件单元都转化为两端固定的常截面杆件单元。

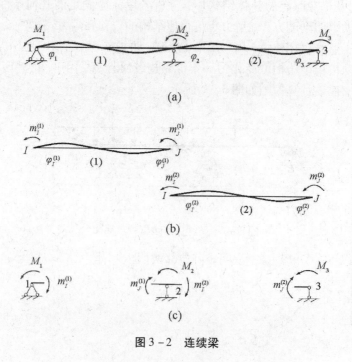

图3-2 连续梁

## 3.1.2　单元分析

单元分析的目的在于建立杆端力与杆端位移之间的关系。在基本结构中，对连续梁的求解可以从两端固定的常截面杆件单元的分析入手。对于连续梁来说，一般可以忽略轴向力与轴向变形的影响，这样各单元在杆端只有角位移，没有线位移。

设图 3 – 3 所示两端固定的常截面杆件单元在整个基本结构的单元编号为 $e$，它连接的两个结点分别为 $I$，$J$，现以 $I$ 为原点，以 $I$ 向 $J$ 的方向为 $x$ 轴正向建立图示坐标系。$e$ 单元的杆端角位移用 $\varphi_I^e$，$\varphi_J^e$ 表示，相应于杆端位移的单元杆端内力分别为 $m_I^e$，$m_J^e$。

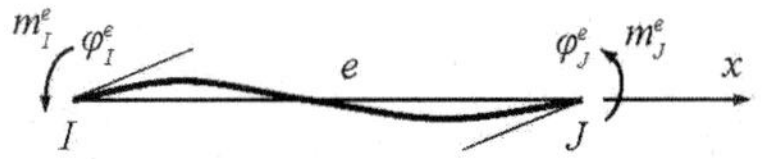

**图 3 – 3　两端固定的常截面杆件单元**

假设杆上无任何荷载作用，杆端位移分量 $\varphi_I$、$\varphi_J$ 为已知，则杆端力完全由杆端位移所引起，根据结构力学中单元杆端位移所引起的杆端力的结果，再利用线性系统的叠加原理不难得出下列关系式

$$m_I^e = \frac{4EI}{l}\varphi_I^e + \frac{2EI}{l}\varphi_J^e$$

$$m_J^e = \frac{2EI}{l}\varphi_I^e + \frac{4EI}{l}\varphi_J^e$$

上式用矩阵形式表示为

$$\begin{Bmatrix} m_I \\ m_J \end{Bmatrix}^e = \frac{EI}{l}\begin{bmatrix} 4 & 2 \\ 2 & 4 \end{bmatrix}^e \begin{Bmatrix} \varphi_I \\ \varphi_J \end{Bmatrix}^e = \begin{bmatrix} k_{II} & k_{IJ} \\ k_{JI} & k_{JJ} \end{bmatrix}^e \begin{Bmatrix} \varphi_I \\ \varphi_J \end{Bmatrix}^e \tag{3.1}$$

式(3.1)可简写为

$$\{F\}^e = [k]^e\{\delta\}^e \tag{3.2}$$

其中

$$\{F\}^e = \begin{Bmatrix} m_I \\ m_J \end{Bmatrix}^e \qquad \{\delta\}^e = \begin{Bmatrix} \varphi_I \\ \varphi_J \end{Bmatrix}^e \qquad [k]^e = \begin{bmatrix} k_{II} & k_{IJ} \\ k_{JI} & k_{JJ} \end{bmatrix}^e$$

式中：上标 $e$——表示第 $i$ 个单元；

$EI$ 和 $l$——分别表示第 $i$ 个单元的截面抗弯矩刚度和杆长；

$\{\delta\}^e$——单元杆端位移列阵；

$[F]^e$——杆端位移引起的单元杆端内力列阵。

式(3.2)称为单元刚度方程，矩阵 $[k]^e$ 称为两端固定常截面梁单元的刚度矩阵，它是一个 $2\times2$ 阶的对称矩阵。单元刚度矩阵中元素 $k_{IJ}^e$ 物理意义是：$e$ 单元在 $J$ 处发生单元位移时，引起该单元 $I$ 处产生的约束力。

但是，由刚度方程(3.2)还是无法求出 $e$ 单元的杆端角位移 $\varphi_I^e$，$\varphi_J^e$，因为方程中的单元杆端内力 $\{F\}^e$ 也是未知的，求出基本未知量还需要通过结构整体分析来补充求解条件。

## 3.1.3　整体分析

整体分析就是在单元分析的基础上，利用结构中各结点的平衡条件、几何条件，建立一组求解基本未知量的典型方程，即结构的刚度方程。

结构各单元和各结点的隔离体如图3-2(c)所示，结点处的平衡条件有

$$\begin{cases} M_1 = m_I^{(1)} = k_{II}^{(1)} \varphi_I^{(1)} + k_{IJ}^{(1)} \varphi_J^{(1)} \\ M_2 = m_J^{(1)} + m_I^{(2)} = k_{JI}^{(1)} \varphi_I^{(1)} + k_{JJ}^{(1)} \varphi_J^{(1)} + k_{II}^{(2)} \varphi_I^{(2)} + k_{IJ}^{(2)} \varphi_J^{(2)} \\ M_3 = m_I^{(2)} = k_{JI}^{(2)} \varphi_I^{(2)} + k_{JJ}^{(2)} \varphi_J^{(2)} \end{cases} \quad (3.3)$$

再由结点处的变形连续条件可知

$$\begin{cases} \varphi_I^{(1)} = \varphi_1 \\ \varphi_J^{(1)} = \varphi_I^{(2)} = \varphi_2 \\ \varphi_J^{(2)} = \varphi_3 \end{cases} \quad (3.4)$$

将式(3.4)代入式(3.3)有

$$\begin{cases} M_1 = m_I^{(1)} = k_{II}^{(1)} \varphi_1 + k_{IJ}^{(1)} \varphi_2 \\ M_2 = m_J^{(1)} + m_I^{(2)} = k_{JI}^{(1)} \varphi_1 + k_{JJ}^{(1)} \varphi_2 + k_{II}^{(2)} \varphi_2 + k_{IJ}^{(2)} \varphi_3 \\ M_3 = m_J^{(2)} = k_{JI}^{(2)} \varphi_2 + k_{JJ}^{(2)} \varphi_3 \end{cases} \quad (3.5)$$

上式用矩阵形式表示为

$$\begin{Bmatrix} M_1 \\ M_2 \\ M_3 \end{Bmatrix} = \begin{bmatrix} k_{II}^{(1)} & k_{IJ}^{(1)} & 0 \\ k_{JI}^{(1)} & k_{JJ}^{(1)} + k_{II}^{(2)} & k_{IJ}^{(2)} \\ 0 & k_{JI}^{(2)} & k_{JJ}^{(2)} \end{bmatrix} \begin{Bmatrix} \varphi_1 \\ \varphi_2 \\ \varphi_3 \end{Bmatrix} = \begin{bmatrix} k_{11} & k_{12} & k_{13} \\ k_{21} & k_{22} & k_{23} \\ k_{31} & k_{32} & k_{33} \end{bmatrix} \begin{Bmatrix} \varphi_1 \\ \varphi_2 \\ \varphi_3 \end{Bmatrix} \quad (3.6)$$

简写为

$$[P] = [K]\{\delta\} \quad (3.7)$$

其中

$$\{P\} = \begin{Bmatrix} M_1 \\ M_2 \\ M_3 \end{Bmatrix} \quad \{\delta\} = \begin{Bmatrix} \varphi_1 \\ \varphi_2 \\ \varphi_3 \end{Bmatrix} \quad [K] = \begin{bmatrix} k_{11} & k_{12} & k_{13} \\ k_{21} & k_{22} & k_{23} \\ k_{31} & k_{32} & k_{33} \end{bmatrix}$$

式中：$\{\delta\}$——结构整体唯一列阵；

$\{P\}$——结构整体结点外荷载列阵；

$[K]$——结构整体刚度矩阵。

式(3.7)称为结构刚度方程，代表了结构结点外力与结点位移之间的关系。

### 3.1.4　计算及结果整理

式(3.7)中，如果结点外荷载已知，而结构整体刚度矩阵仅是一些与结构几何形状和材料特性有关的常数，则通过刚度矩阵，可求解出结点位移；再由结点位移可以求得结构的内力(各单元的杆端力)。

综合以上分析表明，矩阵位移法的分析手段是矩阵运算，其分析过程是在原结构的可动结点上增加附加约束，将结构分成若干个两端固定的常截面单元，形成基本结构；对每个单元进行分析(如求单元的刚度矩阵，单元的荷载列阵等)；通过可动结点处的力平衡条件，建立结构整体的刚度方程；求解方程，即可求得基本未知量(可动结点的位移)，从而求出结构的内力。可以归纳为以下四步分析过程：

(1)确定基本结构；

(2)单元分析；

(3)整体分析；

(4)求解。

这也是有限单元法的典型分析过程。连续梁以及后面将要分析的桁架结构、刚架结构的矩阵位移法在有限元中就是杆单元、梁单元的有限元分析。

矩阵位移法是从杆件单元分析入手，不用考虑结构的具体特征，其分析方法和解题步骤比位移法更适合采用计算机编程运算，可用于计算大型复杂结构，适用面更广，因此，在工程结构分析计算中得到较广泛的应用[1]。

## 3.2　程序设计

连续梁计算主程序设计框图如图 3-4 所示。

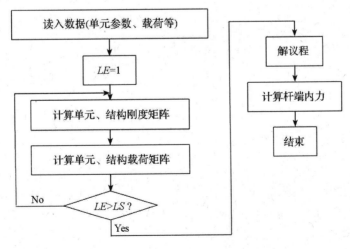

图 3-4　连续梁计算主程序设计框图

根据图 3 - 4 的框图编制的源程序如下：

```
PROGRAM  LXL. FOR                                  ! 单跨梁和连续梁内力计算
IMPLICIT INTEGER * 2( I - N )
CHARACTER CH( 80 ) * 1, DFALE * 12, OFALE * 12, YN * 1
INTEGER * 2 LI( 1000 )
REAL * 4 A( 10000 )
WRITE( * ,'( A )')'输入数据文件名：'
READ( * ,'( A12 )')DFALE
OPEN( 7, FILE = DFALE, STATUS = 'OLD')
WRITE( * , '( A )')'输出数据文件名：'
READ( * ,'( A12 )')OFALE
OPEN( 11, FILE = OFALE, STATUS = 'NEW')
READ( 7, * )LS, NF, NC
NW = 4                                             ! 读数据
NN = 2 * LS + 2
NT = NN + NW
WRITE( 11,'( /4X, A//4X, A )')
$        '输出数据如下：','一. 输入数据部分：'          ! $ 为续行符号，以下均同
WRITE( 11, '( /4X, 3A12/3I12 )')
$        '杆件单元数','支承约束数','集中荷载数', LS, NF, NC
IA = 1
IQ = IA + NT * NW
IST = IQ + NT
IUD = IST + 16
IUP = IUD + LS
ISA = IUP + LS
LXL = ISA + LS
IDI = LXL + LS
IAS = IDI + 4
IB = IAS + LS
IQC = IB + 4
MAL = IQC + NC
JNS = 1
JJOD = JNS + 2 * NF
NAL = JJOD + 2 * NC
IF( MAL. GT. 10000 - 80. OR. NAL. GT. 1000 - 80 )
$ STOP'数组越界'
CALL CBEAM( A( IA ), A( IQ ),
```

```
$              A(IST), A(IUD), A(IUP), A(ISA),
$              A(LXL), A(IDI), A(IAS), A(IB), A(IQC)
$              LI(JNS), LI(JJOD), LS, NF, NC, NW, NN, NT,
$              A(MAL), LI(NAL), CH, YN)
CLOSE(7)
CLOSE(11)
WRITE( * ,'(3A)')   '正常结束 计算结果存在', OFALE, '中'
STOP'再见!!'
END
SUBROUTINE CBEAM(A, Q, ST, UP, SA, XL, DL, AS, B, QC, NS, JOD,
$  LS, NF, NC, NW, NN, NT, RS, IS, CH, YN)    CBEAM 子程序
IMPLICIT INTEGER * 2(1 - N)
INTEGER * 2NS(NF, 2), JOD(NC, 2), IS(80)
CHARACTER CH(80) * 1, YN * 1
REAL *4 A(NT, NW), Q(NT), ST(4, 4), UD(LS), UP(LS), SA(LS),
$  XL(LS), DI(4), AS(LS), B(8), QC(NC), RS(80)
READ(7, * )((NS(I, J), J = 1, 2), I = 1, NF), E, NL
IF(NL, EQ, 0)THEN
READ(7, * )(SA(1), XL(1), UD(1), I = 1, LS)
ELSE
READ(7, * )(SA(1), XL(1), UD(1), UP(1), AS(1), I = 1, LS)
ENDIF
IF(NC. NE. 0)READ(7, * )((JOD(I, J), J = 1, 2), QC(I), I = 1, NC)
WRITE(11, '(/4X, A)')
$     '结点约束信息(1—竖向约束 2—转角约束)'
WRITE(11, '(4X, 2A12/(2I12))')
$     '支持结点号', '约束信息', ((NS(I, J), J = 1, 2), I = 1, NF)
WRITE(11, '(/4X, A, E12.6/4X, A, 12, A, A)')
$'弹性模量 E =', E, '分布荷载类型 NL =', NL, '(0—均布荷载重', '>0—任意线
性分布荷载)'
WRITE(11, '(/4X, A)')'单元信息'
IF(NL. EQ. 0)THEN
WRITE(11, '(/2X, A8, 3A12/(4X, A, I3, A, E10.3, 2F12.3))')
$     '单元号', '截面惯性矩', '杆件长度', '荷载值',
$     ('(', I, ')', SA(I), XL(I), UD(I), I = 1, LS)
ELSE
WRITE(11, '(2X, A8, 4A12, A22/(4X, A, I3, A, E10.3, 3F12.3, F17.3))')
$     '单元号', '截面惯性矩', '杆件长度',
```

```
    $       '左端线荷载', '右端线荷载', '荷载左端至左结点距离'
    $          ('(', L, ')', SA(I), XL(L), UD(I), UP(I), AS(I), I = 1, LS)
    ENDIF
    DO 400 I = 1, NT
    Q(I) = 0.0
400 CONTINUE
    DO 800 LE = 1, LS
    I = LE
    J = I + 1
    SL = XL(LE)
    IF(NL. EQ. 0)SQ = UD(LE)
    ST(1, 1) = 12.0/ST ** 3              ! 求单元刚度矩阵[K]
    ST(1, 2) = 6.0/ST ** 2
    ST(1, 4) = ST(1, 2)
    ST(2, 1) = ST(1, 2)
    ST(4, 1) = ST(1, 2)
    ST(3, 3) = ST(1, 1)
    ST(1, 3) = - 12.0/ST ** 3
    ST(3, 1) = ST(1, 3)
    ST(2, 2) = 4.0/SL
    ST(4, 4) = 4.0/SL
    ST(2, 3) = - 6.0/ST ** 2
    ST(3, 2) = ST(2, 3)
    ST(3, 4) = ST(2, 3)
    ST(4, 3) = ST(2, 3)
    ST(2, 4) = 2.0/SL
    ST(4, 2) = 2.0/SL
    CN = E * SA(LE)
    DO 470 II = 1, 4
    DO  480  JJ = 1, 4
    ST(II, JJ) = ST(II, JJ) * CN
480 CONTINUE
470 CONTINUE
    I1 = 2 * I - 2
    J1 = 2 * J - 2
    IF(NL. EQ. 0)THEN
    AQ = - SQ * SL/2.0             ! 求均布荷载作用下的杆件固端内力
                                     及等效结点荷载
```

$AM = -SQ * SL ** 2/12.0$

$BQ = -SQ * SL/2.0$

$BM = SQ * SL ** 2/12.0$

$Q(I1+1) = Q(I1+1) - AQ$

$Q(I1+2) = Q(I1+2) - AM$

$Q(J1+1) = Q(J1+1) - BQ$

$Q(J1+2) = Q(JI+2) - BM$

ELSE

$WA = UD(LE)$

$WB = UP(LE)$

$IF(ABS(WA).GE.ABS(WB))THEN$

$SQ = WB$

$AQ = -SQ * SL/2.0$　　　　　　　! 求任意线性分布荷载作用下的杆件

$AM = -SQ * SL ** 2/12.0$　　　　　固端内力及等效结点荷载

$BQ = -SQ * SL/2.0$

$BM = SQ * SL ** 2/12.0$

$Q(I1+1) = Q(I1+1) - AQ$

$Q(I1+2) = Q(I1+2) - AM$

$Q(J1+1) = Q(J1+1) - BQ$

$Q(J1+2) = Q(JI+2) - BM$

$SW = WA - WB$

$AQ = -7.0 * SW * SL/20.0$

$AM = -SW * SL ** 2/20.0$

$BQ = -3.0 * SW * SL/20.0$

$BM = SW * SL ** 2/30.0$

$Q(I1+1) = Q(I1+1) - AQ$

$Q(I1+2) = Q(I1+2) - AM$

$Q(J1+1) = Q(J1+1) - BQ$

$Q(J1+2) = Q(JI+2) - BM$

ELSE

$SQ = WA$

$AQ = -SQ * SL/2.0$

$AM = -SQ * SL ** 2/12.0$

$BQ = -SQ * SL/2.0$

$BM = SQ * SL ** 2/12.0$

$Q(I1+1) = Q(I1+1) - AQ$

$Q(I1+2) = Q(I1+2) - AM$

$Q(J1+1) = Q(J1+1) - BQ$

```
      Q(J1 + 2) = Q(JI + 2) - BM
      SW = WB - WA
      AQ = -3.0 * SW * SL/20.0
      AM = -SW * SL ** 2/30.0
      BQ = -7.0 * SW * SL/20.0
      BM = SW * SL ** 2/30.0
      Q(I1 + 1) = Q(I1 + 1) - AQ
      Q(I1 + 2) = Q(I1 + 2) - AM
      Q(J1 + 1) = Q(J1 + 1) - BQ
      Q(J1 + 2) = Q(JI + 2) - BM
      ENDIF
      ENDIF
      DO 770 II = 1, 4
      DO 780 JJ = II, 4
      MG = I1 + II
      ITR = I1 + JJ - MG + 1
      A(MG, ITR) = A(MG, ITR) + ST(II, JJ)
 780  CONTINUE
 770  CONTINUE
 800  CONTINUE
      IF(NC. NE. 0) THEN
      WRITE(11, '(/4X, A/A16, A22, A8/(L12, I13, F21.3))')
      $      '集中荷载信息', 'A 荷载作用点号'
      $      '荷载类型(1—P2—M)', '荷载值'
      $    ((JOD(I, J), J = 1, 2), QC(I), I = 1, NC)
      DO 890  I = 1, NC
      NP = JOD(I, 1) * 2 + JOD(1, 2) - 2
      Q(NP) = Q(NP) + QC(1)
 890  CONTINUE
      ENDIF
      DO  930 II = 1, NF
      N9 = NS(II, 1) * 2 + NS(II, 2) - 2
      A(N9, 1) = A(N9, 1) * 1E + 12 + 1E + 12
      Q(N9) = 0
 930  CONTINUE
      WRITE( *, '(A)')'正在解方程，请稍候！'
      CALL SOVB(A, Q, NN, NW, NT)
      ND = LS + 1
```

```
WRITE(11, '(/4X, A)')'二, 计算结果部分: '
WRITE(11, '(/4X, A)')'各结点位移: '
WRITE(11, '(A12, 2A16/(I10, F18.5, F16.5))')'结点号', '竖向位移', '转角'
$    (II, Q(2 * II - 1), Q(2 * II), II = 1, ND)
WRITE(11, '(/4X, A)')'杆端弯矩: '
WRITE(11, '(2X, 2A8, 2A12)')'单元号', '结点号', '剪力', '弯矩'
DO 1530   LE = 1, LS
I = LE
J = I + 1
SL = XL(LE)
IF(NL. EQ. 0)SW = UD(LE)
JJ = 2 * LE - 2
DO 1160 II = 1, 4
DI(II) = Q(JJ + II)
1160 CONTINUE
DO 1520 IJ = 1, 2
XI = IJ - 1
B(1) = 6.0
B(2) = SL * (4.0 - 2.0 * XI)
B(3) = -6.0
B(4) = SL * (2.0 + 2.0 * XI)
B(5) = 12.0/SL
B(6) = 6.0
B(7) = -12.0/SL
B(8) = 6.0
IF(XI. EQ. 1)THEN
DO 1265 KK = 1, 4
B(4 + KK) = -B(4 + KK)
1265 CONTINUE
ENDIF
CN = E * SA(LE)/SI/SL
DO 1270 KK = 1, 8
B(KK) = B(KK) * CN
1270 CONTINUE
TQ = 0.0
TM = 0.0
DO 1310 KK = 1, 4
TM = TM + B(KK) * DI(KK)
```

$$TQ = TQ + B(KK + 4) * DI(KK)$$

1310 CONTINUE

 IF( NL. EQ. 0 ) THEN

 $TQ = TQ - SW * SL/2.0$

 $TM = TM + (-1) ** IJ * SW * SL ** 2.0/12.0$

 ELSE

 $WA = UD(LE)$

 $WB = UP(LE)$

 IF( ABS( WA ). GE. ABS( WB ) ) THEN

 $SQ = WB$

 $AQ = -SQ * SL/2.0$

 $AM = -SQ * SL ** 2/12.0$

 $BQ = -SQ * SL/2.0$

 $BM = SQ * SL ** 2/12.0$

 $Q(I1 + 1) = Q(I1 + 1) - AQ$

 $Q(I1 + 2) = Q(I1 + 2) - AM$

 $Q(J1 + 1) = Q(J1 + 1) - BQ$

 $Q(J1 + 2) = Q(J1 + 2) - BM$

 $SW = WA - WB$

 $AQ = -7.0 * SW * SL/20.0$

 $AM = -SW * SL ** 2/20.0$

 $BQ = -3.0 * SW * SL/20.0$

 $BM = SW * SL ** 2/30.0$

 $Q(I1 + 1) = Q(I1 + 1) - AQ$

 $Q(I1 + 2) = Q(I1 + 2) - AM$

 $Q(J1 + 1) = Q(J1 + 1) - BQ$

 $Q(J1 + 2) = Q(J1 + 2) - BM$

 ELSE

 $SQ = WA$

 $AQ = -SQ * SL/2.0$

 $AM = -SQ * SL ** 2/12.0$

 $BQ = -SQ * SL/2.0$

 $BM = SQ * SL ** 2/12.0$

 $Q(I1 + 1) = Q(I1 + 1) - AQ$

 $Q(I1 + 2) = Q(I1 + 2) - AM$

 $Q(J1 + 1) = Q(J1 + 1) - BQ$

 $Q(J1 + 2) = Q(J1 + 2) - BM$

 $SW = WB - WA$

```
    AQ = -3.0 * SW * SL/20.0
    AM = -SW * SL ** 2/30.0
    BQ = -7.0 * SW * SL/20.0
    BM = SW * SL ** 2/20.0
    Q(I1 + 1) = Q(I1 + 1) - AQ
    Q(I1 + 2) = Q(I1 + 2) - AM
    Q(J1 + 1) = Q(J1 + 1) - BQ
    Q(J1 + 2) = Q(J1 + 2) - BM
    ENDIF
    AL = AS(LE)
    X3 = (SL - AL) ** 3
    X2 = (SL - AL) ** 2
    RA = WA * X3 * (SL + AL)/(2.0 * SL ** 3)
    RA = RA + (WB - WA) * X3 * (3 * SL + 2.0 * AL)/(20.0 * SL ** 3)
    RB = RA
    IF(IJ. EQ. 2)RB = (WB - WA) * (SL - AL)/2.0 - RA
    BA = - WA * X3 * (SL + 3 * AL)/(12.0 * SL ** 2)
    BA = BA - (WB - WA) * X3 * (2.0 * SL + 3.0 * AL)/(60.0 * SL ** 2)
    IF(IJ. EQ. 2)THEN
    BA = RA * SL + BA - WA * X2/2.0 - (WB - WA) * X2/6.0
    ENDIF
    TQ = TQ + RB
    TM = TM + BA
    ENDIF
    II = LE + IJ - 1
    IF(IJ. EQ. 1)II = I
    IF(IJ. EQ. 2)II = J
    WRITE(11, '(2I8, 2F12.3)')LE, II, TQ, TM
1520 CONTINUE
1530 CONTINUE
    RETURN
    END
    SUBROUTINE SOVB(A, CC, N, NW, NT)         ! 解方程子程序
    IMPLICIT INTERGER * 2(I - N)
    REAL * 4 A(NT, NW), CC(NT)
    DO 30 I = 1, N
    X = A(I, 1)
    IF(ABS(X). LT. 1E - 12)THEN
```

```
        WRITE(11, '(A, I5, A, E18.8)')'主元素太小 A(', I, ', 1) = ', X
        STOP
        ENDIF
        IK = 1
        DO 20 J = 2, NW
        IK = IK + 1
        CN = A(I, J)/X
        JK = 0
        DO 10 K = J, NW
        JK = JK + 1
        A(IK, JK) = A(IK, JK) - CN * A(I, K)
10      CONTINUE
        A(I, J) = CN
        CC(IK) = CC(IK) - CN * CC(I)
20      CONTINUE
        CC(I) = CC(I)/X
30      CONTINUE
        DO 50 J = 2, N
        II = N - J + 1
        DO 40 K = 2, NW
        JJ = II + K - 1
        CC(II) = CC(II) - A(II, K) * CC(JJ)
40      CONTINUE
50      CONTINUE
        RETURN
        END
```

主要变量与数组名的说明如表 3 - 1 所示。

表 3 - 1  主要变量与数组

| 变量名 | 说　　　明 |
|---|---|
| LS | 杆件单元数 |
| NF | 支承约束数 |
| NC | 集中荷载数 |
| E | 杆件弹性模量 |
| NL | 分布荷载类型参数(详见表 3 - 2) |
| SA | 杆件单元截面惯性矩 |
| XL | 杆件单元长度 |

（续表）

| 变量名 | 说　　明 |
|---|---|
| UD | 单元均布荷载集度 |
| WA，WB | 线分布荷载左右两端的集度 |
| AL | WA 距左结点的距离 |
| NS | 二维数组，存放支座约束信息（详见表 3-2） |
| JOD | 二维数组，存放结点荷载信息（详见表 3-2） |
| QC | 二维数组，存放相应集中荷载值 |
| A | 二维数组，存放整体刚度矩阵系数 |
| C | 二维数组，开始存放荷载向量，计算结束后存放结点位移向量 |
| ST | 二维数组，存放单元刚度矩阵系数 |

数据输入/输出情况说明如表 3-2 所示。

表 3-2　数据输入与输出

| 输入次序 | 变量名 | 说　　明 | 输入格式 | 输出格式 |
|---|---|---|---|---|
| 1 | LS<br>NF<br>NC | 杆件单元数<br>支承约束结点数<br>集中荷载数 | * | 3I12 |
| 2 | NS(I，1)<br>NS(I，2)<br>I=1，NF | 被支承约束的结点号<br>约束性质：1 表示集中力，2 表示力矩 | * | 2I12 |
| 3 | E<br>NL | 杆件单元弹性模量<br>分布荷载类型：NL=0 均布荷载；NL≠0 任意线分布荷载 | * | E12.6<br>I2 |
| 4<br>若 NL=0，<br>输入：<br>若 NL≠0，<br>输入： | SA(I)，XL(I)<br>UD(I)<br>I=1，LS<br>SA(I)，XL(I)<br>WA(I)，WB(I)<br>AL(I)<br>I=1，LS | 单元信息（详见表 3-1） | * | E10.3<br>2 F 12.3<br><br>E10.3<br>3 F 12.3<br>F 17.3 |
| 5<br>若 NC≠0，<br>输入： | JOD(I，1)<br>JOD(I，2)<br>QC(I)<br>I=1，NC | 存放有集中荷载作用的结点号<br>集中荷载性质：1 表示集中力，2 表示力矩<br>QC(I)存放相应的集中荷载值 | * | I12<br>I13<br><br>F21.3 |

**例题** 3-1 高桩码头的横梁可简化为不等跨连续梁，其荷载及支承约束情况如图 3-5 所示，已知 $I=1\times10^{-3}\,\mathrm{m}^4$，$E=2\times10^8\,\mathrm{kPa}$，求各跨的杆端内力。

解：步骤一：将梁分为四个单元，并建立数据文件 CBEAM. DAT 如下：

4, 4, 1

1, 1, 2, 1, 4, 1, 5, 1, 2.0E+8, 0

1.0E-3, 8.0, -1.0, 1.0E-3, 4.0, 0.0, 1.0E-3, 4.0, 0.0, 1.0E-3, 4.0, -2.0

3, 1, -6.0

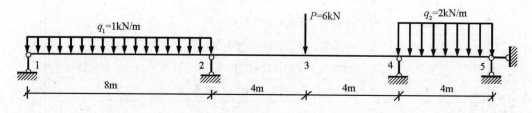

图 3-5 不等跨连续梁示意图

步骤二：使用计算程序计算

在 Windows 系统中安装好 Visual Fortran，打开 CBEAM. FOR，点主菜单中 Build 中 Compile(编译连接，检查是否有错误)，通过后，点主菜单中 Build 中 Execute CBEAM. FOR，即进行计算。

屏幕上显示"正常结束，计算结果存在 cbeam. out 中，再见！！"，计算结束，然后在输出文件 CBEAM. OUT 中读计算结果。

步骤三：计算结果

略。

杆端弯矩：

| 单元号 | 结点号 | 剪力/kN | 弯矩/(kN·m) |
|:---:|:---:|:---:|:---:|
| 1 | 1 | 3.091 | 0.000 |
| 1 | 2 | 4.909 | -7.273 |
| 2 | 2 | 3.295 | 7.273 |
| 2 | 3 | -3.295 | 5.909 |
| 3 | 3 | -2.705 | -5.909 |
| 3 | 4 | 2.705 | -4.909 |
| 4 | 4 | 5.227 | 4.909 |
| 4 | 5 | 2.773 | 0.000 |

# 习　题

## 一、思考题

1. 位移法的基本思想是什么？其解题过程有哪些基本步骤？
2. 矩阵位移法的特点是什么？
3. 位移法与矩阵位移法有何相同之处，又有何不同之处？其差异有何影响？
4. 通过连续梁的分析，简述矩阵位移法的分析过程。
5. 单元分析的目的是什么？整体分析的任务是什么？
6. 对弹性支座连续梁，如何利用该程序进行分析计算？

## 二、上机题

1. 在结构力学教材中找一个连续梁的例题，试用程序进行计算，并与手算结果进行对比。
2. 采用 VC 或 VB 语言编写连续梁计算程序。

# 第4章　平面刚架、桁架计算与程序设计

　　刚架、桁架结构的矩阵位移分析法的计算步骤与前述连续梁的矩阵位移分析法的计算步骤相同，但不同的是单元刚度矩阵的计算是确定的。另外，由于平面刚架、桁架结构中各杆的方向不尽相同，为了便于整体分析，对整个结构必须取一个统一的公共坐标系，并按这个坐标系来建立单元刚度矩阵。所求得的局部坐标系单元刚度矩阵还需通过坐标变换转为公共坐标系（或称整体坐标系）下的单元刚度矩阵。

## 4.1　平面刚架计算原理

### 4.1.1　单元分析

#### 1.局部坐标系下的单元刚度矩阵

　　图4-1为刚架结构附加约束后所形成的基本结构中的典型梁单元，设其在整个结构中的编号为$e$，它的两个结点为$i,j$。这里仍采用右手坐标系建立单元的局部坐标，即以单元的$i$结点为原点，以从$i$向$j$的方向为$\bar{x}$轴的正向，$\bar{x}$轴的正向逆转$90°$即为$\bar{y}$轴的正向；力和线位移以沿坐标的正向为正，力偶和转角位移以逆时针方向为正。

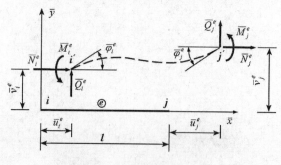

**图4-1　典型梁单元**

　　梁单元的每个结点有三个位移分量：两个线位移$\bar{u},\bar{v}$，一个角位移$\bar{\varphi}$。两个结点共有六个位移分量，组成单元的结点位移列阵为

$$\{\boldsymbol{\delta}\}^e = \{\bar{u}_i \quad \bar{v}_i \quad \bar{\varphi}_i \quad \bar{u}_j \quad \bar{v}_j \quad \bar{\varphi}_j\}^{\mathrm{T}} \tag{4.1}$$

相应地六个结点力向量列阵为

$$\{\bar{\boldsymbol{F}}\}^e = \{\bar{N}_i \quad \bar{Q}_i \quad \bar{M}_i \quad \bar{N}_j \quad \bar{Q}_j \quad \bar{M}_j\}^{\mathrm{T}} \tag{4.2}$$

如图 4-2 所示，根据结构力学知识，不难确定两端固定的梁单元仅当某杆端发生一单位位移时所引起的各杆端的结点力分量。

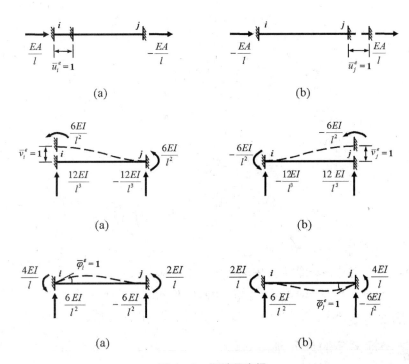

图 4-2　两端固定梁

根据叠加原理，可以建立 e 单元结点位移与结点力之间的关系，用矩阵表示为

$$
\begin{Bmatrix}
\bar{N}_i \\
\bar{Q}_i \\
\bar{M}_i \\
\bar{N}_j \\
\bar{Q}_j \\
\bar{M}_j
\end{Bmatrix}
=
\begin{bmatrix}
\dfrac{EA}{l} & 0 & 0 & -\dfrac{EA}{l} & 0 & 0 \\[2mm]
0 & \dfrac{12EI}{l^3} & \dfrac{6EI}{l^2} & 0 & -\dfrac{12EI}{l^3} & \dfrac{6EI}{l^2} \\[2mm]
0 & \dfrac{6EI}{l^2} & \dfrac{4EI}{l^2} & 0 & -\dfrac{6EI}{l^2} & \dfrac{2EI}{l} \\[2mm]
-\dfrac{EA}{l} & 0 & 0 & \dfrac{EA}{l} & 0 & 0 \\[2mm]
0 & -\dfrac{12EI}{l^3} & -\dfrac{6EI}{l^2} & 0 & \dfrac{12EI}{l^3} & -\dfrac{6EI}{l^2} \\[2mm]
0 & \dfrac{6EI}{l^2} & \dfrac{2EI}{l} & 0 & -\dfrac{6EI}{l^2} & \dfrac{4EI}{l}
\end{bmatrix}^e
\begin{Bmatrix}
\bar{u}_i \\
\bar{v}_i \\
\bar{\varphi}_i \\
\bar{u}_j \\
\bar{v}_j \\
\bar{\varphi}_j
\end{Bmatrix}^e
\tag{4.3}
$$

方程(4.3)称为单元的刚度方程，它可简写为

$$\{\overline{F}\}^e = [\overline{k}]^e \{\overline{\delta}\}^e \tag{4.4}$$

式中：$[\overline{k}]^e$ 称为局部坐标系下的单元刚度矩阵。

$$[\overline{k}]^e = \begin{bmatrix} \dfrac{EA}{l} & 0 & 0 & -\dfrac{EA}{l} & 0 & 0 \\ 0 & \dfrac{12EI}{l^3} & \dfrac{6EI}{l^2} & 0 & -\dfrac{12EI}{l^3} & \dfrac{6EI}{l^2} \\ 0 & \dfrac{6EI}{l^2} & \dfrac{4EI}{l^2} & 0 & -\dfrac{6EI}{l^2} & \dfrac{2EI}{l} \\ -\dfrac{EA}{l} & 0 & 0 & \dfrac{EA}{l} & 0 & 0 \\ 0 & -\dfrac{12EI}{l^3} & -\dfrac{6EI}{l^2} & 0 & \dfrac{12EI}{l^3} & -\dfrac{6EI}{l^2} \\ 0 & \dfrac{6EI}{l^2} & \dfrac{2EI}{l} & 0 & -\dfrac{6EI}{l^2} & \dfrac{4EI}{l} \end{bmatrix}^e \tag{4.5}$$

单元刚度矩阵 $[\overline{k}]^e$ 具有以下性质：

(1) $[\overline{k}]^e$ 具有对称性，即 $[\overline{k}]^e$ 中的元素关于主对角线对称。

(2) $[\overline{k}]^e$ 具有奇异性，即相应于 $[\overline{k}]^e$ 矩阵的行列式 $|\overline{k}|^e$ 的值等于 0，$[\overline{k}]^e$ 的逆矩阵不存在。因此，由式(4.4)无法求得单元结点位移 $\{\overline{\delta}\}^e$ 的唯一解。

### 2. 整体坐标系下的单元刚度矩阵

在整体结构中各杆件单元的方向不尽相同，单元的局部坐标系也不相同。而在整体结构分析时要利用和研究结构的几何条件、平衡条件，必须选定一个统一坐标系，称为整体坐标系。因此在进行结构的整体分析之前，应通过坐标变换把在局部坐标系下形成的单元刚度矩阵 $[\overline{k}]^e$ 转换到整体坐标系上来，即建立整体坐标系中的单元刚度矩阵 $[\overline{k}]^e$。

设杆件 $ij$ 在整体坐标系中的位置如图 4-3 所示，局部坐标系的 $\overline{x}$ 轴与整体坐标系

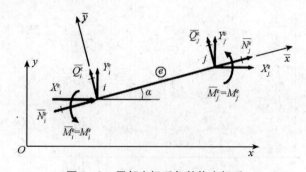

图 4-3　局部坐标系与整体坐标系

的 $x$ 轴之间的夹角为 $\alpha$，由式(4.2)可知杆件单元六个结点力向量在局部坐标系下的列阵为

$$\{\overline{F}\}^e = \{\begin{matrix} \overline{N}_i & \overline{Q}_i & \overline{M}_i & \overline{N}_j & \overline{Q}_j & \overline{M}_j \end{matrix}\}^T$$

在整体坐标系中，杆件单元结点力的向量列阵为

$$\{F\}^e = \{\begin{matrix} X_i^e & Y_i^e & M_i^e & X_j^e & Y_j^e & M_j^e \end{matrix}\}^T$$

上两式之间存在着下列转换关系式

$$\{\overline{F}\}^e = [R]^e \{F\}^e \tag{4.6}$$

式中 $[R]^e$ 就是坐标转换矩阵，具体表达式如下

$$[R]^e = \begin{bmatrix} \cos\alpha & \sin\alpha & 0 & 0 & 0 & 0 \\ -\sin\alpha & \cos\alpha & 0 & 0 & 0 & 0 \\ 0 & 0 & 1 & 0 & 0 & 0 \\ 0 & 0 & 0 & \cos\alpha & \sin\alpha & 0 \\ 0 & 0 & 0 & -\sin\alpha & \cos\alpha & 0 \\ 0 & 0 & 0 & 0 & 0 & 1 \end{bmatrix} \tag{4.7}$$

$[R]^e$ 是一个正交矩阵，即有

$$([R]^e)^{-1} = ([R]^e)^T \tag{4.8}$$

同理，结点位移在两种坐标系中存在着相同的转换关系，即有

$$\{\overline{\delta}\}^e = [R]^e \{\delta\}^e \tag{4.9}$$

将式(4.6)和式(4.9)代入式(4.4)有

$$[R]^e \{F\}^e = [\overline{k}]^e [R]^e \{\delta\}^e$$

上式两边同时左乘 $([R]^e)^{-1}$，并地式(4.8)代入

$$\{F\}^e = ([R]^e)^{-1} [\overline{K}]^e [R]^e \{\delta\}^e = ([R]^e)^T [\overline{K}]^e [R]^e \{\delta\}^e$$

令

$$[k]^e = ([R]^e)^T [\overline{K}]^e [R]^e \tag{4.10}$$

则有

$$\{F\}^e = [k]^e \{\delta\}^e \tag{4.11}$$

这里，式(4.11)表示杆件单元在整体坐标系中结点力与结点位移的关系，其中 $[k]^e$ 就是整体坐标系单元的刚度矩阵。式(4.10)即为单元刚度矩阵由局部坐标系向整体坐标系转换的公式。

式(4.11)可以用分块的形式表示为

$$\left\{ \begin{matrix} \{F_i\}^e \\ \{F_j\}^e \end{matrix} \right\} = \begin{bmatrix} [k_{ii}]^e & [k_{ij}]^e \\ [k_{ji}]^e & [k_{jj}]^e \end{bmatrix} \left\{ \begin{matrix} \{\delta_i\}^e \\ \{\delta_j\}^e \end{matrix} \right\} \tag{4.12}$$

式中的子矩阵为

$$\{\pmb{F}_i\}^e = \begin{Bmatrix} X_i \\ Y_i \\ M_i \end{Bmatrix}^e \qquad \{\pmb{F}_j\}^e = \begin{Bmatrix} X_j \\ Y_j \\ M_j \end{Bmatrix}^e \qquad \{\pmb{\delta}_i\}^e = \begin{Bmatrix} u_i \\ v_i \\ \varphi_i \end{Bmatrix}^e \qquad \{\pmb{\delta}_j\}^e = \begin{Bmatrix} u_j \\ v_j \\ \varphi_j \end{Bmatrix}^e$$

$[\pmb{k}_{ii}]^e$，$[\pmb{k}_{ij}]^e$，$[\pmb{k}_{ji}]^e$，$[\pmb{k}_{jj}]^e$ 是单元刚度矩阵$[\pmb{k}]^e$的四个子矩阵，其中每个子矩阵又包含了 $3 \times 3$ 个元素。

设 $c = \cos\alpha$，$s = \sin\alpha$，将相关公式代入式(4.10)并经过矩阵乘法运算后可整理得到

$$[\pmb{k}]^e = \begin{bmatrix} [\pmb{k}_{ii}]^e & [\pmb{k}_{ij}]^e \\ [\pmb{k}_{ji}]^e & [\pmb{k}_{jj}]^e \end{bmatrix}$$

$$= \begin{bmatrix} \dfrac{EA}{l}C^2 + \dfrac{12EI}{l^3}S^2 & & & & & \\[2ex] \dfrac{EA}{l}CS - \dfrac{12EI}{l^2}CS & \dfrac{EA}{l}S^2 + \dfrac{12EI}{l^3}C^2 & & \text{对} & & \\[2ex] -\dfrac{6EI}{l^2}S & \dfrac{6EI}{l^2}C & \dfrac{4EI}{l} & & \text{称} & \\[2ex] -\dfrac{EA}{l}C^2 - \dfrac{12EI}{l^3}S^2 & -\dfrac{EA}{l}CS + \dfrac{12EI}{l^3}CS & \dfrac{6EI}{l^2}S & \dfrac{EA}{l}C^2 + \dfrac{12EI}{l^3}S^2 & & \\[2ex] -\dfrac{EA}{l}CS + \dfrac{12EI}{l^3}CS & -\dfrac{EA}{l}S^2 - \dfrac{12EI}{l^3}C^2 & -\dfrac{6EI}{l^2}C & \dfrac{EA}{l}CS - \dfrac{12EI}{l^3}CS & \dfrac{EA}{l}S^2 + \dfrac{12EI}{l^3}C^2 & \\[2ex] -\dfrac{6EI}{l^2}S & \dfrac{6EI}{l^2}C & \dfrac{2EI}{l} & \dfrac{6EI}{l^2}S & -\dfrac{6EI}{l^2}C & \dfrac{4EI}{l} \end{bmatrix}$$

$$(4.13)$$

式(4.13)就是刚架结构中任意杆件单元在整体坐标系中单元刚度矩阵的计算式[1]。

## 4.1.2　整体分析

结构整体分析是将一个个离散单元按各单元连接点处的变形协调条件和平衡条件集合成整体结构，由单元刚度矩阵集成结构整体刚度矩阵后进行的分析。

### 1. 结构的整体刚度矩阵

同连续梁的整体分析，对平面刚架可在单元分析的基础上，考虑刚架各结点的几何条件和平衡条件，从而建立起求解基本未知量的结构刚度方程

$$\{\pmb{P}\} = [\pmb{K}]\{\pmb{\delta}\} \qquad\qquad (4.14)$$

下面通过一个具体算例分析由单元刚度矩阵组成计算机总体刚度矩阵的过程。

**例题** 4 - 1　计算如图 4 - 4 所示刚架结构在整体坐标系中的单元刚度矩阵 $[K]^e$，$P = 1000\text{kN}$，各杆的弹性模量为 $E = 200\text{GPa}$，截面面积为 $A = 1 \times 10^{-2}\text{m}^2$，截面惯性矩 $I = 30 \times 10^{-5}\text{m}^4$。

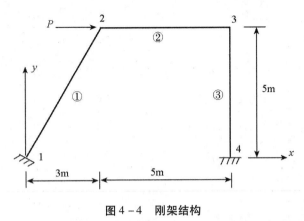

**图 4 - 4　刚架结构**

解：(1)对单元和结点进行编号。单元号用①，②，③表示，结点号用 1，2，3，4 表示，规定杆件单元由小结点号到大结点号的方向为单元局部坐标系 $x$ 轴的正向。

(2)直接由式(4 - 13)计算各杆件单元在整体坐标系中的单元刚度矩阵 $[K]^e$，并注意杆件单元局部坐标中的结点编号与整体结构中的结点编号之间的关系。

单元①

$$[\boldsymbol{k}]^{(1)} = \begin{bmatrix} [\boldsymbol{k}_{ii}]^{(1)} & [\boldsymbol{k}_{ij}]^{(1)} \\ [\boldsymbol{k}_{ji}]^{(1)} & [\boldsymbol{k}_{jj}]^{(1)} \end{bmatrix}$$

$$= \begin{bmatrix} [\boldsymbol{k}_{11}]^{(1)} & [\boldsymbol{k}_{12}]^{(1)} \\ [\boldsymbol{k}_{21}]^{(1)} & [\boldsymbol{k}_{22}]^{(1)} \end{bmatrix}$$

$$= 10^3 \times \begin{bmatrix} 93.5 & 149.7 & -9.1 & -93.5 & -149.7 & -9.1 \\ 149.7 & 253.2 & 5.5 & -149.7 & -253.2 & 5.5 \\ -9.1 & 5.5 & 41.2 & 9.1 & -5.5 & 20.6 \\ -93.5 & -149.7 & 9.1 & 93.5 & 149.7 & 9.1 \\ -149.7 & -253.2 & -5.5 & 149.7 & 253.2 & -5.5 \\ -9.1 & 5.5 & 20.6 & 9.1 & -5.5 & 41.2 \end{bmatrix}^{(1)}$$

单元②

$$[\boldsymbol{k}]^{(2)} = \begin{bmatrix} [\boldsymbol{k}_{ii}]^{(2)} & [\boldsymbol{k}_{ij}]^{(2)} \\ [\boldsymbol{k}_{ji}]^{(2)} & [\boldsymbol{k}_{jj}]^{(2)} \end{bmatrix}$$

$$= \begin{bmatrix} \left[ \boldsymbol{k}_{22} \right]^{(2)} & \left[ \boldsymbol{k}_{23} \right]^{(2)} \\ \left[ \boldsymbol{k}_{32} \right]^{(2)} & \left[ \boldsymbol{k}_{33} \right]^{(2)} \end{bmatrix}$$

$$= 10^3 \times \begin{bmatrix} 400.0 & 0.0 & 0.0 & -400.0 & 0.0 & 0.0 \\ 0.0 & 5.8 & 14.4 & 0.0 & -5.8 & 14.4 \\ 0.0 & 14.4 & 48.0 & 0.0 & -14.4 & 24.0 \\ -400.0 & 0.0 & 0.0 & 400.0 & 0.0 & 0.0 \\ 0.0 & -5.8 & -14.4 & 0.0 & 5.8 & -14.4 \\ 0.0 & 14.4 & 24.0 & 0.0 & -14.4 & 48.0 \end{bmatrix}^{(2)}$$

单元③

$$\left[ \boldsymbol{k} \right]^{(3)} = \begin{bmatrix} \left[ \boldsymbol{k}_{ii} \right]^{(3)} & \left[ \boldsymbol{k}_{ij} \right]^{3} \\ \left[ \boldsymbol{k}_{ji} \right]^{(3)} & \left[ \boldsymbol{k}_{jj} \right]^{3} \end{bmatrix}$$

$$= \begin{bmatrix} \left[ \boldsymbol{k}_{33} \right]^{(3)} & \left[ \boldsymbol{k}_{34} \right]^{(3)} \\ \left[ \boldsymbol{k}_{43} \right]^{(3)} & \left[ \boldsymbol{k}_{44} \right]^{(3)} \end{bmatrix}$$

$$= 10^3 \times \begin{bmatrix} 5.8 & 0.0 & 14.4 & -5.8 & 0.0 & 14.4 \\ 0.0 & 400.0 & 0.0 & 0.0 & -400.0 & 0.0 \\ 14.4 & 0.0 & 48.0 & -14.4 & 0.0 & 24.0 \\ -5.8 & 0.0 & -14.4 & 5.8 & 0.0 & -14.4 \\ 0.0 & -400.0 & 0.0 & 0.0 & 400.0 & 0.0 \\ 14.4 & 0.0 & 24.0 & -14.4 & 0.0 & 48.0 \end{bmatrix}^{(3)}$$

(3)采用集成法(又称直接刚度法)形成整体刚度矩阵,集成过程可分为两步:

第一,找到单元局部编号与整体编号之间的关系;

第二,将整体坐标系中每个单元刚度矩阵的各子块 $\left[ \boldsymbol{K}_{ij} \right]^e$ 按照"对号入座,同号叠加"的原则集成到整体刚度矩阵中去,即得到整体刚度方程:

$$\left\{ \begin{array}{l} P_1 = \begin{Bmatrix} X_1 \\ Y_1 \\ M_1 \end{Bmatrix} \\[18pt] P_2 = \begin{Bmatrix} X_2 \\ Y_2 \\ M_2 \end{Bmatrix} \\[18pt] P_3 = \begin{Bmatrix} X_3 \\ Y_3 \\ M_3 \end{Bmatrix} \\[18pt] P_4 = \begin{Bmatrix} X_4 \\ Y_4 \\ M_4 \end{Bmatrix} \end{array} \right\} = \begin{bmatrix} [k_{11}]^1 & [k_{12}]^1 & [0] & [0] \\ [k_{21}]^1 & [k_{22}]^1+[k_{22}]^2 & [k_{23}]^2 & [0] \\ [0] & [k_{32}]^2 & [k_{33}]^2+[k_{33}]^3 & [k_{34}]^3 \\ [0] & [0] & [k_{43}]^3 & [k_{44}]^3 \end{bmatrix} \left\{ \begin{array}{l} \delta_1 = \begin{Bmatrix} u_1 \\ v_1 \\ \varphi_1 \end{Bmatrix} \\[18pt] \delta_2 = \begin{Bmatrix} u_2 \\ v_2 \\ \varphi_2 \end{Bmatrix} \\[18pt] \delta_3 = \begin{Bmatrix} u_3 \\ v_3 \\ \varphi_3 \end{Bmatrix} \\[18pt] \delta_4 = \begin{Bmatrix} u_4 \\ v_4 \\ \varphi_4 \end{Bmatrix} \end{array} \right\}$$

其中 $[K]$ 为图 4 − 4 所示刚架结构的整体刚度矩阵

$$[K] = \begin{bmatrix} K_{11} & K_{12} & K_{13} & K_{14} \\ K_{21} & K_{22} & K_{23} & K_{24} \\ K_{31} & K_{32} & K_{33} & K_{34} \\ K_{41} & K_{42} & K_{43} & K_{44} \end{bmatrix} = \begin{bmatrix} k_{11}^1 & k_{12}^1 & 0 & 0 \\ k_{21}^1 & k_{22}^1+k_{22}^2 & k_{23}^2 & 0 \\ 0 & k_{32}^2 & k_{33}^2+k_{33}^3 & k_{34}^3 \\ 0 & 0 & k_{43}^3 & k_{44}^3 \end{bmatrix}$$

$$= 10^3 \times \begin{bmatrix} 93.5 & 149.7 & -9.1 & -93.5 & -147.9 & -9.1 & 0.0 \\ 149.7 & 253.2 & 5.5 & -149.7 & -253.2 & 5.5 & 0.0 \\ -9.1 & 5.5 & 41.2 & 9.1 & -5.5 & 20.6 & 0.0 & & & [0] \\ -93.5 & -149.7 & 9.1 & 493.5 & 149.7 & 9.1 & -400.0 & 0.0 & 0.0 \\ -149.7 & -253.2 & -5.5 & 149.7 & 258.9 & 9.0 & 0.0 & -5.8 & 14.4 \\ -9.1 & 5.5 & 20.6 & 9.1 & 9.0 & 89.2 & 0.0 & -14.4 & 24.0 \\ & & & -400.0 & 0.0 & 0.0 & 405.8 & 0.0 & 14.4 & -5.8 & 0.0 & 14.4 \\ & & & 0.0 & -5.8 & -14.4 & 0.0 & 405.8 & -14.4 & 0.0 & -400.0 & 0.0 \\ & & & 0.0 & 14.4 & 24.0 & 14.4 & -14.4 & 96.0 & -14.4 & 0.0 & 24.0 \\ & [0] & & & & & -5.8 & 0.0 & -14.4 & 5.8 & 0.0 & -14.4 \\ & & & & & & 0.0 & -400.0 & 0.0 & 0.0 & 400.0 & 0.0 \\ & & & & & & 14.4 & 0.0 & 34.0 & -14.4 & 0.0 & 48.0 \end{bmatrix}$$

从以上算例可看到整体刚度矩阵$[K]$具有以下性质：

①对称性。依据反力互等定理不难理解。

②奇异性。由奇异矩阵线性叠加所形成的刚度矩阵仍是奇异的，其逆矩阵不存在，故由该式得到的结构结点位移的解答不唯一。

③在结构结点较多时，整体刚度矩阵$[K]$是稀疏矩阵，即$[K]$中的非零元素主要分布在主对角线的附近。

## 2. 结构支承约束条件的处理

由前述分析可知，未考虑结构的支撑约束条件时所形成的刚度矩阵是奇异的。从力学角度看，这是由于没有支撑约束的结构可以产生任意的刚体位移，因而在一定的荷载作用下无法确定其位移大小。因此，若要求解结构的位移基本未知量，还应考虑结构的支承约束条件对刚度方程进行修改。修改刚度方程通常采用以下两种方法。

### （1）乘大数法

若某结点位移$u_i = \Delta$为已知，在刚度方程中体现这一已知位移条件，将第$i$行、第$i$列元素乘上一个很大的数$A$（例如$A = 1 \times 10^{12}$），并将相应的荷载项$P_i$取为$Ak_{ii}\Delta$，则刚度方程中第$i$个方程为

$$k_{i1}u_1 + k_{i2}u_2 + \cdots + Ak_{ii}u_i + \cdots + k_{in}u_n = Ak_{ii}\Delta$$

用$Ak_{ii}$除上式各项，因不含$A$的各项系数与$Ak_{ii}$相比都很小，被$Ak_{ii}$除后的结果可认为几乎为零，则上式化为$u_i = \Delta$，满足了结构的已知位移条件。

当$\Delta = 0$时，显然有$u_i = 0$，因而不论支承处位移为0或为某一已知值，"乘大数法"均可作统一处理。

"乘大数法"的缺点是因为刚度方程中存在某些大数，在求解刚度方程的过程中，计算机可能会出现数值"溢出"的现象。

### （2）化0置1法

如已知某一位移$u_i = 0$，则将刚度矩阵中第$i$行、第$i$列的元素（即主元素）置1，而将第$i$行、第$i$列的其他元素化为0，同时将相应的荷载项$P_i$取为0。即修改为

$$i\text{行}\rightarrow\begin{bmatrix} & & & 0 & & & \\ & & & 0 & & & \\ & & & \vdots & & & \\ 0 & \cdots & \cdots & 1 & 0 & \cdots & 0 \\ & & & 0 & & & \\ & & & \vdots & & & \\ & & & 0 & & & \\ \underset{\uparrow}{} & & & & & & \\ i\text{列} & & & & & & \end{bmatrix} \begin{Bmatrix} u_1 \\ u_2 \\ \vdots \\ u_i \\ u_{i+1} \\ \vdots \\ u_n \end{Bmatrix} = \begin{Bmatrix} P_1 \\ P_2 \\ \vdots \\ 0 \\ P_{i+1} \\ \vdots \\ P_n \end{Bmatrix}$$

注：上述矩阵只列出了要修改的行和列。

经修改后，刚度方程中的第 $i$ 个方程便变为 $u_i = 0$，反映了结构的支承约束条件。

### 3. 结构的结点荷载列阵

利用有限元对结构进行分析时，是把一个连续的对象视为有限个仅仅在结点处相连接的离散单元，有关量的分析都是围绕着结点而进行的，荷载也不例外。

整体刚度方程中的荷载列阵就是由各结点荷载所组成，作用在结构上的荷载按其作用位置的不同，可分为结点荷载和非结点荷载两类。直接作用在结点上的荷载称为结点荷载，而作用在结点之间杆段上的荷载称为非结点荷载。实际结构上的荷载可以是结点荷载，也可以是非结点荷载，或者是二者兼有。

作用在结点上的荷载可直接放入荷载列阵，而作用在结点之间杆段上的各种荷载，则需等效地置换到结点后再放入荷载列阵。所谓"等效"是指荷载置换后其结构的变形效果不变。直接结点荷载与等效结点荷载相叠加，就形成了结构的结点荷载。具体做法可以从后面程序中体现。

### 4. 二维等带宽存储与等带宽消去法

#### （1）等带宽存储法

在本程序设计时，整体刚度矩阵是采用的等带宽存储法。等带宽存储法是压缩存储方法的一种，具体做法是：

① 求出结构整体刚度矩阵的最大半带宽 $NW$，$NW =$（最大结点差 $+1$）$\times 3$，以 $NW$ 作为二维等带宽刚度矩阵的带宽 $D$。

② 利用状态法刚度矩阵的对称性特点，半带宽整体刚度矩阵 $GK(NT, NW)$ 只存储整体刚度矩阵中的主元素及主对角线与上半圆之间的元素。

③ 由 $[A]$ 改成 $[A]^*$ 时，元素的行号不变，新的列号 $J$ 等于原列号 $j$ 减行号 $i$ 加 1，即

$$J = j - i + 1 \tag{4.15}$$

矩阵 $[A]$ 的元素与矩阵 $[A]^*$ 的元素之间有如表 4 - 1 所示的对应关系。

表 4 - 1　矩阵元素之间的对应关系

| 矩阵 $[A]$ | 矩阵 $[A]^*$ |
| --- | --- |
| 对角线主元素 | 第 1 列元素 |
| $i$ 行元素 | $i$ 行元素 |
| $i$ 行 $j$ 列元素 | $i$ 行，$(j - i + 1)$ 列元素 |

整体刚度矩阵 $[A]$ 和半带宽存储的整体刚度矩阵 $[A]^*$ 如图 4 - 5 和图 4 - 6 所示。

矩阵 $[A]$ 的 $NT \times NT$ 个元素存放在矩阵 $[A]^*$ 时，只需 $NT \times NW$ 个元素的位置，可见带宽 $NW$ 愈小，则存储量愈省。以上的等带宽存储法又称半带宽存储法。

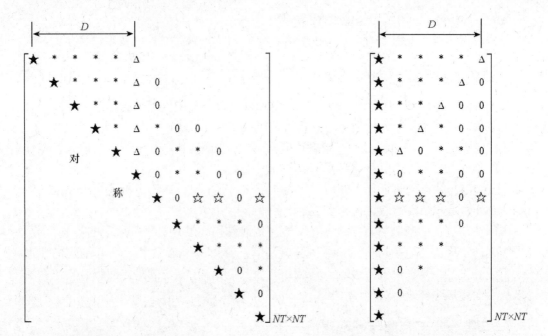

图 4 - 5　整体刚度矩阵[$A$]　　　　图 4 - 6　半带宽存储的整体刚度矩阵[$A$]*

例题 4 - 1 结构的半带宽整体刚度矩阵 $GK(NT, NW)$ 为

$$
GK(12, 6) = 10^3 \times
\begin{pmatrix}
93.5 & 149.7 & -9.1 & -93.5 & -149.7 & -9.1 \\
-253.2 & 5.5 & -149.7 & -253.2 & 5.5 & 0.0 \\
41.2 & 9.1 & -5.5 & 20.6 & 0.0 & 0.0 \\
493.5 & 149.7 & 9.1 & -400.0 & 0.0 & 0.0 \\
258.9 & 9.0 & 0.0 & -5.8 & 14.4 & 0.0 \\
89.2 & 0.0 & -14.4 & 24.0 & 0.0 & 0.0 \\
405.8 & 0.0 & 14.4 & -5.8 & 0.0 & 14.4 \\
405.8 & -14.4 & 0.0 & -400.0 & 0.0 & 0.0 \\
96.0 & -14.4 & 0.0 & 24.0 & 0.0 & 0.0 \\
5.8 & 0.0 & -14.4 & 0.0 & 0.0 & 0.0 \\
400.0 & 0.0 & 0.0 & 0.0 & 0.0 & 0.0 \\
48.0 & 0.0 & 0.0 & 0.0 & 0.0 & 0.0
\end{pmatrix}
$$

## （2）等带宽消去法

本程序采用的等带宽消去法求解线性方程组实际上是从第 2 章中的高斯消元法演变而来，主要考虑系数矩阵[$A$]的对称性，稀疏矩阵及系数矩阵[$A$]*采用二维等带宽存储

等特点。为体现这一演变过程，以下分别进行讨论。

① 如果系数矩阵$[A]$为对称、稀疏矩阵，且非零元素只在最大半带宽之内，则高斯消元法前代过程中采用的递推公式不变；但需要运算的元素仅在最大半带宽之内，所以 $i$，$j$ 实际取值范围可以大大减小（如图 4－7 所示）。

求前代过程第 $K$ 步的矩阵和右端项各元素的计算公式如下：

（a）$k$ 行以前的元素保留不变

$$a_{ij}^{(k)} = a_{ij}^{(k-1)} \qquad i < k \quad 或 \quad j > k$$

$$b_i^{(k)} = b_i^{(k-1)} \qquad i < k$$

（b）第 $k$ 行的所有元素除以 $a_{kk}^{(k-1)}$

$$\begin{cases} a_{kj}^{(k)} = \dfrac{a_{kj}^{(k-1)}}{a_{kk}^{(k-1)}} \\[3mm] b_k^{(k)} = \dfrac{b_k^{(k-1)}}{a_{kk}^{(k-1)}} \end{cases} \qquad j = k，\cdots，j_m \qquad (4.16)$$

（c）化约 $k$ 行以下的各元素

$$\begin{cases} a_{ij}^{(k)} = a_{ij}^{(k-1)} - a_{ki}^{(k-1)} a_{kj}^{(k)} \qquad i = k+1，\cdots，i_m；\quad j = i，(i+1)，\cdots，j_m \\[2mm] b_i^{(k)} = b_i^{(k-1)} - a_{ki}^{(k-1)} b_k^{(k)} \qquad i = k+1，\cdots，i_m \end{cases} \qquad (4.17)$$

注：从图 4－7 可知 $j_m = i_m$；从矩阵的对称性可知 $a_{ik}^{(k-1)} = a_{ki}^{(k-1)}$

重复以上前代过程，一直进行到 $k = n$ 步。

② 如果系数矩阵$[A]^*$是采用二维等带宽存储的对称、稀疏矩阵，则非零元素只在最大带宽之内。由于二维等带宽存储的特点，化约$[A]^*$中 $k$ 行 $j$ 列元素以下的元素时，按 45°角斜线方向找到相关元素，如图 4－8 所示。

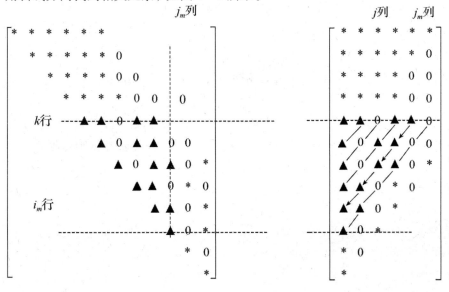

图 4－7   矩阵$[A]$          图 4－8   矩阵$[A]^*$

求前代过程第 $k$ 步的矩阵 $[A]^{*(k)}$ 和右端项 $\{b\}^{(k)}$ 各元素的计算公式如下：

（a）$k$ 行以前的元素保留不变

$$a_{ij}^{*(k)} = a_{ij}^{*(k-1)} \qquad i < k \quad 或 \quad j = 1, 2, \cdots, D$$
$$b_i^{(k)} = b_i^{(k-1)} \qquad i < k$$

（b）第 $k$ 行的所有元素除以 $a_{k1}^{*(k-1)}$

$$\begin{cases} a_{kj}^{*(k)} = \dfrac{a_{kj}^{*(k-1)}}{a_{k1}^{*(k-1)}} \\ b_k^{(k)} = \dfrac{a_k^{(k-1)}}{a_{k1}^{*(k-1)}} \end{cases} \qquad j = 1, 2, \cdots, j_m \qquad (4.18)$$

（c）化约 $k$ 行以下的各元素

$$\begin{cases} a_{ij}^{*(k)} = a_{ij}^{*(k-1)} - a_{i1}^{*(k-1)} a_{kj}^{*(k)} & i = k+1, \cdots i_m; \quad j = 1, 2, \cdots j_m \\ b_i^{(k)} = b_i^{(k-1)} - a_{i1}^{*(k-1)} b_k^{(k)} & i = k+1, \cdots i_m; \quad l = i - k + 1 \end{cases} \qquad (4.19)$$

重复以上前代过程，一直进行到 $k = n$ 步。

（d）从最后一个方程开始，依从后向前的顺序求解基本未知量，从而求出方程组的解。回代过程的计算公式为

$$\begin{cases} x_n = b_n^{(n)} \\ x_i = b_i^{(n)} - \sum_{j=2}^{j_m} a_{ij}^{*(n)} x_{i+j-1} \end{cases} \qquad i = n-1, \cdots, 1 \qquad (4.20)$$

## 4.2　平面刚架程序设计

### 4.2.1　单元分析程序设计

根据单元分析计算原理及整体刚度矩阵计算原理编制的求单元刚度矩阵及总刚度矩阵的程序如下[1]。

**程序 4 - 1　求单刚及总刚集成的子程序**

```
SUBROUTINE MGK(GK, NT, NW)                    ! 求单刚及总刚集成的子程序
IMPLICIT INTEGER * 2(1 - N)
INTEGER * 2 NS(50, 2), ID(100), JD(100), IJ(2)
REAL * 4 RNS(50), AD(100), SD(100), ED(100), K(6, 6)
REAL * 4 GK(NT, NW), X(200), Y(200)
COMMON/SS/X, Y, RNS, AD, SD, ED
COMMON/NA/NJ, NE, NF, NC, NP, NQ, NX
COMMON/JJ/NS, ID, JD
DO 460 I = 1, NT                              ! 总刚矩阵清零
```

```
      DO 450 J = 1, NW
      GK(I, J) = 0.0
450 CONTINUE
460 CONTINUE
      DO 490 ME = 1, NE                    ! 逐个单元求单元刚度矩阵
      IG = ID(ME)
      JG = JD(ME)                          ! 找出相应的单元信息
      CA = AD(ME)
      SA = SD(ME)
      E = ED(ME)    SL = SQRT((X(JG) - X(JG)) ** 2 + (Y(JG) - Y(IG)) ** 2)
                                           ! 计算杆件单元的长度
      C = (X(JG) - X(IG))/SL               ! 计算 cosθ
      S = (Y(JG) - Y(IG))/SL               ! 计算 sinθ
      I3 = 3 * IG                          ! 单元 I 结点的整体自由度序号
      I2 = I3 - 1
      I1 = I3 - 2
      J3 = 3 * JG                          ! 单元 J 结点的整体自由度序号
      J2 = J3 - 1
      J1 = J3 - 2
      C1 = 12.0 * E * SA * S * S/SL ** 3 + C * C * CA * E/SL
                                           ! 求整体坐标系下的单元刚度
      C2 = 12.0 * E * SA * C * S/SL ** 3 - C * S * CA * E/SL
                                           ! 矩阵的特征系数
      C3 = 12.0 * E * SA * C * S/SL ** 3 + C * S * CA * E/SL
      C4 = 6.0 * E * SA * S/SL ** 2
      C5 = 6.0 * E * SA * C/SL ** 2
      C6 = 4.0 * E * SA/SL
      K(1, 1) = C1                         ! 形成整体坐标系下的单元刚度
      K(1, 2) = - C2                       矩阵
      K(1, 3) = - C4
      K(1, 4) = - C1
      K(1, 5) = C2
      K(1, 6) = - C4
      K(2, 2) = C3
      K(2, 3) = C5
      K(2, 4) = C2
      K(2, 5) = - C3
      K(2, 6) = C5
```

```
        K(3, 3) = C6
        K(3, 4) = C4
        K(3, 5) = - C5
        K(3, 6) = 0.5 * C6
        K(4, 4) = C1
        K(4, 5) = - C2
        K(4, 6) = C4
        K(5, 5) = C3
        K(5, 6) = - C5
        K(6, 6) = C6
        DO 700 II = 1, 6
        DO 700 JJ = 1, 6
        IF(II. GT. JJ)K(II, JJ) = K(JJ, II)
700 CONTINUE
        IJ(1) = 3 * IG - 3                          ! 集成总体刚度矩阵(详细内容
        IJ(2) = 3 * JG - 3                            见下节)
        DO 500 JJ = 1, 2
        NR = IJ(JJ)
        DO 510 JJ9 = 1, 3
        NR = NR + 1
        II = (JJ - 1) * 3 + JJ9                     ! 找出单元结点局部编号与整
        DO 520 KK = 1, 2                              体编号之间的对应关系,然
        N9 = IJ(KK)                                   后将单元刚度矩阵中的各个
        DO 670 K4 = 1, 3                              元素采用"对号入座,同号叠
        LL = (KK - 1) * 3 + K4                        加"的方法集成到总体刚度
        NK = N9 + K4 + 1 - NR                         矩阵
        IF(NK. LE. 0)GO TO 670
        GK(NR, NK) = GK(NR, NK) + K(II, LL)         ! "对号入座,同号叠加"
        670CONTINUE
        520CONTINUE
        510CONTINUE
        500CONTINUE
        490CONTINUE
        RETURN
        END
```

## 4.2.2 整体分析程序设计

### 1. 结构支承约束条件处理程序设计

结构支承约束条件整体刚度方程修正子程序如下[1]：

**程序4-2** 整体刚度方程修正子程序

```
SUBROUTINE REGK(GK, Q, NT, NW)              ! 整体刚度方程修正子程序
IMPLICIT INTEGER * 2(1 - N)
INTEGER * 2 NS(50, 2), ID(100), JD(100)
REAL * 4 RNS(50), AD(100), SD(100), ED(100)
REAL * 4 GK(NT, NW), Q(NT), X(200), Y(200)
COMMON/SS/X, Y, RNS, AD, SD, ED
COMMON/NA/NJ, NE, NF, NC, NP, NQ, NX
COMMON/JJ/NS, ID, JD
IF(NF. NE. 0) THEN
DO 120 I = 1, NF
JOS = (NS(I, 1) - 1) * 3 + NS(1, 2)
GK(JOS, 1) = GK(JOS, 1) * 1E + 12          ! 采用乘大数法修正主元素以
Q(JOS) = RNS(I) * GK(JOS, 1)                   及对应的常数项系数
IF(ABS(RNS(I)). LE. 1. OE - 8) Q(JOS) = 0.0
120  CONTINUE
ENDIF
RETURN
END
```

### 2. 结构的结点荷载列阵程序设计

结构的结点荷载列阵程序设计框图如图4-9所示。

根据图4-9编制的整体刚度方程修正子程序如下[1]。

**程序4-3** 荷载处理子程序

```
SUBROTINE LOAD(Q, NT)                       ! 荷载处理子程序
IMPLICIT INTEGER * 2(I - N)                  ! 处理结点荷载及置换各种单
INTEGER * 2NS(50, 2), ID(100), JD(100),         元荷载为等效结点荷载
$     MEP(lO), MEQ(lO), MEX(lO), JOD(80.2)
REAL * 4 X(200), Y(200), RNS(50), AD(100), SD(100),
$    ED(100), SP(6), SQ(6), ROAD(80), DC(6.6)
REAL * 4 P(10), AP(10), BP(10), QQ(10), AD(10)
REAL * 4 Q(NT), QX(10)
```

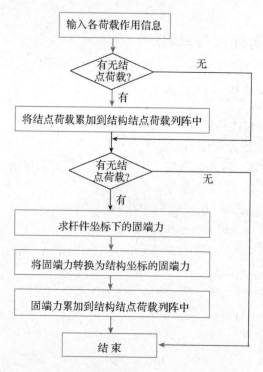

图 4-9　结点荷载列阵程序设计框图

COMMON/SS/X，Y，RNS，AD，SD，ED

COMMON/NA/NJ，NE，NF，NC，NP，NQ，NX

COMMON/JJ/NS，ID，JD

COMMOM/rr/MEP，P，AP，BP，MEQ，QQ，AQ，MEX，QX

DO 10 1 = I. NT

　　Q(I) = 0.0

10　CONTINUE

　　IF( NC. NE. 0) THEN　　　　　　　　　　　　　　! 处理结点集中荷载

　　WRITE(11. ′(/4x，A/4X，A)′)′结点荷载：′，

　　$　　　　′行号　作用点　类型　荷载值′

　　READ(7. ∗)(JOD(1.1).JOD(1.2).ROAD(1)，1 = I. NC)

　　WRITE(11，′(5X，A，13，A，1x，19，112，FI4.3)′)(′(′

　　$　　　　，I.′)′，JOD(1.1).JOD(1.2).ROAD(1).1 = 1. NC)

　　DO 780 1 = 1. NC

　　NI = (JOD(1.1) − 1) ∗ 3 + JOD(1.2)

　　Q(NI) = Q(NI) + ROAD(1)　　　　　　　　　　! 将单元结点荷载叠加到整

78　CONTINUE　　　　　　　　　　　　　　　　　　　体荷载列阵 **Q** 中

　　ENDIF

　　IF( NP. NE.0)′THENEN　　　　　　　　　　　　! 处理杆件中力荷载

```
    WRITE(11，'(/4X，A/4X. A)')'单元集中荷载：'.
  $     '单元号　荷载集度　离 I 点距离　离 J 点距离'
    DO 20 IP = I. NP
    READ(7，*) MEP(IP). P(IP). AP(IP). BP(IP)
    WRITE(11，'(1x. 17. FI3. 3. 2FI2. 3)')
  $     MEP(IP)，P(IP)，AP(IP)，BP(IP)
    ME = MEP(IP)
    A = AP(IP)
    B = BP(IP)
    IG = ID(ME)
    JG = JD(ME)
    I3 = 3 * IG
    I2 = I3 − 1
    I1 = I3 − 2
    J3 = 3 * JG
    J2 = J3 − 1
    Jl = J3 − 2
    SL = SQRT((X(JG) − X(IG))**2 + (Y(JG) − Y(IG))**2)
    C = (X(JG) − X(IG))/SL
    S = (Y(JG) − Y(IG))/SL
    SP(1) = 0. 0
    SP(4) = 0. 0
    SP(2) = − P(IP) * B * B * (SI + 2 * A)/SL**3
    SP(5) = − P(IP) * A * A * (SI + 2 * B)/SL**3
    SP(3) = − p(IP)3 * A * B * B/SL**2
    SP(6) = P(IP) * A * A * B/SL**2
    CALL DPO(C. S. SP. SQ)              ! 将杆件中集中力处理为等效的
20  CONTINUE                              结点荷载，并经坐标转换后，
    Q(I1) = Q(I1) + SQ(1)                再叠加到整体荷载列阵 Q 中
    Q(I2) = Q(I2) + SQ(2)
    Q(I3) = Q(I3) + SQ(3)
    Q(J1) = Q(J1) + SQ(4)
    Q(J2) = Q(J2) + SQ(5)
    Q(J3) = Q(J3) + SQ(6)
    ENDIF
    IF(NQ. NE. 0) THEN                 ! 处理杆件中均布荷载
    WRITE(I1，'(/4X，A/4X，A)') '单元均布荷载：'
  $       '单元号　荷载集度　从 I 点起的分布范围'
```

```
DO 30 IQ = 1, NQ
READ(7, *)MEQ(IQ), QQ(IQ), AQ(IQ)
WRITE(11, '(1X, 17, F13.3, F16.3)')
 $    MEQ(IQ), QQ(IQ), AQ(IQ)
ME = MEQ(IQ)
Q1 = QQ(IQ)
A = AQ(IQ)
IG = ID(ME)
JG = JD(ME)
I3 = 3 * IG
I2 = I3 - 1
I1 = I3 - 2 J3 = 3 * JG
J2 = J3 - 1
J1 = J3 - 2
SL = SQRT((X(JG) - X(IG)) ** 2 + (Y(JG) - Y(IG)) ** 2)
c = (x(JC) - X(IG))/SL
S = (Y(JG) - Y(IG))/SL
SP(1) = 0.0
SP(4) = 0.0
SP(2) = - Q1 * A * (2 * SL ** 3 - 2 * SL * A * A + A * A)/(2 * SL ** 3)
SP(5) = - Q1 * A ** 3 * (2 * SL - A)/(2 * SL ** 3)
SP(3) = - Q1 * A ** 2 * (6 * SL ** 2 - 8 * SL * A + 3 * A ** 2)/(12 * SL ** 2)
SP(6) = Q1 * A ** 3 * (4 * SL - 3 * A)/(12 * SL ** 2)
CALL DPQ(C, S, SP, SQ)
CONTINUE
Q(I1) = Q(I1) + SQ(1)
Q(I2) = Q(I2) + SQ(2)
Q(I3) = Q(I3) + SQ(3)                    ! 将杆件中均布荷载处理为等效
Q(J1) = Q(J1) + SQ(4)                      的结点荷载, 并经坐标转换后,
Q(J2) = Q(J2) + SQ(5)                    再叠加到整体荷载列阵 Q 中
ENDIF
Q(J3) = Q(J3) + SQ(6)                    ! 处理杆件中线性分布荷载荷载
IF(NX. NE. 0)THEN                          集度
WRIT E(11, '(/4X, AA/4X, A)')单元线性荷载:  ', '单元号
DO 40 IX = 1, NX
READ(7, *)MEX(IX), QX(IX)
WRIT E(11, '(1x, 17, F13.3)') MEX(IX), Q X(IX)
ME = MEX(IX)
```

```
Q1 = QX(IX)
IG = ID(ME)
JD = JE(ME)
I3 = 3 * IG
I2 = I3 - 1
I1 = I3 - 2
J1 = J3 - 2
SL = SQRT((X(JG) - X(IG)) ** 2 + (Y(JG) - Y(IG)) ** 2)
C = (X(JG) - X(IG)/SL
S = (Y(JG) - Y(IG)/SL
SP(1) = 0.0
SP(4) = 0.0
SP(2) = -7Q1 * SL ** /20.0
SP(5) = -3Q1 * SL ** /20.0
SP(3) = -Q1 * SL ** 2/20.0
SP(6) = Q1 * SL ** 2/30.0
CALL DPQ(C, S, SP, SQ)
CONTINUE
Q(I1) = Q(I1) + SQ(1)          ! 将杆件中线性分布荷载处理为等
Q(I2) = Q(I2) + SQ(2)            效的结点荷载，并经坐标转换
Q(I3) = Q(I3) + SQ(3)            后，再叠加到整体荷载列阵 Q 中
Q(J1) = Q(J1) + SQ(4)
Q(J2) = Q(J2) + SQ(5)
Q(J3) = Q(J3) + SQ(6)
ENDIF
RETURN
END
```

## 3. 等带宽消去法程序设计

**程序 4 - 4　等带宽消去法程序**

```
SUBROUTINE SOVB (GK, B, N, NT, NW)     ! 等带宽消去法求解整体刚度方程
                                          子程序
IMPLICIT INTEGER * 2(I - N)
REAL * 4 GK(NT, NW), B(NT)
DO 30 I = I, N                          ! 进行 I = 1, N 次的前代主元素
X = GK(I, 1)
IF(ABS(X).LT.1T - 12)THEN
WRITE (11, '(AI5, A, E18.8)')           ! 主元素太小会使计算机出现"溢
                                          出"现象，故需对主元素进行
```

```
    $ ′主元素太小 GK9′. I, ′, 1) = ′, X          判断
    STOP
    END IF
    IK = I
    DO 20 J = 2, NW                              ! 列循环
    K = IK + 1
    CN = GK(I, J)/X                              ! I 行各元素除以主元素
    JK = 0
    DO 10 K = J, NW
    JK = JK + 1
10  GK(IK, JK) = GK(IK, JK) - CN * GK(I. K)      ! 式(4.19)
    GK(I, J) = CN
    B(IK) = B(IK) - CN * B(I)
30  B(I) = B(I)/X
    DO 50 J = 2, N                               ! 回代过程
    II = N - J + I
    DO40 K = 2, NW
    JJ = II + K - 1
    B(II) = B(II) - GK(II, K) * B(JJ)            ! 式(4.20)
50  CONTINUE
    RETURN
    END
```

## 4. 平面刚架静力分析程序

### (1)程序主要变量

程序主要变量与数值说明见表 4-2。

表 4-2　主要变量与数组

| 变量名 | 说　　　　明 |
|---|---|
| NJ | 结构的结点总数 |
| NE | 结构的单元总数 |
| NF | 结构的支承约束数 |
| NC | 结点荷载数 |
| NT | 结构的自由度总度 |
| X, Y | 一维数组,存放结点坐标值 |

（续表）

| | |
|---|---|
| *NS* | 二维数组，存放位移约束信息 |
| *RNS* | 一维数组，存放已知的位移值 |
| *E* | 杆件材料的弹性模量 |
| *K* | 二维数组，存放单元刚度矩阵元素 |
| *GK* | 二维数组，存放整体刚度矩阵元素 |
| *DC* | 二维数组，存放坐标转换矩阵元素 |
| *JOD* | 二维数组，存放结点荷载信息 |
| *ROAD* | 一维数组，存放结点荷载的数值 |
| *A* | 一维数组，存放整体刚度矩阵的元素 |
| *Q* | 一维数组，存放荷载向量 |
| *U* | 一维数组，存放结点位移向量 |

## （2）源程序

平面刚架静力分析程序设计框图如图 4 - 10 所示。

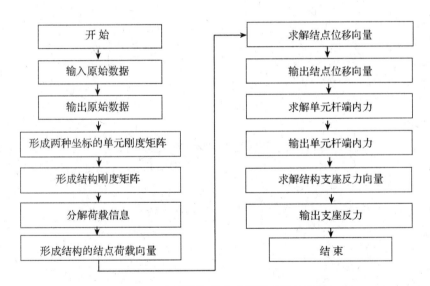

**图 4 - 10　平面刚架静力分析程序设计框图**

根据图 4 - 10 的框图编制的平面刚架静力分析程序如下[1]。

**程序 4 - 5　平面刚架静力分析主程序**

```
PROGRAM FRAM                          ! 平面刚架静力分析主程序
IMPLICIT INTEGER * 1(I - N)
```

```
CHARACTER CH(80)*1, DFALE*12, OFALE*12, YN*1
INTEGER*2 NS(50,2), ID(100), JD(100)
REAL*4 RNS(50), AD(100), SD(100), ED(100)
REAL*4 A(20000), B(500), X(200), Y(200)
COMMON/SS/X, Y, RNS, AD, SD, ED
COMMON/NA/NJ, NE, NF, NC, NP, NQ, NX
COMMON/JJ/NS, ID, JD
WRITE(*, '(A)')' 请输入原始数据文件名: '
READ(*, '(A12)') DFALE
OPEN(7, FILE = DFALE, STATUS = 'OLD')
WRITE(*, '(A)')' 请输入计算结果数据文件名: '
READ(*, '(A12)') OFALE
OPEN(11, FILE = OFALE, STATUS = 'NEW')
READ(7, *)NJ, NE, NF, NC, NP, NQ, NX           ! 输入程序的控制参数
WRITE(11, '(/4X, A//4X, A)')
$       '输入数据如下: ', '一. 输入数据部分: '
WRITE(11, '(/1X, 2A8, 2A12, 3A10, /2I7, 2I11, 3I10)')
$       '结点数', '单元数', '支承约束数', '结点荷载数',
$       '集中荷载数', '均布荷载数', '线性荷载数',
$       NJ, NE, NF, NC, NP, NQ, NX
WRITE(11,'(/4X, A/A12, 2A16)')
$       '结点坐标: ', '结点号', 'X 方向坐标', 'Y 方向坐标'
READ(7, *)(J, X(I), Y(I), I=1, NJ)             ! 逐个结点输入结点号及坐
WRITE(11, '(6X, A, I3, A, F14.3, F16.3)')        标 x, y
$       ('(', I, ')', X(I), Y(I), I=1, NJ)
WRITE(11, '(/4X, A/4X, A)')                     !'各杆件单元信息: ',
$       '单元 左结点 右结点 面积 惯性矩 弹性模量'
READ(7, *)(ME, ID(I), JD(I), AD(I), SD(I),     ! 输入杆件单元信息
$       ED(I), I=1, NE)
WRITE(11, '(3X, A, I3, A, I6, I5, 2x, E8.2, 1x,
$       E8.2, 1x, E10.3)')('(', I, ')', ID(I), JD(I),
$       AD(I), SD(I), ED(I), I=1, NE)
IF(NF.NE.0) THEN
WRITE(11, '(/4X, A)')'支座约束信息'
READ(7, *)(NS(I, 1), NS(I, 2), RNS(I), I=1, NF) ! 输入支座约束信息1-x
WRITE(11, '(4X, 3A12/(2I12, F12.3))')            方向约束,2-y 方向约
$       '支承结点号', '约束方向','指定位移值',       束,3-转角方向约束
$       (NS(I.1), NS(I, 2), RNS(I), I=1, NF)
ENDIF
```

第 4 章　平面刚架、桁架计算与程序设计

```
        MX = 0
        DO 420 I = 1, NE
        II = LABS(ID( I ) - JD( I ))
        IF( II . GT. MX) MX = II
420     CONTINUE
        NT = NJ * 3
        NW = ( MX + 1 ) * 3
        CALL MGK(A, NT, NW)
        CALL LOAD(B, NT)
        CALL BREAK(A, B, NT, NW)
        WRITE( * , * )
        WRITE( * , '(A)')'……正在解方程,请稍后……'
        CALL SOVB(A, B, NT, NW)
        CALL CES(B, NT)
        CLOSE(7)
        CLOSE(11)
        WRITE( * , '(A)')'……正在结束,再见!……'
        STOP
        END
        SUBROUTINE DPQ(C, S, SP, SQ)                        ! 转换矩阵子程序将局部坐标系
        IMPLICIT INTEGER * 2(I - N)                            下的单元杆端力转换为整体坐
        REAL * 4 SP(6), SQ(6), DC(6, 6)                        标系下的单元杆端力
        DO 1280 II = 1, 6
        DO 1280 JJ = 1, 6
1280    DC( II , JJ) = 0.0
        DC(1, 1) = C                                        ! 形成坐标转换矩阵的逆矩阵
        DC(2, 2) = C                                          [R]⁻¹,注意这里[R]⁻¹ = [R]ᵀ
        DC(4, 4) = C
        DC(5, 5) = C
        DC(2, 1) = S
        DC(5, 4) = S
        DC(1, 2) = - S
        DC(4, 5) = - S
        DC(3, 3) = 1
        DC(6, 6) = 1
        DO 1460 II = 1, 6
        SQ( II ) = 0
        DO 1440 JJ = 1, 6
        SQ( II ) = SQ( II ) + DC( II , JJ) * SP(JJ)          ! 单元杆端力转换
```

```
1440 CONTINUE
1460 CONTINUE
     RETURN
     END
     SURROUTINE CES( U, NT )                               ! 求解应力子程序
     IMPLICIT INTEGRE * 2 ( Ⅰ—N)
     INTEGER * 2 NS( 50, 2 ), ID( 100 ), JD( 100 ),
    $           MEP( 10 ), MEQ( 10 ), MEX( 10 )            ! 杆端内力计算公式为
     REAL * 4 RNS( 50 ), AD( 100 ), SD( 100 ),                [P]ᵉ = {F̄}ᵉ + {F̿}ᵉ
     ED( 100 ), SG( 6 ), DC( 6, 6 ), SDG( 6 ),
    $           BX( 3, 6 ), S2( 3 ), SP( 6 )
     REAL * 4 P( 10 ), AP( 10 ), BP( 10 ), QQ( 10 ), AQ( 10 )  ! 式中: {F̄}ᵉ——位移引
     REAL * 4 U( NT ), X( 200 ), Y( 200 ), QX( 10 )           起 的 杆 端 内 力,
     COMMON/SS/X, Y, RNS, AD, SD, ED                         {F̿}ᵉ——杆件荷载引
     COMMON/NA/NJ, NE, NF, NC, NP, NQ, NX                    起的杆端内力
     COMMON/JJ/NS, ID, JD
     COMMON/TT/MEP, P, AP, BP, MEQ, QQ, AQ, MEX, QX
     WRITE( 11, '( /4X, A )' )'二. 计算结果部分: '
     WRITE( 11, '( /4X, A )' )'各结点位移: '
     WRITE( 11, '( A12, 3A16 )' )
    $           '结点号', 'X 方向位移', 'Y 方向位移', '转 角'
     WRITE( 11, '( 6X, A, Ⅰ3, A, F15, 5, F17, 5, F16, 5 ) )' )
    $           ( '(', Ⅰ, ), U( 3 * Ⅰ - 2 ), U( 3 * Ⅰ - 1 ), U( 3 * Ⅰ ), Ⅰ = 1, NJ )
     WRITE( 11, '( /4X, A )' )'杆件内力'
     WRITE( 11, '( 4X, 2A8, 3A15 )' )
    $           '杆件号', '结点号', '轴力剪', '力弯矩'
     DO 2790 ME = 1, NE
     IG = ID( ME )
     JG = JD( ME )
     SA = SD( ME )
     CA = AD( ME )
     E = ED( ME )
     SL = SQRT( ( X( JG ) - X( IG ) ) ** 2 + ( Y( JG ) - Y( IG ) ** 2 )
     C = ( X( JG ) - X( IG )/SL
     S = ( Y( JG ) - Y( IG )/SL
     I1 = 3 * IG - 3
     J1 = 3 * JG - 3
     DO 2210 I = 1, 3
     MM = I1 + 1
```

```
         MN = J1 + 1
         SG(I) = U(MM)                    ! 从整体位移列阵 U 中找到单元的位
         SG(I + 3) = U(MN)                  移列阵 {δ}ᵉ
2210 CONTINUE
         DO 2250 I = 1, 6
         DO 2250 J = 1, 6
2250 DC(I, J) = 0.0
         DC(1, 1) = C
         DC(2, 2) = C
         DC(4, 4) = C
         DC(5, 5) = C
         DC(2, 1) = - S
         DC(5, 4) = - S
         DC(1, 2) = S
         DC(4, 5) = S
         DC(3, 3) = 1
         DC(6, 6) = 1                      ! 由坐标转换矩阵 [R] 以及公式: {δ̄}ᵉ
         DO 2780 I = 1, 2                     = [R]{δ}ᵉ, 将整体坐标系下的单元
         DO 2410 I = 1, 6                     的位移列阵 {δ}ᵉ, 转换为局部坐标
         SDG(I) = 0.0                        系下的单元的位移列阵 {δ̄}ᵉ
         DO 2410 J = 1, 6
2410 SDG(I) = SDG(I) + DC(I, J) * SG(J)
         XI = I - 1
         ND = IG
         IF(I. GT. 1) ND = JG
         DO 2520 J = 1, 3
         DO 2520 K = 1, 6
2520 BX(J, K) = 0.0                        ! 求单元刚度矩阵的系数
         BX(1, 1) = - 1.0/SL
         BX(1, 4) = 1.0/SL
         BX(2, 2) = 12.0/SL ** 3
         BX(2, 3) = 6.0/SL ** 6
         BX(2, 5) = - 12.0/SL ** 3
         BX(2, 6) = 6.0/SL ** 2
         IF(1. EQ. 2) THEN
         DO 15 J = 1, 6
         BX(2, J) = - BX(2, J)
15   CONTINUE
         ENDIF
```

```
     BX(3, 2) = 6.0/SL ** 2
     BX(3, 3) = (4.0 - 2.0 * XI)/SL
     BX(3, 5) = - 6.0/SL ** 2
     BX(3, 6) = (2.0 + 2.0 * XI)/SL
     DO 2650 J = 1, 3
     S2(J) = 0.0
     DO 2650 K = 1, 6
2650 S2(J) + BX(J, K) * SDG(K)
     S2(1) = E * CA * S2(1)
     S2(2) = E * CA * S2(2)
     S2(3) = E * CA * S2(3)
     IF(NP. NE. 0)THEP
     DO 20 IP = 1, IP
     IF( ME. EQ. MEP(IP))THEP
     A = AP(IP)
     B = BP(IP)
     IG = ID( ME)
     JG = JD( ME)
     SL = SQRT((X(JG) - X(IC)) ** 2 + (Y(JG) - Y(IG)) ** 2)
     C = (X(JG) - X(IG))/SL
     S = (Y(JG) - Y(IG))/SL
     SP(1) = 0.0
     SP(4) = 0.0
     SP(2) = - P(IP) * B * B * (SL + 2 * A)/SL ** 3
     SP(5) = - P(IP) * A * A * (SL + 2 * B)/SL ** 3
     SP(3) = - P(IP) * A * B * B/SL ** 2
     SP(6) = P(IP) * A * A * B/SL ** 2
     IF(I. EQ. . 1) THEN
     S2(2) = S2(2) + SP(2)
     S2(3) = S2(3) + SP(3)
     ENDIF
     IF(I. EQ. . 2) THEN
     S2(2) = S2(2) + SP(5)
     S2(3) = S2(3) + SP(6)
     ENDIF
     ENDIF
20   CONTINUE
     ENDIF
     IF(NQ. NE. 0) THEN
```

! 由式(4-4)：$\{\bar{F}\}^e = [\bar{k}]^e \{\bar{\delta}\}^e$，求解位移引起的杆端内力

! 求解杆中集中力引起的杆端内力

```
DO 30 IQ = 1, NQ                                    ! 求解杆中均布荷载引起的杆端内力
IF( ME. EQ. MEQ( IQ) ) THEN
QI = QQ( IQ)
A = AQ( IQ)
IG = ID( ME)
JG = JD( ME)
SL = SQRT( ( X( JG) − X( IG) ) ∗∗ 2 + ( Y( JG) − Y( IG) ) ∗∗2)
C = ( X( JG) − X( IC; ) )/SL
S = ( Y( JG) − Y( IG) )/SL
SP( 1) = 0. 0
SP( 4) = 0. 0
SP( 2) = − Q1 ∗ A ∗ < 2 ∗ SL ∗∗ 3 − 2 ∗ SL ∗ A ∗ A + A ∗ A) /( 2 ∗ SL ∗∗ 3)
SP( 5) = − Q1 ∗ A ∗∗ 3 ∗ ( 2 ∗ SL − A)/( 2 ∗ SL ∗∗ 3)
SP( 3) = − Q1 ∗ A ∗∗ 2 ∗ ( 6 ∗ SL ∗∗ 2 − 8 ∗ SL ∗ A + 3 ∗ A ∗∗ 2)/( 12 − SL ∗∗ 2)
SP( 6) = Q1 ∗ A ∗∗ 3 ∗ ( 4 ∗ SL − 3 ∗ A) /( 12 ∗ SL ∗∗ 2)
ENDIF
IF( I. EQ. 2) THEN
S2( 2) = S2( 2) + SP( 2)
S2( 3) = S2( 3) + SP( 3)
ENDIF
IF( I. EQ. 2) THEN
S2( 2) = S2( 2) + SP( 5)
S2( 3) = S2( 3) + SP( 6)
ENDIF
30    CONTINE
ENDIF
IF( NX. NE. 0) THEN
DO 40 IX = 1, NX
IF( ME. EQ. MEX( IX) ) THEN
Q1 = QX( IX)
IG = ID( ME)                                        ! 求解杆中线性荷载引起的杆端内力
JG = JD( ME)
SL = SQRT( ( X( JG) − X( IG) ) ∗∗2 + ( Y( JG) − Y( IG) ) ∗∗2)
C = ( X( JG) − X( IG) )/SL
S = ( Y( JG) − Y( IG) )/SL
SP( 1) = 0. 0
SP( 4) = 0. 0
SP( 2) = − 7 ∗ Q1 ∗ SL/20. 0
SP( 5) = − 3 ∗ Q1 ∗ SL/20. 0
```

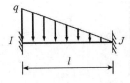

```
        SP(3) = - Q1 * SL ** 2/20.0
        SP(6) = Q1 * SL ** 2/30.0
        ENDIF
        IF( I. EQ. 1) THEN
        S2(2) = S2(2) + SP(2)
        S2(3) = S2(3) + SP(3)
        ENDIF
        IF( I. EQ. 2) THEN
        S2(2) = S2(2) + SP(5)
        S2(3) = S2(3) + SP(6)
        ENDIF
40      CONTINE
        ENDIF
        WRITE(11, '(7X, A, I3, A, I6, F17.5, 2F15.5)')
     $         '(', ME, ')', ND, S2(1), S2(2), S2(3)
2780 CONTINUE
2790 CONTINUE
        RETURN
        END
        SUBROUTINE MGK(GK, NT, NW)          ! (见程序4-1)求单刚及总刚集成
                                                的子程序
        SUBROUTINE REGK(GK, Q, NT, NW)      ! (见程序4-2)整体刚度方程修正
                                                子程序
        SUBROUTINE LOAD(Q, NT)              ! (见程序4-3)荷载处理子程序
        SUBROUTINE SOVB(GK, B, N, NW)       ! (见程序4-4)刚度方程子程序
```

**(3) 数据输入/输出**

数据输入/输出见表4-3所示。

表4-3 数据输入与输出

| 输入次序 | 变量名 | 说　　明 | 输入格式 | 输出格式 |
|---|---|---|---|---|
| 1<br>结构总信息 | $NJ$, $NE$, $NF$,<br>$NC$, $NP$, $NQ$,<br>$NX$ | 结点总数,单元总数,支承约束结点数,结点荷载数,杆中集中力数,杆中均布荷载数,杆中线性荷载数 | * | 7I5 |
| 2<br>坐标信息 | $I$, $X(I)$, $Y(I)$<br>$I = 1$, $NJ$ | 结点号,结点 $X$ 坐标,结点 $Y$ 坐标 | * | I6<br>2F10.4 |
| 3<br>单元信息 | $NN$, $ID(I)$,<br>$JD(I)$, $AD(I)$,<br>$SD(I)$, $ED(I)$,<br>$I = 1$, $NE$ | 单元号, $I$ 结点编号, $J$ 结点编号,杆件面积,杆件惯性矩,弹性模量 | * | 3I2<br>3E10.4 |

（续表）

| | | | | |
|---|---|---|---|---|
| 4<br>约束信息 | $NS(I, 1)$<br>$NS(I, 2)$<br>$RNS(I)$<br>$I = 1, NF$ | 已知约束或位移的结点号，位移的方向（1 表示 $X$ 方向，2 表示 $Y$ 方向，3 表示转角），位移值 | * | $2I10$<br>F10.4 |
| 5<br>若 $NC \neq 0$，输入结点集中荷载信息 | $JOD(I, 1)$<br>$JOD(I, 2)$<br>$ROAD(I)$<br>$I = 1, NC$ | 存放荷载作用的结点号<br>存放荷载类型参数<br>存放结点荷载的数值<br>1，2 分别表示 $X$，$Y$ 方向集中力，3 表示集中力矩 | * | $2I6$<br>F10.4 |
| 6<br>若 $NP \neq 0$，输入杆件中集中力信息 | $MEP(I)$<br>$P(I)$<br>$AP(I)$<br>$BP(I)$<br>$I = 1, NP$ | 存放集中力作用的单元号<br>存放集中力集度<br>存放集中力矩 $I$ 结点的距离<br>存放集中力矩 $J$ 结点的距离 | * | $I6$<br>3F10.4 |
| 7<br>若 $NQ \neq 0$，输入杆件中均布荷载信息 | $MEQ(I)$<br>$QQ(I)$<br>$AQ(I)$<br>$I = 1, NQ$ | 存放均布荷载作用的单元号<br>存放均布荷载集度<br>存放均布荷载从 $I$ 结点起的分布范围 | * | $I6$<br>2F10.4 |
| 8<br>若 $NX \neq 0$，输入杆件中线性荷载信息 | $MEX(I)$<br>$QX(I)$<br>$I = 1, NX$ | 存放线性荷载作用的单元号<br>存放线性均匀荷载集度 | * | $I6$<br>F10.4 |

## 4.2.3　计算例题

利用 FRAM. FOR 程序计算例题 4 – 1。

### 1. 数据输入文件

4，3，6，1，0，0，0

1，0.0，0.0，

2，3.0，5.0，

3，8.0，5.0，

4，8.0，0.0

1，1，2，1.0E – 2，30.0E – 5，200.0E + 6，

2，2，3，1.0E – 2，30.0E – 5，200.0E + 6

3，3，4，1.0E – 2，30.0E – 5，200.0E + 6

1, 1, 0.0

1, 2, 0.0

1, 3, 0.0

4, 1, 0.0

4, 2, 0.0

4, 3, 0.0

2, 1, 1000.0

## 2. 输出数据文件

计算完成后,输出文件内容如下:

### (1) 输入数据部分

| 结点数 | 单元数 | 支承约束数 | 结点荷载数 | 集中荷载 | 均布荷载 | 线性荷载 |
|---|---|---|---|---|---|---|
| 4 | 3 | 6 | 1 | 0 | 0 | 0 |

结点坐标:

| 结点号 | $x$ 方向坐标 | $y$ 方向坐标 |
|---|---|---|
| (1) | 0.000 | 0.000 |
| (2) | 3.000 | 5.000 |
| (3) | 8.000 | 5.000 |
| (4) | 8.000 | 0.000 |

各杆件单元信息:

| 单元 | 左结点 | 右结点 | 面积 | 惯性矩 | 弹性惯量 |
|---|---|---|---|---|---|
| (1) | 1 | 2 | 0.10E – 01 | 0.30E – 03 | 0.200E + 09 |
| (2) | 2 | 3 | 0.10E – 01 | 0.30E – 03 | 0.200E + 09 |
| (3) | 3 | 4 | 0.10E – 01 | 0.30E – 03 | 0.200E + 09 |

支座约束信息(1——$x$ 方向约束,2——$y$ 方向约束,3——转角方向约束)

| 支承结点号 | 约束方向 | 已知位移值 |
|---|---|---|
| 1 | 1 | 0.000 |
| 1 | 2 | 0.000 |
| 1 | 3 | 0.000 |
| 4 | 1 | 0.000 |
| 4 | 2 | 0.000 |
| 4 | 3 | 0.000 |

结点荷载:

| 行号 | 作用点 | 类型 | 荷载值 |
|---|---|---|---|

(1)　　　　2　　　　1　　　　1000.000

**(2）计算结果部分**

各结点位移：

| 结点号 | $x$ 方向位移 | $y$ 方向位移 | 转角 |
|---|---|---|---|
| (1) | 0.00000 | 0.00000 | 0.00000 |
| (2) | 0.08277 | − 0.04753 | − 0.00256 |
| (3) | 0.08176 | − 0.00093 | − 0.00463 |
| (4) | 0.00000 | 0.00000 | 0.00000 |

杆件内力：

| 杆件号 | 结点号 | 轴力 | 剪力 | 弯矩 |
|---|---|---|---|---|
| (1) | 1 | 625.52800 | 319.48700 | 957.78530 |
| (1) | 2 | 625.52800 | − 319.48700 | 905.12830 |
| (2) | 2 | − 404.20910 | − 372.01020 | − 905.12820 |
| (2) | 3 | − 404.20910 | 372.01020 | − 954.92270 |
| (3) | 3 | − 372.01030 | 404.20960 | 954.92280 |
| (3) | 4 | − 372.01030 | − 404.20960 | 1066.12500 |

## 4.3　平面桁架的矩阵分析及程序

在杆件结构中如果各杆件主要承受轴力，则这类结构为桁架结构，如工业与民用建筑中厂房的钢梁、体育馆的钢屋架，桥梁结构中的连续梁和简支梁都可以简化为桁架结构。图4－11是长江上某桥梁及其桁架结构示意图。

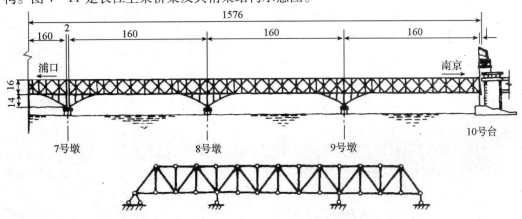

图4－11　某桥梁及其桁架结构示意图(尺寸单位：m)

在平面桁架的计算中,通常引入如下假定:

(1)桁架中各结点都是无摩擦的理想铰;

(2)各杆件的轴线都是通过铰心的直线,并在同一平面内;

(3)荷载只作用在结点上并在桁架的平面内。

平面桁架的有限元分析除单元刚度矩阵以外,其他计算步骤与平面刚架的有限元一样,故这里仅介绍平面桁架杆件单元的单元刚度矩阵。

## 4.3.1 局部坐标系中的单元刚度矩阵

对于任何杆单元的每个结点有两个位移分量,即两个线位移 $\bar{u}, \bar{v}$,两个结点共有四个位移分量,其结构计算分析都是从单元分析入手。图 4 – 12 是桁架结构的基本单元,设其在整个结构中的编号为 $e$,两个结点为 $i, j$。以单元的 $i$ 结点为原点,以从 $i$ 向 $j$ 的方向为 $\bar{x}$ 轴的正向,以 $\bar{x}$ 轴的正向逆转 $90°$ 为 $\bar{y}$ 轴的正向,力和线位移以沿坐标轴的正向为正。

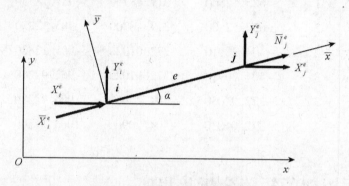

图 4 – 12 桁架结构的基本单元

因为桁架杆件只受轴向力,由胡克定律得到的杆端力与杆端位移之间的关系如下

$$\begin{cases} \bar{N}_i = \dfrac{AE}{l}(\bar{S}_i - \bar{S}_j) \\ \bar{N}_j = \dfrac{AE}{l}(-\bar{S}_i + \bar{S}_j) \end{cases} \tag{4.21}$$

式(4.21)写成矩阵形式为

$$\left\{\begin{matrix} \bar{N}_i \\ \bar{N}_j \end{matrix}\right\} = \begin{bmatrix} \dfrac{AE}{l} & -\dfrac{AE}{l} \\ -\dfrac{AE}{l} & \dfrac{AE}{l} \end{bmatrix} \left\{\begin{matrix} \bar{S}_i \\ \bar{S}_j \end{matrix}\right\} \tag{4.22}$$

为便于分析,可将每一结点的位移 $\bar{S}$ 分解为两个位移分量:水平位移分量 $\bar{u}$ 和垂直位移分量 $\bar{v}$;相应杆端力也有两个分量:水平分力 $\bar{X}$ 和垂直分力 $\bar{Y}$。因此,杆端力与杆端位移之间关系可扩展为

$$\left\{\begin{matrix} \bar{X}_i \\ \bar{Y}_i \\ \bar{X}_j \\ \bar{Y}_j \end{matrix}\right\} = \begin{bmatrix} \dfrac{AE}{l} & 0 & -\dfrac{AE}{l} & 0 \\ 0 & 0 & 0 & 0 \\ -\dfrac{AE}{l} & 0 & \dfrac{AE}{l} & 0 \\ 0 & 0 & 0 & 0 \end{bmatrix} \left\{\begin{matrix} \bar{u}_i \\ \bar{v}_i \\ \bar{u}_j \\ \bar{v}_j \end{matrix}\right\} \tag{4.23}$$

简写为

$$\{\bar{F}\}^e = [\bar{k}]^e \{\bar{\delta}\}^e \tag{4.24}$$

式中：$\{\bar{F}\}^e$——杆端力列阵；

$[\bar{k}]^e$——局部坐标系中的单元刚度矩阵；

$\{\bar{\delta}\}^e$——结点位移列阵。

## 4.3.2 整体坐标系下的单元刚度矩阵

为统一整个结构中各种不同杆件的单元分析方法，建立整个结构的求解方程，需要按整个结构建立结构坐标系，即整体坐标系。

在整体坐标系中，设有一杆件单元 $ij$ 的杆轴对整体坐标系的倾角为 $\theta$，以 $\bar{X}_i$，$\bar{X}_j$，$\bar{Y}_i$，$\bar{Y}_j$ 表示局部坐标中结点力分量，$X_i$，$X_j$，$Y_i$，$Y_j$ 表示整体坐标中结点力分量，由图 4–13 可知，在不同坐标系下，同一单元的结点力有如下转换关系

$$\left\{\begin{matrix} \bar{X}_i \\ \bar{Y}_i \\ \bar{X}_j \\ \bar{Y}_j \end{matrix}\right\} = \begin{bmatrix} \cos\theta & \sin\theta & 0 & 0 \\ -\sin\theta & \cos\theta & 0 & 0 \\ 0 & 0 & \cos\theta & \sin\theta \\ 0 & 0 & -\sin\theta & \cos\theta \end{bmatrix} \left\{\begin{matrix} X_i \\ X_j \\ Y_i \\ Y_j \end{matrix}\right\} \tag{4.25}$$

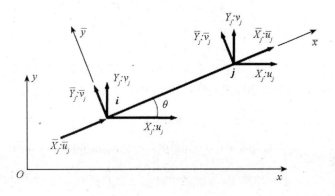

图 4–13 坐标转换

以及

$$[\pmb{R}] = \begin{bmatrix} \cos\theta & \sin\theta & 0 & 0 \\ -\sin\theta & \cos\theta & 0 & 0 \\ 0 & 0 & \cos\theta & \sin\theta \\ 0 & 0 & -\sin\theta & \cos\theta \end{bmatrix}$$

则式(4.25)可以简写为

$$\{\bar{\pmb{F}}\}^e = [\pmb{R}]^e \{\pmb{F}\}^e \tag{4.26}$$

同样,局部坐标系中的结点位移 $\bar{u}_i$,$\bar{u}_j$,$\bar{v}_i$,$\bar{v}_j$ 与整体坐标系中的结点位移 $u_i$、$u_j$、$v_i$、$v_j$ 也有同样的转换关系

$$\begin{Bmatrix} \bar{u}_i \\ \bar{u}_i \\ \bar{v}_j \\ \bar{v}_j \end{Bmatrix} = \begin{bmatrix} \cos\theta & \sin\theta & 0 & 0 \\ -\sin\theta & \cos\theta & 0 & 0 \\ 0 & 0 & \cos\theta & \sin\theta \\ 0 & 0 & -\sin\theta & \cos\theta \end{bmatrix} \begin{Bmatrix} \bar{u}_i \\ \bar{u}_j \\ \bar{v}_i \\ \bar{v}_j \end{Bmatrix} \tag{4.27}$$

或简写为

$$\{\bar{\pmb{\delta}}\}^e = [\pmb{R}]^e \{\bar{\pmb{\delta}}\}^e \tag{4.28}$$

将式(4.26)、式(4.28)代入式(4.24)得

$$[\pmb{R}]\{\pmb{F}\}^e = [\bar{\pmb{k}}]^e [\pmb{R}]\{\pmb{\delta}\}^e$$

上式两边乘以 $[\pmb{R}]^{-1}$,并注意到 $[\pmb{R}]$ 是正交矩阵,有

$$[\pmb{R}]^{-1} = [\pmb{R}]^{\mathrm{T}}$$

则上式可写为

$$\{\pmb{F}\}^e = [\pmb{R}]^{\mathrm{T}} [\bar{\pmb{k}}]^e [\pmb{R}]\{\pmb{\delta}\}^e \tag{4.29}$$

令

$$[\pmb{k}]^e = [\pmb{R}]^{\mathrm{T}} [\bar{\pmb{k}}]^e [\pmb{R}] \tag{4.30}$$

式(4.29)可写为

$$\{\pmb{F}\}^e = [\pmb{k}]^e \{\pmb{\delta}\}^e \tag{4.31}$$

式(4.31)建立了整体坐标系下结点力与结点位移的关系,其中 $[\pmb{k}]^e$ 称为整体坐标系下的单元刚度矩阵。将(4.30)式展开可得到整体坐标系中单元刚度矩阵的表达式为

$$[\pmb{k}]^e = \frac{EA}{l} \begin{bmatrix} \cos^2\theta & \cos\theta\sin\theta & -\cos^2\theta & -\cos\theta\sin\theta \\ \cos\theta\sin\theta & \sin^2\theta & -\cos\theta\sin\theta & -\sin^2\theta \\ -\cos^2\theta & -\cos\theta\sin\theta & -\cos^2\theta & -\cos\theta\sin\theta \\ -\cos\theta\sin\theta & -\sin^2\theta & \cos\theta\sin\theta & -\sin^2\theta \end{bmatrix} \tag{4.32}$$

## 4.3.3　平面桁架结构计算程序[1]

**程序 4-6　平面桁架静力分析程序**

```
IMPLICIT INTEGER * 2(I - N)                          ! 平面桁架静力分析程序
CHARACTER CH(80) * 1, DFALE * 12, OFALE * 12, YN * 1
INTEGER * 2 XI(100), YI(100), NS(20, 2)
DIMENNSION X(200), Y(200), XA(100), XE(100)
REAL * 4 A(20000), Q(500)
COMMON/II/NN, NE, NF, N2, NS, XI, YI
COMMON/SS/X, Y, XA, XE
WRITE( * , '(A)')'请输入原始数据文件名: '
READ( * , '(A12)') DFALE
OPEN(6, FILE = DFALE, STATUS = 'OLD')
WRITE( * , '(A)')'请输入计算结果数据文件明: '
READ( * , '(A12)') OFALE
OPEN(7, FILE = DFALE, STATUS = 'NEW')
READ(6, * )NE, NN, NF, NH                            ! NN——杆件单元数,
WRITE(7, '(/4X, A//4X, A)')                             NE——结构的结点总数,
 $        '输出数据如下: ', '一输入数据部分: '          NF——支承约束数,
WRITE(7, '(/1X, 3A12, A16/3I10, I12)')                 NH——有荷载的结点数
 $  '杆件单元数', '结点总数', '支承约束数',
 $  '有荷载的结点数', NN, NE, NF, NH
N2 = 2 * NN
READ(6 * )(NS(I, 1), NS(I, 2), I = 1, NF)            ! 输入受支承约束的结点号
WRITE(7, '(/4X, A)')                                   约束方向
 $       '支座约束信息(1——x 方向约束, 2——y 方向约束)'
WRITE(7, '(4X, 2A12)')
 $       '支承结点号', '约束方向',
WRITE(7, '(4X, 2I9)')
 $       (NS(I, 1), NS(I, 2), I = 1, NF)
READ(6, * )(NO, X(I), Y(I), I = 1, NN)               ! 逐个结点输入结点坐标
WRITE(7, '(/4X, A/A12, 2A16)')                         X, Y
 $  '结点坐标: ', '结点号', 'x 方向坐标', 'y 方向坐标'
WRITE(7, '(6X, A, I3, A, F14.3, F16.3)')
 $  ('(', I + 1, ')', X(I), Y(I), I = 1, NN)
WRITE(7, '(4X, A/5A12)')'各杆件单元信息: ',
 $       '单元号', '左端结点号', '右端结点号', '面积',
```

```
     $     '弹性模量'
     READ(6, *)(NO, XI(I), YI(I), XA(I), XE(I), I = 1, NE)      ! 输入各杆件单元信息：
     WRITE(7, '(6X, A, I3, A, I10, I12, F16.3, E11.3)')         ! 杆件始端、终端结点号,
     $       ('(', I + 1, ')', XI(I), YI(I), XA(I), XE(I),       ! 杆件截面面积, 弹性模量
     $         I = 1, NE)
     MX = 0
     DO 165 I = 1, NE
     IDF = IABS(NS(I, 1) - NS(I, 12))                            ! 计算最大半带宽
     IF(IDF. GT. MX) MX = IDF
165  CONTINUE
     NW = 2 * (MX + 1)
     NT = N2 + NW
     NU = NT * NW
     IF(NU. GT. 20000. OR. NT. GT. 500) stop'数组越界'
     DO 170 I = 1, NH
     READ(6, *)NO, Q(2 * NO - 1), Q(2 * NO)                      ! 输入结点荷载信息
170  CONTINUE
     WRITE(7, '(/4X, A/A10, 2A12)')'各结点荷载：',
     $          '结点号', 'x 方向荷载', 'y 方向荷载'
     WRITE(7, '(4X, A, I3, A, F10.3, F12.3)')
     $          ('(', I, ')', Q(2 * I - 1), Q(2 * I), I = 1, NN)
     CALL TRUS2(A(1), Q(1), NT, NW)调用子程序
     WRITE( *, '(3A)')'正常结束 计算结果存在', OFALE, '中'STOP'再见'
     END
     SUBROUTINE TRUS2(KK, Q, NT, NW)                             ! 平面桁架静力分析子程序
     IMPLICIT INTEGER * 2(I - N)
     INTEGER * 2 XI(100), YI(100), NS(20, 2)
     DIMENSION X(200), Y(200), XA(100), XA(100)
     REAL * 4 KK(NT, NW), Q(NT)
     COMMON/II/NN, NE, NF, N2, NS, XI, YI
     COMMON/SS/X, Y, XA, XE
     REAL * 4 SK(4, 4), DG(4, 4), SG(4), SLL(4), IJ1(2)
     DO 210 II = 1, NT
     DO 200 JJ = 1, NW                                           ! 结构总体刚度矩阵清零
200  KK(II, JJ) = 0.0
210  CONTINUE
     DO 450 LE = 1, NE                                           ! 逐个单元计算单元刚度矩阵
     I = XI(LE)
```

```
      J = YI( LE )
      AR = XA( LE )
      E = XE( LE )
      DXX = X( J ) - X( I )
      DYY = Y( J ) - Y( I )
      SL = SQRT( DXX * DXX + DYY * DYY )
      HS = DXX/SL
      SN = DYY/SL
      SK( 1, 1 ) = HS * HS
      SK( 3, 3 ) = HS * HS
      SK( 2, 1 ) = HS * SN
      SK( 1, 2 ) = HS * SN
      SK( 3, 4 ) = HS * SN
      SK( 4, 3 ) = HS * SN
      SK( 1, 3 ) = - HS * HS
      SK( 3, 1 ) = - HS * HS
      SK( 1, 4 ) = - HS * SN
      SK( 4, 1 ) = - HS * SN
      SK( 2, 3 ) = - HS * SN
      SK( 3, 2 ) = - HS * SN
      SK( 2, 2 ) = SN * SN
      SK( 4, 4 ) = SN * SN
      SK( 2, 4 ) = - SN * SN
      SK( 4, 2 ) = - SN * SN
      CN = AR * E/SL
      DO 350 II = 1, 4
      DO 360 JJ = 1, 4
      SK( II, JJ ) = SK( II, JJ ) * CN
360 CONTINUE
350 CONTINUE
      IJ1( 1 ) = 2 * I - 2
      IJ1( 2 ) = 2 * J - 2
      DO 460 JJ = 1, 2                    ! 形成总体刚度矩阵
      NR = IJ1( JJ )
      DO 470   J9 = 1, 2
      NR = NR + 1
      IOI = 2 * ( JJ - 1 ) + J9
      DO 480 K1 = 1, 2
```

```
       N9 = IJ1(K1)
       DO 490 K2 = 1, 2
       LOL = 2 * (K1 - 1) + K2
       NK = N9 + K2 + 1 - NR
       IF(NK. LT. 1) GOTO 490
       KK(NR, NK) = KK(NR, NK) + SK(IOI, LOL)
490 CONTINUE
480 CONTINUE
470 CONTINUE
460 CONTINUE
450 CONTINUE
       DO 500 II = 1, NF
       N9 = (NS(II, 1) - 1) * 2 + NS(II, 2)            ! 用"放大主元素法"处理结
       KK(N9, 1) = KK(N9, 1) * IE12 + IE12                 点约束条件
500 CONTINUE
       WRITE( * , '(A)')'正在解方程, 稍候'
       CALL SOVB(KK, Q, N2, NW, NT)调用求解方程的子程序
       WRITE(7, '(/4X, A)')'二. 计算结果部分: '
       WRITE(7, '(/4X, A)')'各结点位移: '
       WRITE(7, '(A12, 2A16/(I10, F18.5, F16.5))')
   $          '结点号', 'X 方向位移', 'Y 方向位移',
   $          (II, Q(2 * II - 1), Q(2 * II), II = 1, NN)
       WRITE(7, '(/4X, A)')'杆件内力: '
       WRITE(7, '(2X, A10, A14)')'杆件', '内力'
       DO 620 II = 1, 4
       DO 630 JJ = 1, 4
       DC(II, JJ) = 0.0                                ! 坐标转换矩阵清零
630 CONTINUE
620 CONTINUE
       DO 805 LE = 1, NE
       AR = XA(LE)
       E = XE(LE)
       I = XI(LE)
       J = YI(LE)
       DXX = X(J) - X(I)
       DYY = Y(J) - Y(I)
       SL = SQRT(DXX * DXX + DYY * DYY)
       HS = DXX/SL
```

```
     SN = DYY/SL
     DC(1, 1) = HS                                ！求各单元坐标转换矩阵
     [R]
     DC(2, 2) = HS
     DC(3, 3) = HS
     DC(4, 4) = HS
     DC(1, 2) = SN
     DC(3, 4) = SN
     DC(2, 1) = - SN
     DC(4, 3) = - SN
     I1 = 2 * I - 2
     J1 = 2 * J - 2
     DO 760 II = 1, 2                             ！求解位移向量
     MM = I1 + II
     SG(II) = Q(MM)
     MM = J1 + II
     SG(II + 2) = Q(MM)
760  CONTINUE
     DO 790 II = 1, 4
     SLL(II) = 0.0
     DO 795 JJ = 1, 4
     SLL(II) = SLL(II) + DC(II, JJ) * SG(JJ)
795  CONTINUE
790  CONTINUE
     FC = AR * E * (SLL(3) - SLL(1))/SL
     WRITE(7, '(5X, A, I2, A, I2, F14.3)')'杆', I, '~', J, FC
805  CONTINUE
     RETURN
     END
```

关于程序的使用说明如下：

**(1)主要变量与数组说明**

主要变量与数组说明见表 4 - 4 所示。

表 4-4　主要变量与数组

| 变量名 | 说　明 | 输出格式 |
|---|---|---|
| NN | 结构的结点总数 | I12 |
| NE | 结构的杆件总数 | I12 |
| NF | 结构的支撑约束数 | I12 |
| NH | 结点荷载数 | I12 |
| XI, YI | 一维数组，存放杆件单元的两端结点号 | I10, I12 |
| XA, XE | 一维数组，存放杆件单元的面积和弹性模量 | F16.3, E13.3 |
| X, Y | 一维数组，存放结点坐标值 | 2F11.3 |
| NS | 二维数组，存放位移约束信息 | I5, I3 |
| Q | 一维数组，存放结点荷载 | F12.3 |
| SK | 二维数组，存放单元刚度矩阵元素 | |
| DC | 二维数组，存放坐标转换矩阵的元素 | |
| KK | 二维数组，存放整体刚度矩阵的元素 | |

**（2）数据输入/输出**

数据输入/输出如表 4-5 所示。

表 4-5　数据输入与输出

| 输入次序 | 变量名 | 说　明 | 输入格式 | 输出格式 |
|---|---|---|---|---|
| 1 | NE, NN, NF, NH | 单元总数，结点总数，支承约束结点数，结点荷载数 | * | 4I12 |
| 2 | NS(I,1), NS(I,2), RNS(I), I=1, NF | 已知约束的结点号，位移的方向（1 表示 X 方向约束，2 表示 Y 方向约束）位移值 | * | 2I12 |
| 3 | I, X(I), Y(I), I=1, NN | 结点号，结点 X 坐标，结点 Y 坐标 | * | I3 2F15.3 |
| 4 | XI(I) XJ(I) XA(I) XE(I) I=1, NE | 杆件始端结点号 杆件终端结点号 杆件截面面积 杆件材料弹性模量 | * | I3 I12 2F12.3 |
| 5 | Q(I), I=1, NH | 结点的荷载向量 | * | I3, 2F12.3 |

## 4.3.4　计算例题

计算图 4 – 14 所示桁架结构的位移和内力，杆件面积为 $0.01m^2$，弹性模量为 $10^6 kPa$。

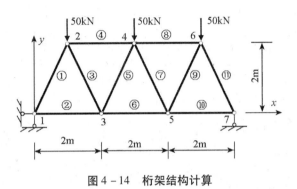

图 4 – 14　桁架结构计算

## 1. 输入数据部分

| 杆件单元数 | 结点总数 | 支承约束 | 所有荷载的结点数 |
|---|---|---|---|
| 11 | 7 | 3 | 3 |

支座约束信息（1——x 方向约束，2——y 方向约束）

| 支承结点号 | 约束方向 |
|---|---|
| 1 | 1 |
| 1 | 2 |
| 7 | 2 |

结点坐标：

| 结点号 | x 方向坐标 | y 方向坐标 |
|---|---|---|
| （1） | 0.000 | 0.000 |
| （2） | 1.000 | 2.000 |
| （3） | 2.000 | 0.000 |
| （4） | 3.000 | 2.000 |
| （5） | 4.000 | 0.000 |
| （6） | 5.000 | 2.000 |
| （7） | 6.000 | 0.000 |

各杆件单元信息：

| 单元号 | 左端结点号 | 右端结点号 | 面积 | 弹性模量 |
|---|---|---|---|---|
| （1） | 1 | 2 | 0.010 | $0.100E+07$ |
| （2） | 1 | 3 | 0.010 | $0.100E+07$ |
| （3） | 2 | 3 | 0.010 | $0.100E+07$ |
| （4） | 2 | 4 | 0.010 | $0.100E+07$ |
| （5） | 3 | 4 | 0.010 | $0.100E+07$ |
| （6） | 3 | 5 | 0.010 | $0.100E+07$ |
| （7） | 4 | 5 | 0.010 | $0.100E+07$ |
| （8） | 4 | 6 | 0.010 | $0.100E+07$ |
| （9） | 5 | 6 | 0.010 | $0.100E+07$ |
| （10） | 5 | 7 | 0.010 | $0.100E+07$ |
| （11） | 6 | 7 | 0.010 | $0.100E+07$ |

各结点荷载：

| 结点号 | x 方向荷载 | y 方向荷载 |
|---|---|---|
| （1） | 0.000 | 0.000 |
| （2） | 0.000 | $-50.000$ |
| （3） | 0.000 | 0.000 |
| （4） | 0.000 | $-50.000$ |
| （5） | 0.000 | 0.000 |
| （6） | 0.000 | $-50.000$ |
| （7） | 0.000 | 0.000 |

## 2. 计算结果部分

各结点位移：

| 结点号 | x 方向位移 | y 方向位移 |
|---|---|---|
| （1） | 0.00000 | 0.00000 |
| （2） | 0.02375 | $-0.03284$ |
| （3） | 0.00750 | $-0.04795$ |
| （4） | 0.01375 | $-0.05806$ |
| （5） | 0.02000 | $-0.04795$ |
| （6） | 0.00375 | $-0.03284$ |
| （7） | 0.02750 | 0.00000 |

杆件内力：

| 杆件 | 内力 | 杆件 | 内力 |
|---|---|---|---|
| 杆 1~2 | $-83.853$ | 杆 1~3 | 37.500 |
| 杆 2~3 | 27.951 | 杆 2~4 | $-50.000$ |

| | | | |
|---|---|---|---|
| 杆 3 ~ 4 | －27.951 | 杆 3 ~ 5 | 62.500 |
| 杆 4 ~ 5 | －27.951 | 杆 4 ~ 6 | －50.000 |
| 杆 5 ~ 6 | 27.951 | 杆 5 ~ 7 | 37.500 |
| 杆 6 ~ 7 | －83.853 | | |

# 习　题

## 一、思考题

1. 在刚架、桁架结构的矩阵位移分析法中，为什么要建立单元的局部坐标系及结构的整体坐标系？

2. 为什么在建立单元刚度方程 $\{\bar{F}\}^e = [\bar{k}]^e \{\bar{\delta}\}^e$ 后，仍无法求得单元杆件的结点位移？

3. 刚架结构的梁单元每个结点有三个自由度($X$，$Y$ 方向位移和转角位移)，请在程序 MGK 中指出形成结点自由度序号的程序段及形成结点自由度序号的方法。

4. 为什么没有考虑结构的支承约束条件时，由整体刚度方程 $\{P\} = [K]\{\delta\}$ 仍无法求解结构的结点位移？

5. 考虑结构的支承约束条件而对整体刚度方程 $\{P\} = [K]\{\delta\}$ 进行修正时，有哪几种方法？它们有什么特点？

6. "化 0 置 1 法"能否考虑结点位移为已知值的支承约束条件？

## 二、上机题

1. 设有一中型波纹钢地下室，如图 4 – 15(a)所示，其计算简图如图 4 – 15(b)所示，$q = 233\text{kN/m}$，$e = 62.1\text{kN/m}$，试用程序计算其内力，并与手算结果对比。

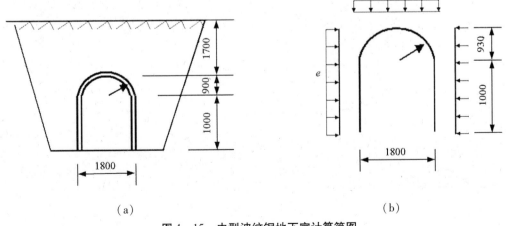

（a）　　　　　　　　　　　　　　　（b）

图 4 – 15　中型波纹钢地下室计算简图

2. 如图 4 – 16 所示，已知波纹钢圆筒形地下室，地下室半径为 1.1m、波纹钢板板厚 3mm，结构顶部等效静载 $q = 0.147 \times 10^6 \text{N/m}$，侧压系数 $\xi = \dfrac{q_1 - q_2}{q_1 + q_2} = \dfrac{1}{2}$。不考虑介质的弹性抗力。试用程序计算结构内力，并与手算结果对比。

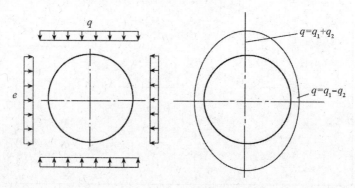

图 4 – 16　波纹钢圆筒计算简图

3. 试在荷载处理子程序 LOAD 中，设计并加入处理图 4 – 17 所示荷载的程序段。

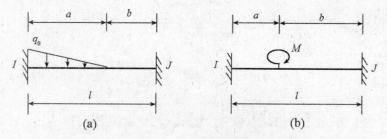

图 4 – 17　荷载示意图

# 第5章　弹性力学与有限单元法基本知识

## 5.1　弹性力学基础知识

弹性力学研究弹性材料组成的物体在外界环境(外力、温度等)作用下受力、变形的规律,解决弹性体的强度、刚度与稳定性问题。弹性力学是塑性力学、断裂力学、岩石力学、振动理论、有限单元法等课程的基础。

弹性力学的基础部分是线性弹性力学,不仅要求材料满足线性的广义胡克定律,而且要求材料处于小变形状态,边界条件也是线性的,载荷不随变形而改变。此时建立的方程组是线性的,其求解比非线性问题简单得多,在工程设计分析中大量采用的实际工程材料通常在机械、结构的使用条件下处于线性弹性状态,以保证机械或结构物长期安全使用。受篇幅限制,本书仅介绍线性弹性力学(平面问题)的一些基本知识。

### 1. 两个基本概念

(1)体力——弹性体内单位体积上所受的外力。

(2)面力——作用于物体表面单位面积上的外力。

### 2. 五个基本假定

同材料力学一样,弹性力学也有连续性假定、线弹性假定、均匀性假定、各向同性假定、小变形假定五个假定。

连续性假定:假定整个物体的体积都被组成物体的介质充满,不留下任何空隙。

线弹性假定:假定物体完全服从胡克(Hooke)定律,应力与应变间成线性比例关系(正负号变化也相同)。

均匀性假定:假定整个物体是由同一种材料组成的,各部分材料性质相同。

各向同性假定:假定物体内一点的弹性性质在所有各个方向都相同。

小变形假定:假定位移和形变是微小的,即物体受力后物体内各点位移远远小于物体的原来尺寸。

### 5.1.1　两类平面问题

实际的弹性力学问题严格来说都属于空间问题，但考虑到许多结构的特殊几何形状和荷载情况，常将空间问题简化为近似的平面问题来进行分析。弹性力学平面问题可分为两类：平面应力问题和平面应变问题。

#### 1.平面应力问题

深梁(图5-1)和高层建筑中的剪力墙(图5-2)等结构，具有以下共同的特点：

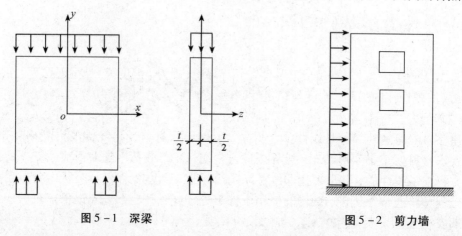

图5-1　深梁　　　　　　　　　　　图5-2　剪力墙

（1）结构外形为等厚度的平板，沿某一坐标轴(如沿z轴)方向的尺寸远小于其他两个坐标轴方向的尺寸。

（2）外力作用在与板面(xoy平面)平行的平面内，沿厚度方向均匀分布；体积力也平行于板面，沿厚度不变。

由于板面上不受外力，所以

$$(\sigma_z)_{z=\pm\frac{t}{2}}=0 \qquad (\tau_{yz})_{z=\pm\frac{t}{2}}=0 \qquad (\tau_{zx})_{z=\pm\frac{t}{2}}=0$$

因为板很薄，且外力沿z轴方向无变化，因此可以近似地认为在整个薄板的所有各点都有

$$\sigma_z=0 \qquad \tau_{yz}=0 \qquad \tau_{zx}=0$$

这样，在六个独立的应力分量中，只剩下平行于xoy平面的三个应力分量 $\sigma_x$，$\sigma_y$ 和 $\tau_{xy}$，所以这类问题称为平面应力问题。

同样因为板很薄，与三个应力分量 $\sigma_x$，$\sigma_y$ 和 $\tau_{xy}$ 相应的应变分量 $\varepsilon_x$，$\varepsilon_y$ 和 $\gamma_{xy}$ 及位移分量 $u$，$v$，都可以认为沿厚度不变化，即它们只是 $x$ 和 $y$ 的函数，而与 $z$ 坐标无关。

由于 $\tau_{yz}=\tau_{zx}=0$，由物理方程可得剪应变 $\gamma_{yz}=\gamma_{zx}=0$。

应当注意的是，在图5-1所示结构中，与z轴垂直的两个侧面不受约束，薄板在 $z$ 方向可以任意变形，即在平面应力问题中虽然 $\sigma_z=0$，但 $\varepsilon_z\neq0$。由广义胡克定律得

$$\varepsilon_z=-\frac{\mu}{E}(\sigma_x+\sigma_y)$$

即 $\varepsilon_z$ 可由应力 $\sigma_x$ 和 $\sigma_y$ 得到,它不是一个独立变量,独立的应变分量只有 $\varepsilon_x$,$\varepsilon_y$ 和 $\gamma_{xy}$。

## 2. 平面应变问题

对于重力坝挡土墙(图 5-3)等结构,其特点是:

(1)结构外形为等截面的长柱体,沿某一坐标轴(如 $z$ 轴)方向的尺寸远大于其他两个坐标轴方向的尺寸;

(2)只受垂直于 $z$ 轴且沿 $z$ 轴均布的面力和体力作用。

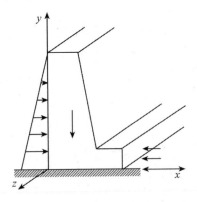

图 5-3 重力坝挡土墙

由于柱体细长,可近似看成无限长,且外力沿长度方向无变化,故各截面处于完全相同状态下。各相应点的位移、应变及应力都相等,即位移、应变及应力不随 $z$ 坐标变化,它们都只是 $x$,$y$ 的函数。任一横截面都可看作对称面,对称面上任一点不应有偏向任何一侧的位移,即 $\omega = 0$,于是由几何方程得

$$\varepsilon_z = 0$$

又由于 $u$,$v$ 仅是坐标 $x$,$y$ 的函数,不随 $z$ 变化,故

$$\gamma_{yz} = 0 \qquad \gamma_{zx} = 0$$

于是,在 6 个独立的应变分量中,只剩下平行于 $xoy$ 平面的三个应变分量 $\varepsilon_x$,$\varepsilon_y$,$\gamma$,这类问题称为平面应变问题。

由物理方程可得

$$\sigma_z = \mu(\sigma_x + \sigma_y) = 0$$

$$\tau_{yz} = \tau_{zx} = 0$$

因此,独立的应力分量也只有 $\sigma_x$,$\sigma_y$ 和 $\tau_{xy}$。

由上可见,两类平面问题的独立的位移分量、应变分量及应力分量是相同的,且都是坐标 $x$,$y$ 的函数。两类平面问题的几何方程也相同,只有物理方程中的弹性矩阵 $[E]$ 不同。因此,两类平面问题的求解方法基本上是一样的。弹性力学的两类平面问题即统称为弹性力学平面问题。

### 5.1.2　平面问题的平衡微分方程

在弹性体中取微元体 $PABC$（$P$ 点附近），$PA = \mathrm{d}x$，$PB = \mathrm{d}y$，$z$ 方向取单位长度。设 $P$ 点应力已知：$\sigma_x$，$\sigma_y$，$\tau_{xy} = \tau_{yx}$，体力为 $X$，$Y$。忽略应力的高阶微量，并采用小变形假定，以变形前的尺寸代替变形后尺寸，将各面上的应力标于图上，如图 5-4 所示。

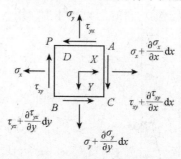

图 5-4　微元体 $PABC$ 受力图

由微元体 $PABC$ 平衡，得

$$\sum M_D = 0$$

$$\left(\tau_{xy} + \frac{\partial \tau_{xy}}{\partial x}\mathrm{d}x\right)\mathrm{d}y \times 1 \times \frac{\mathrm{d}x}{2} + \tau_{xy}\mathrm{d}y \times 1 \times \frac{\mathrm{d}x}{2} - \left(\tau_{yx} + \frac{\partial \tau_{yx}}{\partial y}\mathrm{d}y\right)\mathrm{d}x \times 1 \times \frac{\mathrm{d}y}{2} - \tau_{yx}\mathrm{d}x \times 1 \times \frac{\mathrm{d}y}{2} = 0$$

当 $\mathrm{d}x \to 0$，$\mathrm{d}y \to 0$，可得到 $\tau_{xy} = \tau_{yx}$，即剪应力互等定理，同材料力学一样。

$$\sum F_x = 0$$

$$\left(\sigma_x + \frac{\partial \sigma_x}{\partial x}\mathrm{d}x\right)\mathrm{d}y \times 1 - \sigma_x\mathrm{d}y \times 1 + \left(\tau_{yx} + \frac{\partial \tau_{yx}}{\partial y}\mathrm{d}y\right)\mathrm{d}x \times 1 - \tau_{yx}\mathrm{d}x \times 1 + X\mathrm{d}x \times \mathrm{d}y \times 1 = 0$$

整理可得

$$\frac{\partial \sigma_x}{\partial x} + \frac{\partial \tau_{yx}}{\partial y} + X = 0 \tag{5.1}$$

$$\sum F_y = 0$$

$$\left(\sigma_y + \frac{\partial \sigma_y}{\partial y}\mathrm{d}y\right)\mathrm{d}x \times 1 - \sigma_y\mathrm{d}x \times 1 + \left(\tau_{xy} + \frac{\partial \tau_{xy}}{\partial x}\mathrm{d}y\right)\mathrm{d}x \times 1 - \tau_{xy}\mathrm{d}y \times 1 + Y\mathrm{d}x \times \mathrm{d}y \times 1 = 0$$

整理可得

$$\frac{\partial \sigma_y}{\partial y} + \frac{\partial \tau_{xy}}{\partial x} + Y = 0 \tag{5.2}$$

式(5.1)和式(5.2)即平面问题的平衡微分方程。

### 5.1.3　几何方程

一点的变形包括两部分，即线段的伸长或缩短和线段间的相对转动，前者称为线变形，后者称为角变形，相应的应变称为正(线)应变和角应变。如图 5-5 所示，考察弹性

体内 $P$ 点邻域内线段的变形，设 $PA = \mathrm{d}x$，$PB = \mathrm{d}y$。变形后，$P$ 点移动到 $P'$ 点，$A$ 点移动到 $A'$ 点，$B$ 点移动到 $B'$ 点。

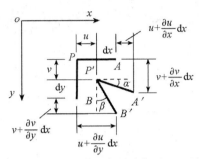

图 5 - 5　应变计算示意图

假设 $P$ 点分别在 $x$，$y$ 方向移动的距离为 $u$ 和 $v$，则略去了二阶以上高阶无穷小量的 $A$ 点位移分别为 $u + \dfrac{\partial u}{\partial x}\mathrm{d}x$，$v + \dfrac{\partial v}{\partial x}\mathrm{d}x$，$B$ 点位移分别为 $u + \dfrac{\partial u}{\partial y}\mathrm{d}y$，$v + \dfrac{\partial v}{\partial y}\mathrm{d}y$，如图 5 - 5 所示。

则 $PA$ 的正应变

$$\varepsilon_x = \frac{u + \dfrac{\partial u}{\partial x}\mathrm{d}x - u}{\mathrm{d}x} = \frac{\partial u}{\partial x}$$

$PB$ 的正应变

$$\varepsilon_y = \frac{v + \dfrac{\partial v}{\partial y}\mathrm{d}y - v}{\mathrm{d}y} = \frac{\partial v}{\partial y}$$

$P$ 点两直角线段夹角的变化

$$\gamma_{xy} = \alpha + \beta$$

$$\tan\alpha = \frac{v + \dfrac{\partial v}{\partial x}\mathrm{d}x - v}{\mathrm{d}x} = \frac{\partial v}{\partial x} \approx \alpha$$

$$\tan\beta = \frac{u + \dfrac{\partial u}{\partial y}\mathrm{d}y - u}{\mathrm{d}y} = \frac{\partial u}{\partial y} \approx \beta$$

因此

$$\gamma_{xy} = \frac{\partial v}{\partial x} + \frac{\partial u}{\partial y}$$

整理可得到一组方程

$$\begin{cases} \varepsilon_x = \dfrac{\partial u}{\partial x} \\[2ex] \varepsilon_y = \dfrac{\partial v}{\partial y} \\[2ex] \gamma_{xy} = \dfrac{\partial v}{\partial x} + \dfrac{\partial u}{\partial y} \end{cases} \qquad (5.3)$$

即弹性力学(平面问题)的几何方程。

## 5.2 弹性力学平面问题基本量及基本方程的矩阵表示

数学、力学中经常采用矩阵来表示方程及推导计算公式,弹性力学问题采用有限元方法来计算时,需要把弹性力学的基本量及基本方程用矩阵的形式来表示。

### 5.2.1 基本量的矩阵表示

物体中某点的位置坐标 $x$, $y$, $z$ 可表示为

$$\{x\} = \begin{Bmatrix} x \\ y \\ z \end{Bmatrix} = \begin{bmatrix} x & y & z \end{bmatrix}^{\mathrm{T}} \tag{5.4}$$

波纹括号｛｝一般表示列阵,方括号[ ]表示行阵或一般的矩阵,上标 T 表示矩阵的转置。

物体内任一点的位移分量可以用列阵表示为

$$\{f\} = \begin{bmatrix} u & v & w \end{bmatrix}^{\mathrm{T}} \tag{5.5}$$

物体内某点的应变分量可以用列阵表示为

$$\{\varepsilon\} = \begin{bmatrix} \varepsilon_x & \varepsilon_y & \varepsilon_z & \gamma_{xy} & \gamma_{yz} & \gamma_{zx} \end{bmatrix}^{\mathrm{T}} \tag{5.6}$$

物体内任一点的应力分量可以用列阵表示为

$$\{\sigma\} = \begin{bmatrix} \sigma_x & \sigma_y & \sigma_z & \tau_{xy} & \tau_{yz} & \tau_{zx} \end{bmatrix}^{\mathrm{T}} \tag{5.7}$$

弹性力学里还有些物理量,如集中力、体力、面力等,这些量也可以用矩阵表示如下:

集中力可以用列阵表示为

$$\{P\} = \begin{bmatrix} P_x & P_y & P_z \end{bmatrix}^{\mathrm{T}}$$

体力分量用列阵表示为

$$\{p\} = \begin{bmatrix} X & Y & Z \end{bmatrix}^{\mathrm{T}}$$

面力分量可以用列阵表示为

$$\{\bar{p}\} = \begin{bmatrix} \bar{X} & \bar{Y} & \bar{Z} \end{bmatrix}^{\mathrm{T}}$$

以上都是以空间问题为例。对于平面问题,也可类似地得到其相应的矩阵形式。

### 5.2.2 基本方程的矩阵表示

弹性力学的基本方程有平衡方程、几何方程与物理方程,此外还有边界条件。下面以平面问题为例给出弹性力学平面问题基本方程的矩阵表达式。

### 1. 平衡方程

$$\begin{cases} \dfrac{\partial \sigma_x}{\partial x} + \dfrac{\partial \sigma_z}{\partial y} + X = 0 \\[3mm] \dfrac{\partial \sigma_y}{\partial y} + \dfrac{\partial \sigma_z}{\partial x} + Y = 0 \end{cases}$$

其矩阵形式为

$$\begin{bmatrix} \dfrac{\partial}{\partial x} & 0 & \dfrac{\partial}{\partial y} \\[3mm] 0 & \dfrac{\partial}{\partial y} & \dfrac{\partial}{\partial x} \end{bmatrix} \begin{Bmatrix} \sigma_x \\ \sigma_y \\ \sigma_z \end{Bmatrix} + \begin{Bmatrix} X \\ Y \end{Bmatrix} = \{\mathbf{0}\}$$

或

$$[\partial]^{\mathrm{T}} \{\boldsymbol{\sigma}\} + \{\boldsymbol{p}\} = \{\mathbf{0}\} \tag{5.8}$$

### 2. 几何方程

$$\varepsilon_x = \frac{\partial u}{\partial x} \qquad \varepsilon_y = \frac{\partial v}{\partial y} \qquad \varepsilon_z = \frac{\partial u}{\partial y} + \frac{\partial v}{\partial x}$$

几何方程可以用矩阵表示为

$$\begin{Bmatrix} \varepsilon_x \\ \varepsilon_y \\ \varepsilon_z \end{Bmatrix} = \begin{bmatrix} \dfrac{\partial}{\partial x} & 0 \\[3mm] 0 & \dfrac{\partial}{\partial y} \\[3mm] \dfrac{\partial}{\partial y} & \dfrac{\partial}{\partial x} \end{bmatrix} \begin{Bmatrix} u \\ v \end{Bmatrix}$$

或

$$\{\boldsymbol{\varepsilon}\} = [\partial] \{\boldsymbol{f}\} \tag{5.9}$$

### 3. 平面应力问题的物理方程

$$\begin{cases} \sigma_x = \dfrac{E}{1 - \mu^2} (\varepsilon_x + \mu \varepsilon_y) \\[3mm] \sigma_y = \dfrac{E}{1 - \mu^2} (\varepsilon_y + \mu \varepsilon_x) \\[3mm] \tau_{xy} = \dfrac{E}{2(1 + \mu)} \gamma_{xy} \end{cases}$$

可用矩阵表示为

$$\begin{Bmatrix} \sigma_x \\ \sigma_y \\ \tau_{xy} \end{Bmatrix} = \frac{E}{1-\mu^2} \begin{bmatrix} 1 & \mu & 0 \\ \mu & 1 & 0 \\ 0 & 0 & \dfrac{1-\mu}{2} \end{bmatrix} \begin{Bmatrix} \varepsilon_x \\ \varepsilon_y \\ \tau_{xy} \end{Bmatrix}$$

或

$$\{\boldsymbol{\sigma}\} = [\boldsymbol{E}]\{\boldsymbol{\varepsilon}\} \tag{5.10}$$

其中

$$[\boldsymbol{E}] = \frac{E}{1-\mu^2} \begin{bmatrix} 1 & \mu & 0 \\ \mu & 1 & 0 \\ 0 & 0 & \dfrac{1-\mu}{2} \end{bmatrix} \tag{5.11}$$

$[\boldsymbol{E}]$ 称为平面应力问题的弹性矩阵,它只包含弹性模量 $E$ 和泊松比 $\mu$。对于平面应变问题的物理方程,只需将式(5.11)中的 $E$ 换成 $\dfrac{E}{1-\mu^2}$,将 $\mu$ 换成 $\dfrac{\mu}{1-\mu}$。

# 5.3 弹性力学解法

弹性力学解法一般有位移法、力法和混合法三种(与结构力学解法相同),其求解步骤如下:

(1)选择基本未知量;

(2)建立求解基本未知量的基本方程;

(3)选择适当的方法求解基本方程。

## 1. 基本未知量

在外载荷作用下,结构的位移、应变及应力都是我们关心的未知量。但在具体的求解中,可以选择这三种未知量中的某一种或者某二种作为基本未知量。比如在位移法中选择位移作为基本未知量,在力法中是选择结点力作为基本未知量等。在求得了基本未知量后,再通过基本未知量去求解其他未知量。

必须满足下面两个条件才能作为基本未知量:

(1)能够通过基本未知量去求解其他的未知量。要求能够建立一套基本未知量与其他未知量之间的关系式。

(2)基本未知量能够被求解。要求能够建立一组求解基本未知量的基本方程,且这个基本方程具有唯一解。

## 2. 基本方程

基本方程是综合利用力学、几何学和物理学以及边界条件而得，如弹性力学的基本方程有平衡方程、几何方程与物理方程以及边界条件等。

## 3. 基本方程的解法

弹性力学问题最终归结为弹性力学基本方程的求解。弹性力学基本方程有平衡方程、几何方程、物理方程及边界条件等。弹性力学基本方程的解法有解析法和数值法两大类。在弹性力学问题中，只有一些几何形状简单的结构才能得到解析解，如矩形、圆形、三角形等。实际工程中遇到的结构大多形态比较复杂，荷载也复杂，对于这类结构的弹性力学问题很难甚至无法获得解析解，因此只有采用数值法求解。

弹性力学问题的数值解法主要有差分法、变分法、有限元法、边界单元法等。数值法的基本思想是通过各种方法将求解偏微分方程组的问题转化为求解代数方程组的问题，从而得到有关未知量的数值。

弹性力学的差分法是把解析法列出的基本方程和边界条件（一般均为偏微分方程）近似地改用差分方程来表示。因为差分方程是代数方程，这样就把求解微分方程的问题转换为求解代数方程的问题。差分法要求用等距平行的线条来划分网格，因此只适宜具有规则的几何形状和均匀材料特性的结构的分析。

弹性力学的变分方法是把弹性力学的定解问题（基本微分方程和边界条件）用相应的变分原理来代替。如位移变分法就是在所考虑的区域内人为地构造一个整体的位移函数，这个位移函数是含有若干个待定系数的逼近函数（意思是逼近于真实位移函数），利用位移函数计算区域的能量，可得一能量泛函，由能量泛函极小条件（即对能量泛函式取变分并令其为0）可导出一组求解有限个待定系数的代数方程。这样，变分法也将求解偏微分方程组的问题转换为求解代数方程组的问题。待定系数解出后，位移函数即被确定，再由位移函数求得应变及应力函数。

弹性力学的有限单元法是将实际的连续结构离散成为有限个只在结点处相连接的单元，用在单元内构造的逼近函数（位移法中，逼近函数是指位移函数）去计算每个单元的能量泛函，尔后通过集合得到整体结构的能量泛函，由能量泛函极小值条件导出一组求解结点基本未知量的代数方程。比较变分法可知，有限单元法从数学的观点看就是广义变分法，因为它们都根据能量泛函极小条件导出基本方程[1]。

有限单元法的分析步骤是：首先建立结构的离散化模型，即用有限个单元将这个连续的结构离散成为仅在结点处连接的单元群，并取结点上的某个未知量作为基本未知量，这一过程称之为建立有限元计算模型。接着，分析单元内各种物理量与结点基本未知量之间的关系，这一过程即为单元分析。然后，根据单元间的位移协调关系和力的平衡方程建立求解基本未知量的基本方程，这一过程即为整体分析。最后，由基本方程求出结点基本未知量，再由基本未知量去求得任一单元内任一点的其他未知量，如应变、应力，这一过程称之为解方程及计算结果整理。

由于有限单元法选用的单元类型及单元形状可以是多种多样的，且对单元都是进行独立的分析，允许单元之间具有不同的特性，对于各种复杂的因素，如复杂的几何形状，任意的边界条件，不均匀材料特性及复杂结构都能被加以考虑，这就使得有限元的应用具有较大的灵活性和通用性。

如港口中的板桩码头结构，由于板桩要打入较深的土层，地质条件较复杂，现有的设计大都采用试算法（委迈尔法、苏归法等）。若采用有限元法来计算，可以用不同的单元模拟板桩码头结构，对相对较薄的板桩可采用梁单元，对靠船部位的胸墙可用块单元，对拉杆可用杆单元；且对于不同的土层可以赋予不同的材料特性，这样就形成了一个比较符合实际情况的有限元计算模型，如图 5-6 所示[1]。

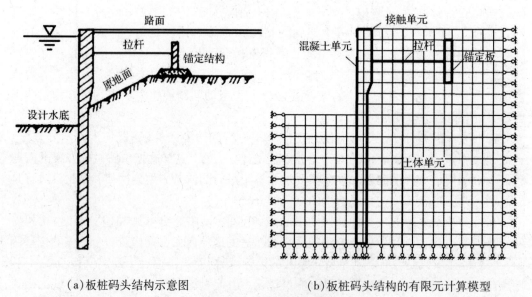

（a）板桩码头结构示意图　　　　　　　（b）板桩码头结构的有限元计算模型

**图 5-6　板桩码头计算**

# 5.4　弹性力学有限单元法的基本概念

在弹性力学知识的基础上，结合弹性力学平面问题，分析弹性力学有限元法的基本概念，其中包括有限元的计算模型、基本未知量、基本方程和分析步骤。

## 5.4.1　有限元计算模型

在结构力学中，把某个厂房简化为桁架或刚架结构，同时简化相应的荷载，得到厂房结构分析的计算模型。再比如，重力码头的设计中，把所有作用在码头上的荷载计算出来并作用在结构上，可得到分析结构抗滑以及强度的计算模型。

有限元法同样需要建立相应的计算模型，即原结构的离散化模型。以重力式码头（或挡土墙）为例具体说明如何建立有限元计算模型。

　　首先采用适当的单元，通过网络划分，将一个连续的结构离散成为有限个只在结点处相连接的单元群（单元组合）。如对于图 5-7 所示的重力坝结构，可用有限个三角形单元将它离散，如果要考虑结构与土体的相互作用，也可取结构附近一定范围的土体，将其离散成为有限个仅在结点处相连接的单元，这就得到了一个离散化的有限元计算模型。

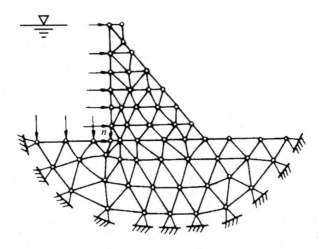

**图 5-7　重力坝离散图**

　　离散化模型建立后，紧接着就是选择结点基本未知量。有限单元法所取得的结点基本未知量可以是结点的位移，也可以是结点力或结点应力的函数值，亦可以是混合的，因此它有位移法（又称刚度法）、力法（又称柔度法）、混合法三个基本解法。刚度法是目前应用范围最广的一种解法，也是本书所要介绍的方法。有限元刚度法是按位移求解的一种数值方法，位移法的基本未知量是位移，具体到有限元的离散化模型上就是结点的位移。

## 5.4.2　有限元单元分析

### 1. 结点位移及位移函数

　　假设所研究的结构是一个坝体，由弹性力学的基本方程（5.5）~（5.7）可知，如果所研究结构领域内的位移函数（注意：这时的位移不是某点的位移，而是整个区域的位移）可求，则由几何方程可求出坝体整个区域内的应变函数

$$\begin{cases} \varepsilon_x(x,\ y) = \dfrac{\partial u(x,\ y)}{\partial x} \\[2mm] \varepsilon_y(x,\ y) = \dfrac{\partial v(x,\ y)}{\partial y} \\[2mm] \tau_{xy}(x,\ y) = \dfrac{\partial u(x,\ y)}{\partial y} + \dfrac{\partial v(x,\ y)}{\partial x} \end{cases}$$

再由物理方程便可求出坝体的应力函数

$$\begin{cases} \sigma_x(x,y) = \dfrac{E}{1-\mu^2}(\varepsilon_x(x,y)+\mu\varepsilon_y(x,y)) \\[2mm] \sigma_y(x,y) = \dfrac{E}{1-\mu^2}(\varepsilon_y(x,y)+\mu\varepsilon_x(x,y)) \\[2mm] \tau_{xy}(x,y) = \dfrac{E}{2(1+\mu)}\gamma_{xy}(x,y) \end{cases}$$

有了位移函数、应变函数、应力函数,就可求出坝体内任意一点的位移、应变和应力。由此可见,位移函数是可以作为基本未知函数的。

但是,在有限元(刚度法)分析中,未知量是结点位移而不是整个区域的位移函数,而由结点位移是无法利用弹性力学的几何方程和物理方程求解任一点的应变和应力的。要使结点位移能够作为基本未知量,必须首先建立起结点位移与位移函数之间的关系,也就是说,必须设法由有限个结点的位移来确定整个结构的位移场,建立求解结构任一点位移的位移函数。这是结点位移作为基本未知量的第一个条件。

由数学知识可知,以某区域内有限个结点位移作为参数,引入适当的插值函数,可以构造出该区域的位移函数,并由该函数求解该区域内任意一点的位移。最简单的插值函数是线性插值函数。比如一根杆件,已知它在 $i$ 点和 $j$ 点的位移值,并认为整个杆件的位移近似于线性变化,可引入线性插值函数 $U(x)=a+bx$,将已知的两点位移值代入函数确定系数 $a$,$b$,即可求得整个杆件的位移函数。

对于位移变化比较复杂的情况,插值也相应复杂。如图 5-8 所示,实线表示该区域实际的位移曲线,由于实际的位移相当复杂,很难甚至不可能表示为函数的形式,只能利用已知点的位移值,人为地构造位移函数来近似地表达实际位移。

插值的方法有两种:一种是整体插值法,另一种是分段(或分片)插值法。在上述例子中,整体插值法就是在所讨论的整个区域内整体地构造位移函数,也即用一个函数来表示该区段的位移情况,如图 5-8 中点划线所示。该曲线可能是二次、三次曲线,也可能是抛物线等。变分法就是整体地构造位移函数。整体构造位移函数要考虑整个区域的位移特点,且可能为了顾及整体而忽视了局部,故难度较大,精度也较差。

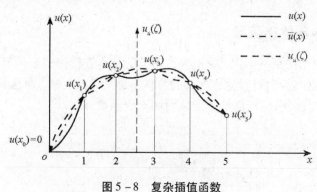

**图 5-8  复杂插值函数**

分段插值法是将整个区域分为若干段,根据每段内已知点的位移值,引入插值函数形成该段的位移函数。显然,分段插值法比整体插值法简便、灵活,而且精度还可以通过减小分段间距得到提高。有限元法就采用分段(分片)插值法来构造位移函数,即在单元内构造位移函数。

以平面二维问题中最简单的三结点三角形单元为例:用 $i, j, m$ 表示三角形单元的三个结点,以 $u, v$ 分别表示结点 $x, y$ 方向的位移,假设三个结点的位移可求(也可假设为已知),那么在三个结点位移已知的情况下,若要进一步求解单元内任一点的位移、应变和应力,就需要构造单元内的位移函数 $u(x, y), v(x, y)$。

取单元三个结点 $(i, j, m)$ 上的位移值 $(u_i, v_i, u_j, v_j, u_m, v_m)$ 为参数,引入插值多项式,可将单元内的位移函数表示为如下的形式:

$$\begin{cases} u(x, y) = N_i(x, y)u_i + N_j(x, y)u_j + N_m(x, y)u_m \\ v(x, y) = N_i(x, y)v_i + N_j(x, y)v_j + N_m(x, y)v_m \end{cases} \tag{5.12}$$

其中 $N$ 函数是插值多项式,其具体形式及含义将在第 6 章详细讨论。

式(5.12)又称为三角形单元的位移函数,它适用于模型中任意一个三角形单元。若用矩阵表示可写为

$$\{f\} = [N]\{\delta\}^e \tag{5.13}$$

其中

$$\{f\} = \begin{Bmatrix} u(x, y) \\ v(x, y) \end{Bmatrix}$$

$$\{\delta\} = \begin{bmatrix} u_i & v_i & u_j & v_j & u_m & v_m \end{bmatrix}^{\mathrm{T}}$$

$$[N] = \begin{bmatrix} N_i & 0 & N_j & 0 & N_m & 0 \\ 0 & N_i & 0 & N_j & 0 & N_m \end{bmatrix}$$

由式(5.13)可知:只要知道了单元结点的位移,单元内任意一点的位移便可以完全确定。

## 2. 单元应力及应变

将位移函数代入几何方程(5.9),有

$$\{\varepsilon\} = \{\partial\}\{f\} = [\partial][N]\{\delta\}^e = [B]\{\delta\}^e$$

即

$$\{\varepsilon\} = [B]\{\delta\}^e \tag{5.14}$$

其中

$$[B] = [\partial][N]$$

$$[\partial] = \begin{bmatrix} \dfrac{\partial}{\partial x} & 0 \\ 0 & \dfrac{\partial}{\partial y} \\ \dfrac{\partial}{\partial y} & \dfrac{\partial}{\partial x} \end{bmatrix}$$

具体有

$$[B] = [\partial][N]$$

$$= \begin{bmatrix} \dfrac{\partial}{\partial x} & 0 \\ 0 & \dfrac{\partial}{\partial y} \\ \dfrac{\partial}{\partial y} & \dfrac{\partial}{\partial x} \end{bmatrix}_{3\times 2} \begin{bmatrix} N_i & 0 & N_j & 0 & N_m & 0 \\ 0 & N_i & 0 & N_j & 0 & N_m \end{bmatrix}_{2\times 6}$$

$$= \begin{bmatrix} \dfrac{\partial N_i}{\partial x} & 0 & \dfrac{\partial N_j}{\partial x} & 0 & \dfrac{\partial N_m}{\partial x} & 0 \\ 0 & \dfrac{\partial N_i}{\partial y} & 0 & \dfrac{\partial N_j}{\partial y} & 0 & \dfrac{\partial N_m}{\partial y} \\ \dfrac{\partial N_i}{\partial y} & \dfrac{\partial N_i}{\partial x} & \dfrac{\partial N_j}{\partial y} & \dfrac{\partial N_j}{\partial x} & \dfrac{\partial N_m}{\partial y} & \dfrac{\partial N_m}{\partial x} \end{bmatrix}_{3\times 6}$$

令

$$[B_i] = \begin{bmatrix} \dfrac{\partial N_i}{\partial x} & 0 \\ 0 & \dfrac{\partial N_i}{\partial y} \\ \dfrac{\partial N_i}{\partial y} & \dfrac{\partial N_i}{\partial x} \end{bmatrix} \qquad (i,j,m) \tag{5.15}$$

$[B_i]$ 为 $[B]$ 的子矩阵，则

$$[B] = [\begin{matrix} B_i & B_j & B_m \end{matrix}]$$

$[B]$ 称为单元的应变矩阵或单元的应变转换矩阵。

式(5.14)称为用结点位移表示的应变函数。再将该应变函数代入物理方程(5.10)则有

$$\{\sigma\} = [E][B]\{\delta\}^e = [S]\{\delta\}^e \tag{5.16}$$

其中

$$[S] = [E][B] = [E][\begin{matrix} B_i & B_j & B_m \end{matrix}] = [\begin{matrix} S_i & S_j & S_m \end{matrix}]$$

$[S]$ 是应力矩阵，也称应力转换矩阵，$[S_i]$ 为其子矩阵

$$[S_i] = [E][B_i] \qquad (i,j,m) \tag{5.17}$$

式(5.16)即为用结点位移表示的应力函数。

同时也可看到，以结点位移作为基本未知量，单元内的任一点的应变和应力可由式(5.14)和式(5.16)完全确定。这样，满足了结点位移作为基本未知量的第一个基本条件。

### 3. 单元结点位移与结点力的关系

仍以平面问题的三结点三角形单元为例,设单元 $ijm$ 的结点力为

$$\{\boldsymbol{F}\}^e = \{U_i \quad V_i \quad U_j \quad V_j \quad U_m \quad V_m\}^{\mathrm{T}}$$

假设单元 $ijm$ 发生了虚位移,相应结点的虚位移$\{\boldsymbol{\delta}^*\}^e$所引起的单元内的虚应变为$\{\boldsymbol{\varepsilon}^*\}$,由虚功原理可得

$$(\{\boldsymbol{\delta}^*\}^e)^{\mathrm{T}}\{\boldsymbol{F}\}^e = \iint_{\Omega}\{\boldsymbol{\varepsilon}^*\}^{\mathrm{T}}\{\boldsymbol{\sigma}\}\mathrm{d}x\mathrm{d}y \tag{5.18}$$

由式(5.14)可知:$\{\boldsymbol{\varepsilon}^*\} = [\boldsymbol{B}]\{\boldsymbol{\delta}^*\}^e$,将该式和式(5.16)代入式(5.18)后得

$$(\{\boldsymbol{\delta}^*\}^e)^{\mathrm{T}}\{\boldsymbol{F}\}^e = (\{\boldsymbol{\delta}^*\}^e)^{\mathrm{T}}\left(\iint_{\Omega}[\boldsymbol{B}]^{\mathrm{T}}[\boldsymbol{E}][\boldsymbol{B}]\mathrm{d}x\mathrm{d}y\right)\{\boldsymbol{\delta}\}^e$$

如果上式在任意所给的虚位移时都成立,则应有:

$$\{\boldsymbol{F}\}^e = \left(\iint_{\Omega}[\boldsymbol{B}]^{\mathrm{T}}[\boldsymbol{E}][\boldsymbol{B}]\mathrm{d}x\mathrm{d}y\right)\{\boldsymbol{\delta}\}^e$$

简写为

$$\{\boldsymbol{F}\}^e = [\boldsymbol{k}]\{\boldsymbol{\delta}\}^e \tag{5.19}$$

其中

$$[\boldsymbol{k}] = \iint_{\Omega}[\boldsymbol{B}]^{\mathrm{T}}[\boldsymbol{E}][\boldsymbol{B}]\mathrm{d}x\mathrm{d}y \tag{5.20}$$

式(5.19)反映了单元结点位移与结点力的关系,称为单元刚度方程式;而其中的转换矩阵$[\boldsymbol{k}]$称之为单元刚度矩阵。

## 5.4.3　整体分析(整体平衡方程的建立)

结点位移作为基本未知量的第二个基本条件,就是要求结点位移是可解的(即可求出并有唯一解),所以最后要解决的问题是如何求解结点位移。

由前面杆系结构有限元分析过程可知,求解位移的基本方程往往通过结点平衡方程而得到,弹性力学有限元的分析也不例外。现以图5-7所示结构为例,考虑其中任一结点的平衡。图5-9(a)给出了 $n$ 结点附近单元的局部放大图,图5-9(b)是绕结点 $n$ 的任一单元②的结点力示意图,图5-9(c)是结点 $n$ 的受力图。

图5-9中,$X$,$Y$ 是作用(或转化)在 $n$ 结点的实际集中荷载,$(U_n)^e$,$(V_n)^e$是与 $n$ 结点相连的单元(如 $ijm$ 单元)各自施加给 $n$ 结点的作用力,考虑结点 $n$ 的平衡条件有

$$\begin{Bmatrix} X_n \\ Y_n \end{Bmatrix} = \begin{Bmatrix} \sum\limits_e U_n \\ \sum\limits_e V_n \end{Bmatrix}$$

或

$$\{R_n\} = \sum_e \{F_n\} \tag{5.21}$$

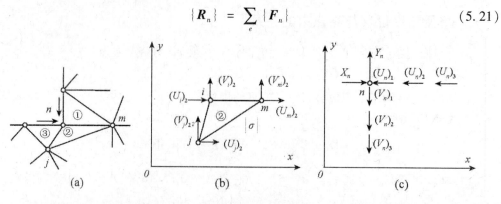

图 5 - 9　结点 $n$ 的受力分析

　　在整体离散模型里考虑每个结点的平衡条件，并考虑单元结点力 $F_i$ 与单元结点位移的关系式，见式 (5.19)，集合后便可得到一组求解整体结点位移的代数关系式，其矩阵形式为

$$\{R\}_{2l} = [K]_{2l \times 2l} \{\delta\}_{2l} \tag{5.22}$$

其中：$[K]$ 是整体刚度矩阵，它是由单元刚度矩阵集合后得到，反映了单元以及结点间的相互影响；$\{R\}$ 是整体的等效结点荷载列阵；$\{\delta\}$ 是待求的整体结点位移列阵；$l$ 是离散模型里的结点总数。

　　式 (5.22) 是求解整个离散模型结点位移的基本方程，也称为有限元刚度法的支配方程。

## 5.4.4　计算结果整理

　　由支配方程 $[K]\{\delta\} = \{R\}$ 求出整个离散体系各结点的位移 $\{\delta\}$，通过 $\{\delta\}$ 可以知道单元的结点位移，即由 $\{\delta\} \to \{\delta\}^e$。再由几何方程 (5.14) 及物理方程 (5.16) 分别求出单元的应变及应力[1]。

# 习　题

1. 什么是基本未知量？它与未知量之间有什么关系和差别？
2. 具备哪些条件的未知量才能作为基本未知量？
3. 弹性力学基本方程的解法有哪两大类？
4. 弹性力学问题数值解法的基本思想是什么？
5. 为什么说有限单元法从数学的观点看就是广义变分法？
6. 试比较矩阵位移法的分析步骤与有限单元法的分析步骤。
7. 在有限单元法中，结点位移与位移函数之间是什么关系？
8. 如何构造区域内的位移函数？

# 第 6 章　平面问题三结点三角形单元
# 有限元法计算原理

弹性力学中的许多问题均可简化为平面问题，平面问题的分析方法是求解较复杂的工程问题的基础，应用有限单元法解弹性力学平面问题，问题典型，且在工程上具有较强的实际意义。本章以最简单的三结点三角形单元为例，详细论述有限单元法分析的全过程。

## 6.1　单元分析

### 6.1.1　位移函数及形函数

有限元位移法的基本未知量是结点的位移分量，单元中的位移、应变、应力等物理量都需要和基本未知量联系起来。单元位移函数就是把单元中任意一点的位移近似表示为该点坐标的连续函数，这个位移函数使单元内各点的位移可以由单元结点位移通过插值来获得。有了位移函数就可以利用几何方程求得应变，再利用物理方程求得应力。

**1. 三结点三角形单元的位移函数**

单元分析首先是要构造单元的位移模式。构造单元的位移模式是整个有限元分析方法中最重要的一部分，它直接影响到有限元解的精度及收敛性。

**（1）单元位移模式定义**

有限元刚度法是用若干个结点位移去确定整体结构的位移。对于其中任一个单元来说，在假定结点位移已知的情况下，可用单元结点的位移来描述单元内部任意一点处的位移。对于三结点三角形单元，分别用 $i$，$j$，$m$ 表示三个结点，用 $u$ 表示 $x$ 方向的位移，用 $v$ 表示 $y$ 方向的位移，则在结点处的位移分别是：$u_i$，$v_i$，$u_j$，$v_j$，$u_m$，$u_m$。

对于单元内任一点的位移，则可通过在单元内部构造一个与坐标有关的函数，来反映单元内任意一点处的位移与结点位移之间的关系。这个函数的一般形式可以写为

$$\begin{cases} u(x, y) = N_i(x, y)u_i + N_j(x, y)u_j + N_m(x, y)u_m \\ v(x, y) = N_i(x, y)v_i + N_j(x, y)v_j + N_m(x, y)v_m \end{cases} \tag{6.1}$$

式中：$u$, $v$——单元内任一点处的 $x$, $y$ 方向的位移；

$u_i$、$v_i$——结点的位移；

$N_i$——与坐标有关的函数。

式(6.1)的矩阵形式为

$$\{f\} = [N]\{\delta\}^e \tag{6.2}$$

式(6.1)和式(6.2)反映了单元内任一点处的位移与三个结点位移之间的关系，所以称之为单元的位移函数或位移模式。

**(2) 构造单元位移模式原因**

结构分析的内容是比较广泛的，对于工程结构来说，工程师们不仅关心结构离散模型结点处的位移，也关心结构任一点的位移，更关心结构的应力及应变，所以求解结构的位移不是最终目的，且希望通过这个基本量来进一步求得结构的应力及应变。

由弹性力学的基本方程可知，如果仅仅只知道弹性体中某几个点(例如结点)的位移分量，是不能利用弹性力学的基本方程去求解形变分量应力分量的，只有在弹性体的位移分量是关于坐标的已知函数，才可通过几何方程求得形变分量。如

$$\varepsilon_x = \frac{\partial u(x, y)}{\partial x}$$

$$\varepsilon_y = \frac{\partial v(x, y)}{\partial y}$$

$$\gamma_{xy} = \frac{\partial u(x, y)}{\partial y} + \frac{\partial v(x, y)}{\partial x}$$

从而用物理方程求得应力分量，如

$$\sigma_x = \frac{E}{1-\mu^2}(\varepsilon_x + \mu\varepsilon_y)$$

$$\sigma_y = \frac{E}{1-\mu^2}(\varepsilon_y + \mu\varepsilon_x)$$

$$\tau_{xy} = \frac{E}{2(1+\mu)}\gamma_{xy}$$

因此，为了求得单元的应变分量和应力分量，必须在单元内假定一个位移函数，即在单元内构造一个单元的位移模式。

**(3) 构造单元位移模式方法**

构造位移模式的途径很多，这里介绍一种比较容易理解的方法。

从数学知识可知，在一个连续区域内，以有限个点的已知位移为参数，引入适当的插值函数，可以构造出近似地求解该区域内任一点位移的函数关系式，最简单的插值函数是多项式。因此，先可假设位移模式(函数)是一个含有若干个待定系数的简单多项式。

$$\begin{cases} u(x, y) = \alpha_1 + \alpha_2 x + \alpha_3 y + \alpha_4 x^2 + \alpha_5 x \cdot y + \alpha_6 y^2 + \cdots \\ v(x, y) = \beta_1 + \beta_2 x + \beta_3 y + \beta_4 x^2 + \beta_5 x \cdot y + \beta_6 y^2 + \cdots \end{cases}$$

式中，$\alpha$、$\beta$——待定系数。

一般来说,位移模式的项数越多,其精度也越高,需确定的待定系数也越多。这些特定系数需要根据结点的参数(位移)来确定。三结点三角形单元的位移值只有 $u_i$、$v_i$、$u_j$、$v_j$、$u_m$、$v_m$ 六个,故通过上式所建立的位移函数只能含有六个待定系数。因此,三结点三角形单元的位移模式只可能选择如下的形式

$$\begin{cases} u(x,y) = \alpha_1 + \alpha_2 x + \alpha_3 y \\ v(x,y) = \beta_1 + \beta_2 x + \beta_3 y \end{cases} \qquad (6.3)$$

它含六个待定系数,可由单元结点的位移参数唯一地确定。

将 $i,j,m$ 点的坐标值代入上式后可建立六个方程

$$u_i(x,y) = \alpha_1 + \alpha_2 x_i + \alpha_3 y_i, \qquad v_i(x,y) = \beta_1 + \beta_2 x_i + \beta_3 y$$
$$u_j(x,y) = \alpha_1 + \alpha_2 x_j + \alpha_3 y_j, \qquad v_j(x,y) = \beta_1 + \beta_2 x_j + \beta_3 y$$
$$u_m(x,y) = \alpha_1 + \alpha_2 x_m + \alpha_3 y_m, \qquad v_m(x,y) = \beta_1 + \beta_2 x_m + \beta_3 y$$

写成矩阵的形式为

$$\begin{Bmatrix} u_i \\ u_j \\ u_m \end{Bmatrix} = \begin{bmatrix} 1 & x_i & y_i \\ 1 & x_j & y_j \\ 1 & x_m & y_m \end{bmatrix} \begin{Bmatrix} \alpha_1 \\ \alpha_2 \\ \alpha_3 \end{Bmatrix} \qquad \begin{Bmatrix} v_i \\ v_j \\ v_m \end{Bmatrix} = \begin{bmatrix} 1 & x_i & y_i \\ 1 & x_j & y_j \\ 1 & x_m & y_m \end{bmatrix} \begin{Bmatrix} \beta_1 \\ \beta_2 \\ \beta_3 \end{Bmatrix}$$

由上式可求解 $\alpha$、$\beta$

$$\begin{Bmatrix} \alpha_1 \\ \alpha_2 \\ \alpha_3 \end{Bmatrix} = \begin{bmatrix} 1 & x_i & y_i \\ 1 & x_j & y_j \\ 1 & x_m & y_m \end{bmatrix}^{-1} \begin{Bmatrix} u_i \\ u_j \\ u_m \end{Bmatrix} \qquad \begin{Bmatrix} \beta_1 \\ \beta_2 \\ \beta_3 \end{Bmatrix} = \begin{bmatrix} 1 & x_i & y_i \\ 1 & x_j & y_j \\ 1 & x_m & y_m \end{bmatrix}^{-1} \begin{Bmatrix} v_i \\ v_j \\ v_m \end{Bmatrix}$$

在矩阵分析中,矩阵 $[\boldsymbol{B}]$ 的逆矩阵为

$$[\boldsymbol{B}]^{-1} = \frac{1}{|\boldsymbol{B}|}[\boldsymbol{B}]^*$$

式中:$|\boldsymbol{B}|$ —— $[\boldsymbol{B}]$ 矩阵的行列式;$[\boldsymbol{B}]^*$ —— $[\boldsymbol{B}]$ 矩阵的伴随矩阵。

对三阶矩阵求逆,并记

$$|\boldsymbol{B}| = \begin{vmatrix} 1 & x_i & y_i \\ 1 & x_j & y_j \\ 1 & x_m & y_m \end{vmatrix} = 2A$$

即这个行列式的值是 2 倍三角形面积。为保证 $|B|$ 是正值,当平面坐标保持从 $x$ 轴转到 $y$ 轴方向为逆时针转向时,结点 $i$、$j$、$m$ 的次序也必须是逆时针转向。

$$[\boldsymbol{B}]^* = \begin{bmatrix} a_i & a_j & a_m \\ b_i & b_j & b_m \\ c_i & c_j & c_m \end{bmatrix}$$

式中 $a_i$，$b_i$，$c_i\cdots$，为原矩阵相应元素的代数余子式。如

$$a_i = \begin{vmatrix} x_j & y_j \\ x_m & y_m \end{vmatrix} = x_j y_m - x_m y_j$$

$$a_j = \begin{vmatrix} x_m & y_m \\ x_i & y_i \end{vmatrix} = x_m y_i - x_i y_m$$

$$a_m = \begin{vmatrix} x_i & y_i \\ x_j & y_j \end{vmatrix} = x_i y_j - x_j y_i$$

对于这种有规律的表达式，只用一个式子来代替

$$b_i = -\begin{vmatrix} 1 & y_j \\ 1 & y_m \end{vmatrix} = y_j - y_m$$

$$c_i = \begin{vmatrix} 1 & x_j \\ 1 & x_m \end{vmatrix} = x_m - x_j = -x_j + x_m (i, j, m)$$

此处公式后面的 $(i, j, m)$ 表示这个公式实际代表三个公式，其余两个公式由下标轮换得出。

这样

$$\begin{Bmatrix} \alpha_1 \\ \alpha_2 \\ \alpha_3 \end{Bmatrix} = \frac{1}{2A} \begin{bmatrix} a_i & a_j & a_m \\ b_i & b_j & b_m \\ c_i & c_j & c_m \end{bmatrix} \begin{Bmatrix} u_i \\ u_j \\ u_m \end{Bmatrix}$$

$$\begin{Bmatrix} \beta_1 \\ \beta_2 \\ \beta_3 \end{Bmatrix} = \frac{1}{2A} \begin{bmatrix} a_i & a_j & a_m \\ b_i & b_j & b_m \\ c_i & c_j & c_m \end{bmatrix} \begin{Bmatrix} v_i \\ v_j \\ v_m \end{Bmatrix}$$

由上式可求解系数 $\alpha$，$\beta$。将系数 $\alpha$、$\beta$ 代入位移模式式(6.3)并按结点位移系数进行整理，可以得到

$$\begin{cases} u(x, y) = \frac{1}{2A}[(a_i + b_i x + c_i y)u_i + (a_j + b_j x + c_j y)u_j + (a_m + b_m x + c_m y)u_m] \\ v(x, y) = \frac{1}{2A}[(a_i + b_i x + c_i y)v_i + (a_j + b_j x + c_j y)v_j + (a_m + b_m x + c_m y)v_m] \end{cases}$$

$$(6.4)$$

对比式(6.1)中各结点位移前的参数可得

$$N_i(x, y) = \frac{1}{2A}(a_i + b_i x + c_i y) \tag{6.5}$$

$N$ 是关于 $x, y$ 的函数，称为形函数。式（6.4）就是三结点三角形单元的位移模式（也称为位移函数）。

## 2. 形函数

### (1) 形函数的形式

下面讨论 $N$ 函数（包括 $N_i$, $N_j$, $N_m$）的具体内容。为了便于分析 $N$ 函数，将其写成如下形式

$$N_i(x, y) = \cfrac{\begin{vmatrix} 1 & x & y \\ 1 & x_j & y_j \\ 1 & x_m & y_m \end{vmatrix}}{\begin{vmatrix} 1 & x_i & y_i \\ 1 & x_j & y_j \\ 1 & x_m & y_m \end{vmatrix}} \quad (i, j, m) \tag{6.6}$$

由前可知，式（6.6）的分母是个数值，其值为 $2A$（$A$ 是三角形 $ijm$ 单元的面积），式（6.6）的分子可根据行列式的拉普拉斯（Laplace）定理展开，即

$$N_i(x, y) = \frac{1}{2A}\left( 1 \times \begin{vmatrix} x_j & y_j \\ x_m & y_m \end{vmatrix} - x \times \begin{vmatrix} 1 & y_j \\ 1 & y_m \end{vmatrix} + y \times \begin{vmatrix} 1 & x_j \\ 1 & x_m \end{vmatrix} \right)$$

$$= \frac{1}{2A}(a_i + b_i x + c_i y) \quad (i, j, m) \tag{6.7}$$

式中

$$\begin{cases} a_i = \begin{vmatrix} x_j & y_j \\ x_m & y_m \end{vmatrix} \\[6mm] b_i = -\begin{vmatrix} 1 & y_j \\ 1 & y_m \end{vmatrix} \\[6mm] c_i = \begin{vmatrix} 1 & x_j \\ 1 & x_m \end{vmatrix} \end{cases} \tag{6.8}$$

由式（6.7）可见 $N$ 函数是线性函数。

**（2）形函数的特性**

分别将三角形 $i$, $j$, $m$ 结点的坐标值代入式（6.6）中有

$$N_i(x_i, y_i) = 1 \qquad N_i(x_j, y_j) = 0 \qquad N_i(x_m, y_m) = 0$$

同样对于 $N_j(x, y)$ 函数，将 $i$, $j$, $m$ 点的坐标代入有

$$N_j(x_i, y_i) = 0 \qquad N_j(x_j, y_j) = 1 \qquad N_j(x_m, y_m) = 0$$

同理：对于 $N_m(x, y)$ 函数，将 $i$, $j$, $m$ 点的坐标代入有

$$N_m(x_i, y_i) = 0 \qquad N_m(x_j, y_j) = 0 \qquad N_m(x_m, y_m) = 1$$

从以上结果可以看到，$N$ 函数是在本点为 1，它点为 0，这一性质可表示为

$$N_i(x_i, y_i) = \begin{cases} 1 & i = j \\ 0 & i \neq j \end{cases}$$

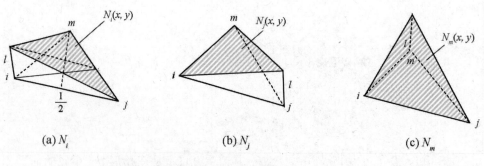

(a) $N_i$          (b) $N_j$          (c) $N_m$

图 6-1    $N$ 函数

图 6-1 以直观的几何图形表示了 $N$ 函数这一性质，在图中以实线表示单元 $ijm$，阴影面表示 $N_i(x, y)$ 函数。$N_i$ 在本点为 1，它点（$j$、$m$ 点）为零，且 $N_i(x, y)$ 是线性函数，故 $N_i$ 函数实际反映了在单元 $i$ 结点发生单位位移时整个单元的位移情况（图 6-1 中的阴影面）。对于 $N_j$、$N_m$ 函数，也可得到同样的分析结果。

从图 6-1 的图形可知 $N$ 函数反映了单元的位移形态，故称 $N$ 函数为形态函数或简称为形函数。

## 6.1.2   应变矩阵与应力矩阵

有限单元法是先求解基本未知量，然后通过基本未知量再求解其他未知量；有限刚度法求出的基本未知量是结点位移，如要求应力和应变，就需建立用结点位移表示的应力、应变公式。

### 1. 单元的应变

对于三结点三角形单元，$[N]$ 矩阵已赋予具体的内容，那么应变转换矩阵 $[B]$ 也有相应的定义。将三结点三角形单元的形函数 $N$ 代入式（5.15）

$$N_i(x, y) = \frac{1}{2A}(a_i + b_i x + c_i y) \qquad (i, j, m) \tag{6.9}$$

有

$$[\boldsymbol{B}_i] = \frac{1}{2A}\begin{bmatrix} b_i & 0 \\ 0 & c_i \\ c_i & b_i \end{bmatrix} \qquad (i,\, j,\, m) \tag{6.10}$$

由式(6.8)可知 $b_i$，$c_i$ 均是与结点坐标有关的常量，故 $[\boldsymbol{B}]$ 是常量矩阵。这样，从应变公式可看到三结点三角形单元的应变分量是常量，因此称三结点三角形单元为常应变单元。

## 2. 单元的应力

现在讨论三结点三角形单元的应力公式的具体形式。

将平面应力问题的弹性矩阵

$$[\boldsymbol{E}] = \frac{E}{1-\mu^2}\begin{bmatrix} 1 & \mu & 0 \\ \mu & 1 & 0 \\ 0 & 0 & \dfrac{1-\mu}{2} \end{bmatrix} \tag{6.11}$$

代入式(5.17)有

$$\begin{aligned}
[\boldsymbol{S}_i] &= [\boldsymbol{E}]\,[\boldsymbol{B}_i] \\[2mm]
&= \frac{E}{(1-\mu^2)}\begin{bmatrix} 1 & \mu & 0 \\ \mu & 1 & 0 \\ 0 & 0 & \dfrac{1-\mu}{2} \end{bmatrix}\frac{1}{2A}\begin{bmatrix} b_i & 0 \\ 0 & c_i \\ c_i & b_i \end{bmatrix} \\[2mm]
&= \frac{E}{2A(1-\mu^2)}\begin{bmatrix} b_i & \mu c_i \\ \mu b_i & c_i \\ \dfrac{1-\mu}{2}c_i & \dfrac{1-\mu}{2}b_i \end{bmatrix} \qquad (i,\, j,\, m)
\end{aligned}$$

将上式代入应力公式(5.16)得

$$\begin{aligned}
\{\boldsymbol{\sigma}\} &= [\boldsymbol{S}]\{\boldsymbol{\delta}\}^e \\[2mm]
&= \begin{Bmatrix} \sigma_x \\ \sigma_y \\ \tau_{xy} \end{Bmatrix}
\end{aligned}$$

$$= \frac{E}{2A(1-\mu^2)} \begin{bmatrix} b_i & \mu c_i & b_j & \mu c_j & b_m & \mu c_m \\ \mu b_i & c_i & \mu b_j & c_j & \mu b_m & c_m \\ \frac{1-\mu}{2}c_i & \frac{1-\mu}{2}b_i & \frac{1-\mu}{2}c_j & \frac{1-\mu}{2}b_j & \frac{1-\mu}{2}c_m & \frac{1-\mu}{2}b_m \end{bmatrix} \begin{Bmatrix} u_i \\ v_i \\ u_j \\ v_j \\ u_m \\ v_m \end{Bmatrix}$$

$$= \frac{E}{2A(1-\mu^2)} \begin{bmatrix} \displaystyle\sum_{i,j,m} b_i u_i + \sum_{i,j,m} c_i v_i \\ \displaystyle\mu\sum_{i,j,m} b_i u_i + \mu\sum_{i,j,m} c_i v_i \\ \displaystyle\frac{1-\mu}{2}\sum_{i,j,m}(c_i u_i + b_i v_i) \end{bmatrix} \tag{6.12}$$

因为在同一单元内 $E$, $\mu$, $A$ 及 $b_i$, $c_i(i,j,m)$ 均为常量,所以三结点三角形单元内的应力为常量。相邻的单元 $E$, $\mu$, $A$ 及 $b_i$, $c_i$, $u_i$, $v_i(i,j,m)$ 一般不完全相同,故它们将具有不同的应力,这就有可能在相邻单元的公共边上出现应力不连续的现象,即应力突变现象。为解决这个问题可以采取下列措施:

(1)减小所取单元的尺寸;

(2)对应力计算结果进行处理,如采用绕结点平均法或单元平均法对计算结果进行修正。

## 6.1.3　单元刚度矩阵

### 1. 单元刚度矩阵的建立

单元刚度方程,即单元结点力 $\{\boldsymbol{F}\}^{(e)}$ 与单元结点位移 $\{\boldsymbol{\delta}\}^{(e)}$ 的关系式为

$$\{\boldsymbol{F}\}^{(e)} = [\boldsymbol{k}]^{(e)}\{\boldsymbol{\delta}\}^{(e)} \tag{6.13}$$

式中:矩阵 $[\boldsymbol{k}]^{(e)}$ 称为单元刚度矩阵。

对于三结点三角形单元(图 6-2)与式(6.13)中的结点力、结点位移列阵分别以下式表示

$$\{\boldsymbol{F}\}^{(e)} = \{F_i \quad F_j \quad F_m\}^{(e)} = [U_i \quad V_i \quad U_j \quad V_j \quad U_m \quad V_m]^{\mathrm{T}}$$

$$\{\boldsymbol{\delta}\}^{(e)} = \{\delta_i \quad \delta_j \quad \delta_m\}^{(e)} = [u_i \quad v_i \quad u_j \quad v_j \quad u_m \quad v_m]^{\mathrm{T}}$$

因此,式(6.13)中 $[\boldsymbol{k}]^{(e)}$ 为 $6 \times 6$ 阶矩阵,也可以写成按结点分块的形式

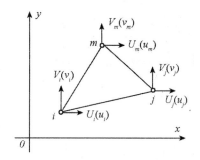

图 6 - 2　三结点三角形单元

$$
\left\{\begin{array}{c} F_i \\ F_j \\ F_m \end{array}\right\}^{(e)} = \left[\begin{array}{ccc} [k_{ii}] & [k_{ij}] & [k_{im}] \\ [k_{ji}] & [k_{jj}] & [k_{jm}] \\ [k_{mi}] & [k_{mj}] & k_{mm} \end{array}\right]^{(e)} \left\{\begin{array}{c} \delta_i \\ \delta_j \\ \delta_m \end{array}\right\}^{(e)} \tag{6.14}
$$

在第 5.4 节中利用虚功原理建立了单元刚度矩阵的一般计算公式

$$
[k]^{(e)} = \iiint_{v} [B]^{\mathrm{T}} [E] [B] \mathrm{d}x\mathrm{d}y\mathrm{d}z
$$

对于匀质等厚度的三结点三角形单元，设单元在 $z$ 方向的厚度为 $t$，并注意到矩阵 $[B]$ 和 $[D]$ 都是常量矩阵，可提到积分号外，故有

$$
\begin{aligned}
[k]^{(e)} &= [B]^{\mathrm{T}} [E] [B] t \iint_{A} \mathrm{d}x\mathrm{d}y \\
&= [B]^{\mathrm{T}} [E] [B] tA \\
&= tA \left\{\begin{array}{c} [B_i]^{\mathrm{T}} \\ [B_j]^{\mathrm{T}} \\ [B_m]^{\mathrm{T}} \end{array}\right\} [E] \left[\begin{array}{ccc} [B_i] & [B_j] & [B_m] \end{array}\right] \\
&= \left[\begin{array}{ccc} [k_{ii}] & [k_{ij}] & [k_{im}] \\ [k_{ji}] & [k_{jj}] & [k_{jm}] \\ [k_{mi}] & [k_{mj}] & [k_{mm}] \end{array}\right]^{(e)}
\end{aligned} \tag{6.15}
$$

式中：$[k_{rs}] (r, s) = i, j, m)$ 为 $[k]^{(e)}$ 的子矩阵。

对于平面应力问题，将式(6.10)和式(6.11)代入式(6.15)可得子矩阵

$$
[k_{rs}] = tA [B_r]^{\mathrm{T}} [E] [B_s] = \frac{Et}{4A(1-\mu^2)} \left[\begin{array}{cc} b_r b_s + \dfrac{1-\mu}{2} c_r c_s & \mu b_r c_s + \dfrac{1-\mu}{2} c_r b_s \\ \mu c_r b_s + \dfrac{1-\mu}{2} b_r c_s & c_r c_s + \dfrac{1-\mu}{2} b_r b_s \end{array}\right]
$$

$$
(r = i, j, m; s = i, j, m) \tag{6.16}
$$

对于平面应变问题，只需把上式中的 $E$ 换成 $\dfrac{E}{(1-\mu^2)}$，$\mu$ 换成 $\dfrac{\mu}{(1-\mu)}$，可得

$$[k_{rs}] = \frac{Et(1-\mu)}{4A(1+\mu)(1-2\mu)} \begin{bmatrix} b_r b_s + \dfrac{1-2\mu}{2(1-\mu)}c_r c_s & \dfrac{\mu}{1-\mu}b_r c_s + \dfrac{1-2\mu}{2(1-\mu)}c_r b_s \\ \dfrac{\mu}{1-\mu}c_r b_s + \dfrac{1-2\mu}{2(1-\mu)}b_r c_s & c_r c_s + \dfrac{1-2\mu}{2(1-\mu)}b_r b_s \end{bmatrix}$$

$$(r=i,\,j,\,m;\,s=i,\,j,\,m) \qquad (6.17)$$

单元刚度矩阵建立在所假定的位移函数的基础上。由式(6.16)和式(6.17)可以看出，单元刚度矩阵的元素取决于单元的大小$(A,\,t)$、弹性常数$(E,\,\mu)$以及形状、方向$(b_r,\,c_r)$等。式中 $b_r$，$c_r(r=i,\,j,\,m)$ 都是单元结点坐标差值，所以 $[K]^{(e)}$ 与单元的位置无关，即不随坐标轴或单元体的平行移动而改变。

## 2. 单元刚度矩阵的性质

### (1) 单元刚度矩阵是对称性矩阵

这个性质是由弹性力学中功的互等定理所决定的。它也可以直接利用上述单元刚度矩阵的一般计算公式来证明，将两边分别转置，即

$$([k]^{(e)})^{\mathrm{T}} = \iiint_v ([B]^{\mathrm{T}}[E][B])^{\mathrm{T}}\mathrm{d}x\mathrm{d}y\mathrm{d}z$$

由于 $[E]$ 为对称矩阵，即 $[E]^{\mathrm{T}} = [E]$，所以上式成为

$$([k]^{(e)})^{\mathrm{T}} = \iiint_v [B]^{\mathrm{T}}[E][B]\mathrm{d}x\mathrm{d}y\mathrm{d}z = [k]^{(e)}$$

即证明了单元刚度矩阵为对称矩阵。

### (2) 单元刚度矩阵是奇异矩阵

即单元刚度矩阵的元素所组成的行列式等于零

$$|[k]^{(e)}| = 0$$

可证明如下：将式(6.12)展开后的第一行为

$$U_i = k_{11}u_i + k_{12}v_i + k_{13}u_j + k_{14}v_j + k_{15}u_m + k_{16}v_m$$

在结点力为零时，单元仍可作刚体移动，此时

$$u_i = u_j = u_m \qquad v_i = v_j = v_m$$

则有

$$(k_{11} + k_{13} + k_{15})u_i + (k_{12} + k_{14} + k_{16})v_i = 0$$

由于 $u_i$ 及 $v_i$ 为任意数，故得

$$\begin{cases} k_{11} + k_{13} + k_{15} = 0 \\ k_{12} + k_{14} + k_{16} = 0 \end{cases}$$

从而得到

$$k_{11} + k_{12} + k_{13} + k_{14} + k_{15} + k_{16} = 0$$

同样可以证明单元刚度矩阵的其他各行元素之和也均为零。从而证明了单元刚度矩阵是奇异矩阵，其逆阵不存在。这就是说，如果已知单元结点力 $\{F\}^{(e)}$，由式(6.13)并

不能求出单元结点位移 $\{\boldsymbol{\delta}\}^{(e)}$，因为这时单元没有支撑约束，单元可以作刚体运动，其位移是不定的。

**（3）单元刚度矩阵的主对角线元素恒为正值**

因为 $[K]^{(e)}$ 中每一个元素均为一个刚度系数，以主对角线元素 $k_{11}$ 为例，它表示使结点 $i$ 在 $x$ 方向有单位位移（其余位移分量均为零）时，在结点 $i$ 沿 $x$ 方向所须施加的力。它当然应与单位位移的方向一致，因而为正值。同理，主对角线上的其他元素均为正值。

## 6.1.4　单元等效结点荷载

有限元分析最后得到的线性代数方程组是结点平衡方程组，即由结点位移产生的结点力和作用在结点上的外荷载相平衡。对于不直接作用在结点上的外荷载，都要等效地移置到结点上以参加平衡。

与杆系有限元分析中荷载等效原则（变形情况一致就认为是等效的）不同，这里的等效原则是保证转化前和转化后的这两组荷载在虚位移过程中所做的虚功相等，满足这个条件，可以保证有限元刚度法从能量的角度看不会由于这种荷载的等效转换而带来新的误差。

下面按照上述等效原则来计算三结点三角形单元在几种常见荷载作用下的等效结点荷载。

### 1. 集中荷载

如图 6-3 所示，设三角形单元 $i$、$j$、$m$ 中任一点 $C(x,y)$ 力作用一集中荷载 $Q$，其沿 $x$、$y$ 轴方向的分量为 $Q_x$、$Q_y$，即

$$\{\boldsymbol{Q}\} = [\,Q_x \quad Q_y\,]^{\mathrm{T}}$$

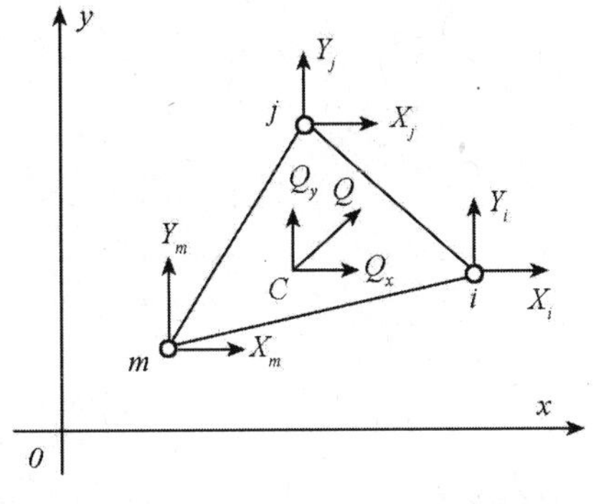

图 6-3　集中荷载作用下的三角形单元

将此集中荷载移置到结点 $i$、$j$、$m$ 上，得到等效结点荷载 $\{\boldsymbol{P}_E\}^{(e)}$

$$\{\boldsymbol{P}_E\}^{(e)} = [\,X_i \quad Y_i \quad X_j \quad Y_j \quad X_m \quad Y_m\,]^{\mathrm{T}}$$

假设单元发生了虚位移，各结点的虚位移为

$$\{\boldsymbol{\delta}^*\}^e = \begin{bmatrix} u_i^* & v_i^* & u_j^* & u_m^* & v_m^* \end{bmatrix}^{\mathrm{T}}$$

则 $C$ 点的虚位移 $\{f^*\}_C = \begin{bmatrix} u^* & v^* \end{bmatrix}_C^{\mathrm{T}}$ 可通过位移函数求得

$$\{f^*\}_C = [\boldsymbol{N}]_C\{\boldsymbol{\delta}^*\}^e$$

根据单元结点荷载与原实际荷载在虚位移过程中所做的虚功相等，则有

$$(\{\boldsymbol{\delta}^*\})^{\mathrm{T}}\{\boldsymbol{P}_E\}^e = \{f^*\}_C^{\mathrm{T}}\{\boldsymbol{Q}\} = ([\boldsymbol{N}]_C\{\boldsymbol{\delta}^*\})^{\mathrm{T}}\{\boldsymbol{Q}\} = (\{\boldsymbol{\delta}^*\}^e)^{\mathrm{T}}[\boldsymbol{N}]_C^{\mathrm{T}}\{\boldsymbol{Q}\}$$

上式如果在任意的虚位移 $(\{\boldsymbol{\delta}^*\}^e)^{\mathrm{T}}$ 时都成立，其条件是等式两边与它相乘的矩阵应当相等，则有

$$\begin{aligned}
\{\boldsymbol{P}_E\}^e &= [\boldsymbol{N}]_C^{\mathrm{T}}\{\boldsymbol{Q}\} \\[6pt]
&= \begin{bmatrix} N_i & 0 & N_j & 0 & N_m & 0 \\ 0 & N_i & 0 & N_j & 0 & N_m \end{bmatrix} \begin{Bmatrix} Q_x \\ Q_y \end{Bmatrix} \\[6pt]
&= \begin{bmatrix} N_iQ_x & N_iQ_y & N_jQ_x & N_mQ_x & N_mQ_y \end{bmatrix}_C^{\mathrm{T}} \\[6pt]
&= \begin{bmatrix} X_i^P & Y_j^P & Y_j^P & X_m^P & Y_m^P \end{bmatrix}^{\mathrm{T}}
\end{aligned} \tag{6.18}$$

式中：$N_{ic}$，$N_{jc}$，$N_{mc}$ 为三结点三角形单元的形函数 $N_i$，$N_j$，$N_m$ 在 $C$ 点的函数值，即 $N_i(x_c, y_c)$，$N_j(x_c, y_c)$，$N_m(x_c, y_c)$。

例如，在单元 $ijm$ 的 $ij$ 边上 $C$ 点处作用有沿 $x$ 轴方向的集中荷载 $P$（图 6 – 4），设 $ij$ 边的长度为 $l$，$C$ 点到结点 $i$，$j$ 的距离分别为 $l_i$，$l_j$，则由式(6.18)得到

$$\{\boldsymbol{P}_E\}^{(e)} = \begin{Bmatrix} N_{ic}P \\ 0 \\ N_{jc}P \\ 0 \\ N_{mc}P \\ 0 \end{Bmatrix}$$

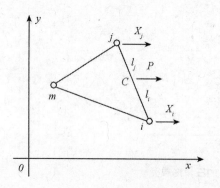

图 6 – 4　$x$ 轴方向的集中荷载

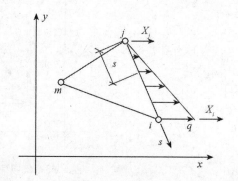

图 6 – 5　分布面荷载作用

根据形函数的性质，有

$$N_{ic} = \frac{l_j}{l}$$

$$N_{jc} = \frac{l_i}{l}$$

$$N_{mc} = 0$$

于是

$$\{\boldsymbol{P}_E\}^{(e)} = \begin{bmatrix} \dfrac{l_j}{l}P & 0 & \dfrac{l_i}{l}P & 0 & 0 & 0 \end{bmatrix}^{\mathrm{T}}$$

## 2. 分布面荷载

设三角形的某一边界面有分布面力作用，其集度为 $\bar{p}$，在 $x,y$ 方向的分量分别为 $\bar{p}_x$、$\bar{p}_y$，可表示为

$$\{\bar{\boldsymbol{p}}\} = \begin{Bmatrix} \bar{p}_x \\ \bar{p}_y \end{Bmatrix} = \begin{bmatrix} \bar{p}_x & \bar{p}_y \end{bmatrix}^{\mathrm{T}}$$

将它转换到三角形三结点上的等效荷载列阵表示为

$$\{\boldsymbol{P}_E\}^{(e)} = \begin{bmatrix} X_i^p & Y_i^p & X_j^p & Y_m^p & Y_m^p \end{bmatrix}^{\mathrm{T}}$$

将微分面积 $t\mathrm{d}s$ 上的面力 $\{\bar{\boldsymbol{p}}\}t\mathrm{d}s$ 当作集中荷载 $Q$，则可利用式(6.18)积分，可得

$$\{\boldsymbol{P}_E\}^{(e)} = \int_S [\boldsymbol{N}]_s^{\mathrm{T}} \{\bar{\boldsymbol{p}}\} t\mathrm{d}s \tag{6.19}$$

例如，图 6-5 所示为一厚度为 $t$ 的三角形单元 $ijm$，$ij$ 边上沿 $x$ 轴方向作用有线性分布的面荷载 $\{\boldsymbol{p}\}$，它在结点 $i$ 处的集度为 $q$，在结点 $j$ 处的集度为 0。可利用式(6.19)计算其等效结点荷载：

为了积分方便，沿 $ij$ 边建立局部坐标 $s$，将被积函数化为 $s$ 的函数。设坐标轴 $s$ 的原点取在 $j$ 点，沿 $ji$ 为正向，$s_j = 0$，$s_i = l$（$l$ 为 $ij$ 边长），则分布面荷载 $\{\boldsymbol{p}\}$ 可表示为

$$\{\boldsymbol{p}\} = \begin{Bmatrix} \dfrac{s}{l}q \\ 0 \end{Bmatrix}$$

将式(6.19)中的形函数 $N_i$、$N_j$、$N_m$ 也改用 $s$ 来表示，根据形函数的性质可直接得到

$$N_i = \frac{s}{l}$$

$$N_j = 1 - \frac{s}{l}$$

$$N_m = 0$$

将 $[\boldsymbol{N}]$ 和 $\{\boldsymbol{p}\}$ 代入式(6-19)，得

$$\{\boldsymbol{P}_E\}^{(e)} = \int_0^l \begin{bmatrix} \dfrac{s}{l} & 0 \\[2mm] 0 & \dfrac{s}{l} \\[2mm] 1 - \dfrac{s}{l} & 0 \\[2mm] 0 & 1 - \dfrac{s}{l} \\[2mm] 0 & 0 \\[2mm] 0 & 0 \end{bmatrix} \begin{Bmatrix} \dfrac{s}{l}q \\[2mm] 0 \end{Bmatrix} t\,\mathrm{d}s = \dfrac{qlt}{2} \begin{Bmatrix} \dfrac{2}{3} \\[1mm] 0 \\[1mm] \dfrac{1}{3} \\[1mm] 0 \\[1mm] 0 \\[1mm] 0 \end{Bmatrix}$$

对于图 6-6 所示在 $ij$ 边沿 $x$ 轴方向作用任意线性分布面荷载的情况，可以看成是两个三角形分布荷载的叠加。利用式(6.19)可得其等效结点荷载为

$$\{P_E\}^{(e)} = \dfrac{lt}{2} \begin{Bmatrix} \dfrac{2}{3}q_i + \dfrac{1}{3}q_j \\[2mm] 0 \\[2mm] \dfrac{1}{3}q_i + \dfrac{2}{3}q_j \\[2mm] 0 \\[2mm] 0 \\[2mm] 0 \end{Bmatrix}$$

式中：$q_i$，$q_j$ 分别为 $i$，$j$ 两点分布面荷载的集度。

在 $y$ 方向或单元的其他边上有线性分布面荷载作用时，可得类似公式。

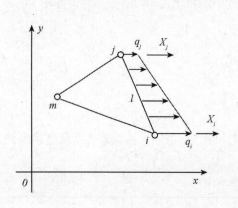

图 6-6　任意线性分布面荷载

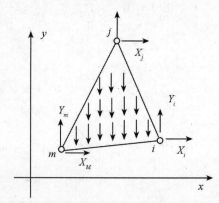

图 6-7　匀质三角形单元

## 3. 分布体力

若三角形单元有分布体力作用，其集度为 $p$，在 $x$，$y$ 方向的分量分别为 $p_x$，$p_y$，则 $p$ 可用矩阵表示为

$$\{\boldsymbol{p}\} = \begin{Bmatrix} p_x \\ p_y \end{Bmatrix} = \begin{bmatrix} p_x & p_y \end{bmatrix}^{\mathrm{T}}$$

将它转换到三角形三结点上的等效荷载列阵上表示为

$$\{\boldsymbol{P}_E\}^e = \begin{bmatrix} X_i^p & Y_i^p & X_j^p & Y_j^p & X_m^p & Y_m^p \end{bmatrix}^{\mathrm{T}}$$

将微分体积 $t\mathrm{d}x\mathrm{d}y$ 上的体力 $\{P\}t\mathrm{d}x\mathrm{d}y$ 当作集中荷载 $Q$，则可利用式(6.18)积分来计算分布体力的等效集中荷载

$$\{\boldsymbol{P}_E\}^{(e)} = \iint_A [\boldsymbol{N}]^{\mathrm{T}}\{\boldsymbol{p}\}t\mathrm{d}x\mathrm{d}y \tag{6.20}$$

例如，图 6-7 所示厚度为 $t$ 的匀质三角形单元 $ijm$，利用式(6.20)计算其自重的等效结点荷

$$\{\boldsymbol{P}_E\}^{(e)} = \int_V [\boldsymbol{N}]^{\mathrm{T}}\{\boldsymbol{W}\}\mathrm{d}v$$

设单元的单位体积重量为 $\gamma$，则有

$$\{\boldsymbol{W}\} = \begin{Bmatrix} 0 \\ -\gamma \end{Bmatrix}$$

代入式 $\{\boldsymbol{P}_E\}^{(e)} = \int_V [\boldsymbol{N}]^{\mathrm{T}}\{\boldsymbol{W}\}\mathrm{d}V$，得

$$\{\boldsymbol{P}_E\}^{(e)} = \iint_A \begin{bmatrix} N_i & 0 \\ 0 & N_i \\ N_j & 0 \\ 0 & N_j \\ N_m & 0 \\ 0 & N_m \end{bmatrix} \begin{Bmatrix} 0 \\ -\gamma \end{Bmatrix} t\mathrm{d}x\mathrm{d}y = -t\gamma \iint_A \begin{Bmatrix} 0 \\ N_i \\ 0 \\ N_j \\ 0 \\ N_m \end{Bmatrix} \mathrm{d}x\mathrm{d}y \tag{6.21}$$

其中

$$\iint_A N_i \mathrm{d}x\mathrm{d}y = \frac{1}{2A}\iint_A x(a_i + b_i x + c_i y)\mathrm{d}x\mathrm{d}y = \frac{1}{2A}\left[a_i A + b_i \iint_A x\mathrm{d}x\mathrm{d}y + c_i \iint_A y\mathrm{d}x\mathrm{d}y\right]$$

引入面积矩公式

$$\iint_A x\mathrm{d}x\mathrm{d}y = \bar{x} \cdot A = \frac{1}{3}(x_i + x_j + x_m)A$$

$$\iint_A y \mathrm{d}x \mathrm{d}y = \bar{y} \cdot A = \frac{1}{3}(y_i + y_j + y_m)A$$

则

$$\iint_A N_i \mathrm{d}x \mathrm{d}y = \frac{1}{2A}\left[a_i A + \frac{A}{3}b_i(x_i + x_j + x_m) + \frac{A}{3}c_i(y_i + y_j + y_m)\right]$$

$$= \frac{1}{6}[3(x_j y_m - y_j x_m) + (y_j - y_m)(x_i + x_j + x_m) + (x_m - x_j)(y_i + y_j + y_m)] + k(x_m)$$

$$= \frac{1}{6}[x_j y_m - x_m y_i + x_m yi - x_m yb + xiyj - x_j y_i]$$

$$= \frac{1}{6}\begin{vmatrix} 1 & x_i & x_i \\ 1 & x_j & y_j \\ 1 & x_m & y_m \end{vmatrix}$$

$$= \frac{A}{3} \tag{6.22}$$

式中：$\bar{x}$, $\bar{y}$ 为三角形 $ijm$ 的形心坐标值。

同理可得

$$\iint_A N_j \mathrm{d}x \mathrm{d}y = \iint_A N_m \mathrm{d}x \mathrm{d}y = \frac{A}{3} \tag{6.23}$$

将式(6.22)和式(6.23)代入式(6.21)，得

$$\{P_E\}^{(e)} = \begin{bmatrix} 0 & -\frac{1}{3}\gamma tA & 0 & -\frac{1}{3}\gamma tA & 0 & -\frac{1}{3}\gamma tA \end{bmatrix}^{\mathrm{T}} \tag{6.24}$$

上述三种非结点荷载的等效结点荷载计算结果，与按刚体的静力等效原则来移置荷载得到的结果相同，这是由于三结点三角形单元的位移函数为线性函数的原因。因此，在位移函数为线性的情况下，可以直接按刚体的静力等效原则来处理非结点荷载，以避免积分运算。但是，当单元位移函数为非线性函数时，就必须利用一般公式来计算。

## 6.2 整体分析

前面围绕离散模型的基本单元进行分析，即单元分析，通过单元分析建立了以下关系式：

单元的位移模式　　　　　$\{f\} = [N]\{\delta\}^{\mathrm{T}}$

单元的应变公式　　　　　$\{\varepsilon\} = [B]\{\delta\}^e$

单元的应力公式　　　　　$\{\sigma\} = [S]\{\delta\}^e$

单元的等效结点荷载列阵　$\{p\}^e = \{Q_0\}^e + \{P_p\}^e + \{P_{\bar{p}}\}^e$

单元刚度方程　　　　　　$\{F\}^e = [k]\{\delta\}^e$

有限元法的最终目的是要求出结点的位移，然后通过结点位移求出单元的位移、应变和应力，具体求解中不可能利用单元刚度方程直接逐个单元地求解单元的结点位移，这是因为单元刚度矩阵是奇异的且单元的结点力是未知的。

在 5.4 节曾经讨论过利用结点平衡建立结点力与结点荷载之间的关系, 并考虑离散模型内每一个结点的平衡, 建立了求解整个离散模型结点位移的基本方程

$$\{P\} = [K]\{\delta\} \qquad (整体刚度方程)$$

整体刚度方程中等效结点荷载列阵 $\{R\}$ 可求, 整体刚度 $[K]$ 可通过计算得到, 再引入边界约束条件, 求解整体刚度方程, 可得到整体的结点位移列阵 $\{\delta\}$。

## 6.2.1　整体平衡方程与整体刚度矩阵

### 1. 结构整体刚度矩阵的形成

设弹性体被划分成 $m$ 个单元、$n$ 个结点, 若暂不考虑结点的支承约束作用, 则作为基本未知量的整体结点位移列阵为

$$\begin{cases} \{\delta\} = \{\{\delta_1\}\quad \{\delta_2\}\quad \cdots \quad \{\delta_n\}\} = [\,u_1\quad v_1\quad u_2\quad v_2\quad \cdots \quad u_n\quad v_n\,]^{\mathrm{T}} \\ \{\delta_i\} = [\,u_i\quad v_i\,]^{\mathrm{T}} \qquad i = 1, 2, \cdots, n \end{cases} \quad (6.25)$$

式中: $[\delta_i]$ 为结点 $i$ 的位移分量。

相应的结点荷载列阵为

$$\begin{cases} \{P\} = \{\{P_1\}\quad \{P_2\}\quad \cdots \quad \{P_n\}\} = [\,P_{1x}\quad P_{1y}\quad P_{2x}\quad P_{2y}\quad \cdots \quad P_{nx}\quad P_{ny}\,]^{\mathrm{T}} \\ \{P_i\} = [\,P_{ix}\quad P_{iy}\,]^{\mathrm{T}} \qquad i = 1, 2, \cdots, n \end{cases}$$

$$(6.26)$$

式中: $\{P_i\}$ 为结点 $i$ 上的荷载分量。

与杆系结构分析中的矩阵位移法一样, 有限元位移法中用来求解基本未知量 $\delta$ 的方程仍是结点的平衡方程。前面列出了任意结点 $i$ 的平衡方程式

$$\sum_e \{F_i\} = \{P_i\}$$

式中: $\sum_e$ 为对环绕结点 $i$ 的所有单元求和。

每个结点都按此方法建立两个平衡方程, 集合在一起便得到有限元位移法的基本方程, 即结构的整体刚度方程

$$[k]\{\delta\} = \{P\} \qquad (6.27)$$

式中: $[k]$ 为整体原始刚度矩阵, $\{\delta\}$ 整体位移列阵, $\{P\}$ 为整体结点荷载列阵。

把按上述方法形成整体刚度方程的过程编写成计算机程序是比较烦琐的。建立整体刚度方程的关键是形成结构的整体原始刚度矩阵 $[k]$ (简称总刚), 通常采用直接刚度法, 由各单元的刚度矩阵直接组装成结构的整体原始刚度矩阵。下面结合具体的结构, 来说明整体原始刚度矩阵的组集方法。

图 6-8 所示为一简支深梁划分为 3 个单元, 共有 5 个结点、10 个结点位移分量。可以建立 10 个平衡方程, 如果写成按结点分块的形式, 则为

$$[k]\{\delta\} = \{P\} \qquad (6.28)$$

式中子块

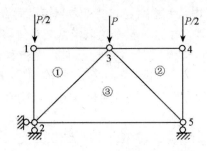

图 6-8　简支梁

$$k_{ij} = \begin{bmatrix} k_{2i-1,\,2j-1} & k_{2i-1,\,2j} \\ \\ k_{2i,\,2j-1} & k_{2i,\,2j} \end{bmatrix} \qquad i,\,j = 1,\,2,\,\cdots,\,5$$

展开式(6.28)中的任一行,例如第三行

$$[\,k_{31}\,]\{\boldsymbol{\delta}_1\} + [\,k_{32}\,]\{\boldsymbol{\delta}_2\} + [\,k_{33}\,]\{\boldsymbol{\delta}_3\} + [\,k_{34}\,]\{\boldsymbol{\delta}_4\} + [\,k_{35}\,]\{\boldsymbol{\delta}_5\} = \{\boldsymbol{P}_5\} \qquad (6.29)$$

由上式可以看出总刚$[\,k\,]$中某一子块的物理意义,例如$[\,k_{34}\,]$的四个元素在数值上等于使结点 4 在 $x$ 轴方向或 $y$ 轴方向产生单位位移,而其余结点位移为零时,所施加于结点 3 的沿 $x$ 轴方向或 $y$ 轴方向的荷载。在单元分析中已经得到单元②的刚度矩阵$[\,k\,]^{(2)}$,写成按结点分块的形式为

$$i = 3 \quad j = 5 \quad m = 4$$

$$[\,\boldsymbol{k}\,]^{(2)} = \begin{bmatrix} [\,\boldsymbol{k}_{33}\,]^{(2)} & [\,\boldsymbol{k}_{35}\,]^{(2)} & [\,\boldsymbol{k}_{34}\,]^{(2)} \\ [\,\boldsymbol{k}_{53}\,]^{(2)} & [\,\boldsymbol{k}_{55}\,]^{(2)} & [\,\boldsymbol{k}_{54}\,]^{(2)} \\ [\,\boldsymbol{k}_{43}\,]^{(2)} & [\,\boldsymbol{k}_{45}\,]^{(2)} & [\,\boldsymbol{k}_{44}\,]^{(2)} \end{bmatrix} \begin{matrix} i=3 \\ j=5 \\ m=4 \end{matrix}$$

其中子块$[\,\boldsymbol{k}_{34}\,]^{(2)}$表示单元②的结点 4 产生单位位移,而单元②的其他结点位移均为零时,在结点 3 上所需施加的结点力。所以应该有$[\,\boldsymbol{k}_{34}\,] = [\,\boldsymbol{k}_{34}\,]^{(2)}$。

总刚子块$[\,\boldsymbol{k}_{35}\,]$在数值上等于使结点 5 产生单位位移,而其余结点位移均为零时,所施加于结点 3 的荷载。由图 6-8 可见,结点 3、5 为单元②和③两个单元所共有,当结点 5 产生单位位移时,通过单元②和③同时在结点 3 引起结点力,因此有$[\,\boldsymbol{k}_{35}\,] = [\,\boldsymbol{k}_{35}\,]^{(2)} + [\,\boldsymbol{k}_{35}\,]^{(3)}$。类似地可以得到$[\,\boldsymbol{k}_{33}\,] = [\,\boldsymbol{k}_{33}\,]^{(1)} + [\,\boldsymbol{k}_{33}\,]^{(2)} + [\,\boldsymbol{k}_{33}\,]^{(3)}$。

而总刚子块$[\,\boldsymbol{k}_{14}\,]$,由于结点 1 和 4 不属于同一个单元,当仅有结点 4 产生位移时,不会在结点 1 引起结点力,所以有$[\,\boldsymbol{k}_{14}\,] = [\,0\,]$。

根据上述分析,可以按以下方法形成结构的原始刚度矩阵:

首先求出每个单元的刚度矩阵$[\,\boldsymbol{k}\,]^{(e)}$,按单元结点号 $i$、$j$、$m$ 写成分块的形式。对于图 6-3 所示结构,有

$$[\boldsymbol{k}]^{(1)} = \begin{matrix} 1 & 2 & 3 \\ \begin{bmatrix} [\boldsymbol{k}_{11}]^{(1)} & [\boldsymbol{k}_{12}]^{(1)} & [\boldsymbol{k}_{13}]^{(1)} \\ [\boldsymbol{k}_{21}]^{(1)} & [\boldsymbol{k}_{22}]^{(1)} & [\boldsymbol{k}_{23}]^{(1)} \\ [\boldsymbol{k}_{31}]^{(1)} & [\boldsymbol{k}_{32}]^{(1)} & [\boldsymbol{k}_{33}]^{(1)} \end{bmatrix} & \begin{matrix} 1 \\ 2 \\ 3 \end{matrix} \end{matrix}$$

$$[\boldsymbol{k}]^{(2)} = \begin{matrix} 3 & 5 & 4 \\ \begin{bmatrix} [\boldsymbol{k}_{33}]^{(2)} & [\boldsymbol{k}_{35}]^{(2)} & [\boldsymbol{k}_{34}]^{(2)} \\ [\boldsymbol{k}_{53}]^{(2)} & [\boldsymbol{k}_{55}]^{(2)} & [\boldsymbol{k}_{54}]^{(2)} \\ [\boldsymbol{k}_{43}]^{(2)} & [\boldsymbol{k}_{45}]^{(2)} & [\boldsymbol{k}_{44}]^{(2)} \end{bmatrix} & \begin{matrix} 3 \\ 5 \\ 4 \end{matrix} \end{matrix}$$

$$[\boldsymbol{k}]^{(3)} = \begin{matrix} 2 & 5 & 3 \\ \begin{bmatrix} [\boldsymbol{k}_{11}]^{(3)} & [\boldsymbol{k}_{12}]^{(3)} & [\boldsymbol{k}_{13}]^{(3)} \\ [\boldsymbol{k}_{21}]^{(3)} & [\boldsymbol{k}_{22}]^{(3)} & [\boldsymbol{k}_{23}]^{(3)} \\ [\boldsymbol{k}_{31}]^{(3)} & [\boldsymbol{k}_{32}]^{(3)} & [\boldsymbol{k}_{33}]^{(3)} \end{bmatrix} & \begin{matrix} 2 \\ 5 \\ 3 \end{matrix} \end{matrix}$$

然后将各单元刚度矩阵的每个子块$[\boldsymbol{k}_{rs}]^{(e)}$，按其下标所表示的行和列分别送到原始刚度矩阵的相应位置上。在同一位置上若有几个单元的相应子块送到，则进行叠加，得到原始刚度矩阵在该位置上的子块。如果该位置上没有单刚的子块送到，则为零子块。按此方法集成图 6 – 4 所示结构的原始刚度矩阵如下

$$[\boldsymbol{k}] = \begin{matrix} 1 & 2 & 3 & 4 & 5 \\ \begin{bmatrix} [\boldsymbol{k}_{11}]^{(1)} & [\boldsymbol{k}_{12}]^{(1)} & [\boldsymbol{k}_{13}]^{(1)} & 0 & 0 \\ [\boldsymbol{k}_{21}]^{(1)} & [\boldsymbol{k}_{22}]^{(1)+(3)} & [\boldsymbol{k}_{23}]^{(1)+(3)} & 0 & [\boldsymbol{k}_{25}]^{(3)} \\ [\boldsymbol{k}_{311}]^{(1)} & [\boldsymbol{k}_{32}]^{(1)+(3)} & [\boldsymbol{k}_{33}]^{(1)+(2)+(3)} & [\boldsymbol{k}_{34}]^{(2)} & [\boldsymbol{k}_{35}]^{(2)+(3)} \\ 0 & 0 & [\boldsymbol{k}_{43}]^{(2)} & [\boldsymbol{k}_{44}]^{(2)} & [\boldsymbol{k}_{45}]^{(2)} \\ 0 & [\boldsymbol{k}_{52}]^{(3)} & [\boldsymbol{k}_{53}]^{(2)+(3)} & [\boldsymbol{k}_{54}]^{(2)} & [\boldsymbol{k}_{55}]^{(2)+(3)} \end{bmatrix} & \begin{matrix} 1 \\ 2 \\ 3 \\ 4 \\ 5 \end{matrix} \end{matrix}$$

$$(6.29)$$

为简洁起见，式(6.29)中相叠加的子块写成$[\boldsymbol{k}_{22}]^{(1)+(3)}$以代替$[\boldsymbol{k}_{22}]^{(1)} + [\boldsymbol{k}_{22}]^{(3)}$。

由式(6.29)可以看出结构的原始刚度矩阵$[\boldsymbol{k}]$的组成规律如下：

(1)主子块$[\boldsymbol{k}_{ii}]$是由与结点 $i$ 相连接的各单元(称为结点 $i$ 的相关单元)刚度矩阵的相应主子块$[\boldsymbol{k}_{ii}]^{(e)}$叠加而成，恒为非零子块。

(2)副子块$[\boldsymbol{k}_{ij}]$($i \neq j$)有两种情况：若结点 $i$ 和 $j$ 是相关结点(即结点 $j$ 是结点 $i$ 的相关单元上的结点)，则副子块$[\boldsymbol{k}_{ij}]$是由与结点 $i$ 均直接相连接的各单元刚度矩阵的相应副子块$[\boldsymbol{k}_{ij}]^{(e)}$叠加而成；若结点 $i$ 和 $j$ 不是相关结点(即不属于同一个单元)，则副子块$[\boldsymbol{k}_{ij}]$为零子块。

### 2. 结构原始刚度矩阵的性质

#### (1) 对称性

和单元刚度矩阵一样，结构原始刚度矩阵$[k]$也是对称矩阵，见式(6.29)。这是由其元素的物理意义和反力互等定理所决定的。利用$[k]$的对称性，在计算机中可以只存储$[k]$的下三角或上三角部分，从而节省了近一半的存储量。

#### (2) 奇异性

原始刚度矩阵是奇异矩阵，这是因为整体结构在没有考虑约束的条件下可以有刚体位移。因此，必须根据结构的支承条件，对原始刚度矩阵$[k]$进行修改。排除刚体位移后，$[k]$将转变为正定矩阵。关于支承条件的引入，仍是采用化0置1法或乘大数法。

#### (3) 稀疏带状矩阵

实际结构离散化之后，单元数和结点数往往成百上千。但每个结点只可能有少量的相关单元和相关结点，绝大部分结点互不相关。因此，原始刚度矩阵是一个具有大量零元素的稀疏矩阵。网格划分得越细，则$[k]$的稀疏性越突出。

如果在结点编号时注意使各相关结点号的差值尽可能小，则非零元素将聚集在$[k]$的主对角线附近，呈带状分布。利用$[k]$的对称性和非零元素的带状分布特性，则在计算机中可只存储其下半带或上半带的元素。

## 6.2.2 计算整体等效结点荷载列阵

为了求解结点位移，还需要求得离散结构的整体等效结点荷载列阵$\{P\}_{2l \times 1}$，元素是按整体结点编号顺序排列，对应每个结点，是先存放$x$方向的分量，后存放$y$方向的分量，$\{P\}_{2l \times 1}$中任意一元素是由与$n$结点直接有关单元的各单元的等效结点荷载列阵$\{P_E\}^{(e)}$集合而成，例如图6-9有限元计算模型中，将作用在单元上的荷载(集中力、分

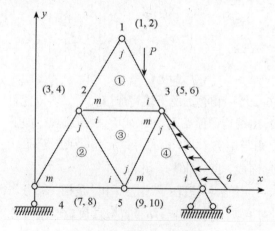

图6-9　有限元计算模型

布力、体力)按前述方法转换成作用在单元结点上的等效结点荷载,从而形成各单元的等效结点荷载列阵。

$$\{ \boldsymbol{P}_E \}^{①} = \begin{Bmatrix} X_i \\ Y_i \\ X_j \\ Y_j \\ X_m \\ Y_m \end{Bmatrix} = \begin{Bmatrix} 0 \\ -\dfrac{r}{2} \\ 0 \\ -\dfrac{P}{2} \\ 0 \\ 0 \end{Bmatrix} \qquad \{ \boldsymbol{P}_E \}^{②} = \{ \boldsymbol{R}_E \}^{③} = \begin{Bmatrix} 0 \\ 0 \\ 0 \\ 0 \\ 0 \\ 0 \end{Bmatrix} \qquad \{ \boldsymbol{P}_E \}^{④} = \begin{Bmatrix} \dfrac{qlt}{3} \\ 0 \\ \dfrac{qlt}{3} \\ 0 \\ \dfrac{qlt}{6} \\ 0 \\ 0 \\ 0 \end{Bmatrix}$$

三结点分别受①,③,④单元的影响,则由相关单元的等效结点荷载列阵,可得到

$$\{ \boldsymbol{P}_E \}^{(3)} = \begin{Bmatrix} X_3 \\ Y_3 \end{Bmatrix} = \begin{Bmatrix} X_3^{①} + X_3^{③} X_3^{④} \\ Y_3^{①} + Y_3^{③} Y_3^{④} \end{Bmatrix} = \begin{Bmatrix} 0 + 0 + \dfrac{qlt}{6} \\ -\dfrac{P}{2} + 0 + 0 \end{Bmatrix} = \begin{Bmatrix} +\dfrac{qlt}{6} \\ -\dfrac{P}{2} \end{Bmatrix}$$

对离散结构的每个结点进行同样的分析,可得到整体等效结点荷载列阵$\{ P \}_{2l \times 1}$。

上述方法是直观的分析方法,另外还有适合计算机编程的其他方法(利用矩阵运算的方法),例如"扩大阶数法""对号入座法"等。

## 1. 扩大阶数法

扩大阶数法就是把单元的等效荷载列阵$\{ \boldsymbol{P}_E \}_{6 \times 1}^{(e)}$,通过矩阵运算,扩大为$2l \times 1$阶的列阵$\{ \boldsymbol{P} \}_{2l \times 1}^{(e)}$,且在扩大过程中,将$\{ \boldsymbol{P}_E \}_{6 \times 1}^{(e)}$中按局部结点编号排列的元素调整到与整体等效结点荷载列阵$\{ P \}_{2l \times 1}$中按整体编号的元素相适应的位置。

$$\{ \boldsymbol{P}_E \}_{6 \times 1}^{(e)} = [ \boldsymbol{c} ]_{6 \times 2l}^{e} \{ \boldsymbol{P} \}_{2l \times 1}^{(e)} \tag{6.30}$$

这里引入了一个$[ \boldsymbol{c} ]_{6 \times 2l}^{e}$矩阵,叫指示矩阵(又叫定位矩阵)。

以图 6-8 中④单元为例,看看$\{ \boldsymbol{P}_E \}_{6 \times 1}^{(e)}$与$\{ \boldsymbol{P} \}_{2l \times 1}^{(e)}$之间的关系,以及$[ \boldsymbol{c} ]_{6 \times 2l}^{e}$矩阵的含义与作用。

$$\{P\}^{④}_{6\times1}=\begin{Bmatrix}X_i\\Y_i\\X_j\\Y_j\\X_m\\Y_m\end{Bmatrix}^{④}=\begin{bmatrix}0&0&0&0&0&0&0&0&0&0&0&1&0\\0&0&0&0&0&0&0&0&0&0&0&0&1\\0&0&0&0&1&0&0&0&0&0&0&0&0\\0&0&0&0&0&1&0&0&0&0&0&0&0\\0&0&0&0&0&0&0&1&0&0&0&0&0\\0&0&0&0&0&0&0&0&1&0&0&0&0\end{bmatrix}^{④}\begin{Bmatrix}0\\0\\0\\0\\X_j\\Y_j\\0\\0\\X_m\\Y_m\\X_i\\Y_i\end{Bmatrix}\begin{matrix}{}^{④}X_1\\Y_1\\X_2\\Y_2\\X_3\\Y_3\\X_4\\Y_4\\X_5\\Y_5\\Y_6\\Y_6\end{matrix}$$

$$\{P\}^{(e)}_{6\times1}=\qquad\qquad[c]^{e}_{6\times2l}\qquad\qquad\{P\}^{(e)}_{2l\times1}$$

由以上矩阵可总结出指示矩阵$[c]^{e}_{6\times2l}$有如下特点：

(1)它的每一行(或每一列)最多只有一个元素为 1，而其余元素均为零，它的作用只是指示元素位置的，如$[c]^{④}_{6\times2l}$指出$\{P\}^{④}_{6\times1}$中的 $X_i$，$Y_i$是在$\{P\}^{④}_{2l\times1}$中的 11，12 行的位置，相应地，$X_m$，$Y_m$应在 9，10 行的位置。

(2)指示矩阵的逆矩阵就是它的转置矩阵(因为 $[c]^{e}_{6\times2l}*([c]^{e}_{6\times2l})^{\mathrm{T}}=[I]$)。

(3)$[c]^{e}_{6\times2l}$矩阵因单元而异，由特点(1)可看出它实际上是建立了单元结点局部编号与整体结点编号之间的对应关系。

由式(6.30)有

$$\{P\}^{(e)}_{2l\times1}=([c]^{e}_{6\times2l})^{-1}\{P\}^{(e)}_{6\times2l}=([c]^{e}_{6\times2l})^{\mathrm{T}}\{P\}^{(e)}_{6\times1}$$

对于每一单元的等效结点荷载列阵$\{P\}^{(e)}_{6\times2l}$，都可以通过相应的转换矩阵$[c]^{e}_{6\times2l}$转换为$\{P\}^{(e)}_{2l\times1}$，最后各单元的叠加起来，就得到了整体的等效结点荷载列阵。即

$$\{P\}^{(e)}_{2l\times1}=\sum_{e}\{P\}^{(e)}_{2l\times1}=\sum_{e}([c]^{e}_{6\times2l})^{\mathrm{T}}\{P\}^{(e)}_{6\times1}$$

同理，可由单元结点力列阵$\{F\}^{(e)}_{6\times1}$，得到整体的结点力列阵$\{F\}^{(e)}_{2l\times1}$为

$$\{F\}_{2l\times1}=\sum_{e}([c]^{e}_{6\times2l})^{\mathrm{T}}\{F\}^{(e)}_{6\times1}$$

利用指示矩阵$[c]^{e}$，可建立起单元结点位移列阵$\{\delta\}^{(e)}$与整体位移列阵$\{\delta\}$之间的关系，即由

$$\{\delta\}_{2l\times1}=([c]^{e}_{6\times2l})^{\mathrm{T}}\{\delta\}^{(e)}_{6\times1}$$

可得到

$$\{\pmb{\delta}\}_{6\times 1}^{(e)}=[\pmb{c}]^{e}\{\pmb{\delta}\}_{2l\times 1}$$

按照上述方法,在图(6-8)所示有限元计算模型中,整体荷载列阵为

$$\{\pmb{R}\}_{12\times 1}=\left\{\begin{array}{c}0\\-\dfrac{P}{2}\\0\\0\\0\\-\dfrac{P}{2}\\0\\0\\0\\0\\0\\0\end{array}\right\}^{④}+\left\{\begin{array}{c}0\\0\\0\\0\\0\\0\\0\\0\\0\\0\\0\\0\end{array}\right\}^{④}+\left\{\begin{array}{c}0\\0\\0\\0\\0\\0\\0\\0\\0\\0\\0\\0\end{array}\right\}^{④}+\left\{\begin{array}{c}0\\0\\0\\0\\\dfrac{qlt}{6}\\0\\0\\0\\0\\0\\\dfrac{qlt}{3}\\0\end{array}\right\}^{④}=\left\{\begin{array}{c}0\\-\dfrac{P}{2}\\0\\0\\\dfrac{qlt}{6}\\-\dfrac{P}{2}\\0\\0\\0\\0\\\dfrac{qlt}{6}\\0\end{array}\right\}^{④}\begin{array}{l}X_1\\Y_1\\X_2\\Y_2\\X_3\\Y_3\\X_4\\Y_4\\X_5\\Y_5\\X_6\\Y_6\end{array}$$

$$\{\pmb{P}\}_{2l\times 1}^{①}\quad\cdots\quad\{\pmb{P}\}_{2l\times 1}^{④}\quad\{\pmb{P}\}_{2l\times 1}$$

## 2. 对号入座法

当离散模型的结点较多时,矩阵的阶数很高,采用"扩大阶数法"将使矩阵运算耗费大量的计算机资源。因此,在有限元程序设计中经常采用另一种方法——"对号入座法"。

"对号入座法"根据指示矩阵特点,以不同形式建立单元结点局部编号与整体结点编号之间的对应关系,将单元等效结点荷载列阵中的元素依据对应关系放到整体等效结点荷载列阵中去。在手算时,是以表格形式建立单元结点局部编号与整体结点编号之间的对应关系,如表6-1所示。

表6-1　单元结点局部编号与整体结点编号之间的关系

| 局部编号\单元号 | ① | ② | ③ | ④ |
|---|---|---|---|---|
| $i$ | 3 | 5 | 2 | 6 |
| $j$ | 1 | 2 | 5 | 3 |
| $m$ | 2 | 4 | 3 | 5 |

有了表 6 - 1 的对应关系，则可按照"对号入座，同号叠加"的原则，将单元等效结点荷载列阵中的元素直接放入整体等效结点荷载列阵。如上例

$$
\{P\}^{①}中的\ Y_j = -\frac{P}{2} \xrightarrow{\text{送入}}
\{P\}^{④}中的\ X_j = \frac{qlt}{6} \xrightarrow{\text{送入}}
\{P\}^{①}中的\ Y_i = -\frac{P}{2} \xrightarrow{\text{送入}}
\{P\}^{④}中的\ X_i = \frac{qlt}{3} \xrightarrow{\text{送入}}
\left\{
\begin{array}{c}
0 \\
-\dfrac{P}{2} \\
0 \\
0 \\
\dfrac{qlt}{6} \\
-\dfrac{P}{2} \\
0 \\
0 \\
0 \\
0 \\
\dfrac{qlt}{3} \\
0
\end{array}
\right\}
\begin{array}{l}
X_1 \\
Y_1 \\
X_2 \\
Y_2 \\
X_3 \\
Y_3 \\
X_4 \\
Y_4 \\
X_5 \\
Y_5 \\
X_6 \\
Y_6
\end{array}
$$

## 6.2.3 引入约束条件、求解

在前面的讨论中，均未涉及离散体系的约束条件，显然，这样得到的有限元支配方程是无法求解的，因为整体刚度方程中整体刚度矩阵是奇异矩阵，整体刚度矩阵行列式为零，支配方程无定解。必须引入边界约束条件，有限元的支配方程才有定解。

有限元的计算模型至少应有不使模型发生刚体位移的约束，通常，结点受位移约束的状态有两种：(1)零位移约束；(2)非零位移约束。

前面利用每个结点的平衡条件建立了整体平衡方程(即求结点位移的有限元支配方程)，目的就是要求每个结点的位移，在某些结点位移已知的前提下，还需要对支配方程进行修正处理。

### 1.零位移约束条件处理

下面结合图 6 - 10 所示例具体分析。

降阶法，即首先按全部结点都是自由的情况，也就是离散系统的结点自由度均不为零的情况形成支配方程，然后根据约束情况删去部分方程(修正方程)。

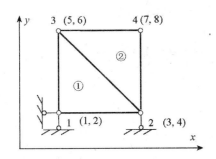 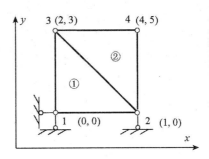

（a）不考虑约束条件的整体编号　　　　（b）考虑约束条件的整体编号

**图 6 – 10　零位移约束条件处理实例**

$$
\left\{
\begin{array}{c}
R_3 \\
R_5 \\
\vdots \\
R_i \\
\vdots \\
R_8
\end{array}
\right\}
=
\left[
\begin{array}{cccccc}
K_{11} & K_{12} & \cdots & K_{1i} & \cdots & K_{18} \\
K_{21} & K_{22} & \cdots & K_{2i} & \cdots & K_{28} \\
\vdots & \vdots & \ddots & \vdots & \ddots & \vdots \\
K_{i1} & K_{i2} & \cdots & K_{ii} & \cdots & K_{i8} \\
\vdots & \vdots & \ddots & \vdots & \ddots & \vdots \\
K_{81} & K_{82} & \cdots & K_{8i} & \cdots & K_{88}
\end{array}
\right]
\left\{
\begin{array}{c}
\delta_1 \\
\delta_2 \\
\vdots \\
\delta_i \\
\vdots \\
\delta_8
\end{array}
\right\}
$$

　　上述方程是图 6 – 10（a）在没有考虑约束条件下建立的有限元支配方程，这种编号下的支配方程一个自由度对应一个方程，方程按自由度序号排列，各元素下标均为有规律的正数，编程较方便。因为这个方程中的整体刚度矩阵是奇异矩阵，故支配方程无定解，必须引入约束条件方程才有解。

　　在图 6 – 10（a）所示例子中，如 2 结点，$y$ 方向的位移被支座约束，也即 $\delta_4 = 0$。因为 $\delta_4$ 已知，在考虑约束条件前所建立的支配方程中可删去关于该结点的、该方向的平衡方程，并且由于 $\delta_4 = 0$，它对其他平衡方程也没贡献，所以 $[\boldsymbol{K}]$ 矩阵中相应一列也可删去，这样就减少了一个方程式。对于 1 结点 $x$，$y$ 方向也可作此处理，得到下列修正的方程，这种方法就叫作降阶法。

$$
\left\{
\begin{array}{c}
R_3 \\
R_5 \\
\vdots \\
R_8
\end{array}
\right\}
=
\left[
\begin{array}{cccc}
K_{33} & K_{35} & \cdots & K_{35} \\
K_{53} & K_{55} & \cdots & K_{58} \\
\vdots & \vdots & & \vdots \\
K_{83} & K_{85} & \cdots & K_{88}
\end{array}
\right]
\left\{
\begin{array}{c}
\delta_3 \\
\delta_5 \\
\vdots \\
\delta_8
\end{array}
\right\}
$$

　　注意：这种处理方法改变了原来按照结点全部是自由情况而编排的方程式序号（原来是一个自由度对应一个方程，而方程是按自由度序号排列），方程序号的不规则，将给计算机编程方面带来许多麻烦。

　　为解决这个问题，实际应用中可根据位移为零处（$\delta = 0$）不必建立平衡方程的原则，在建立模型时就采用按实际自由度序号编号的方法（即已知位移为零处不编号），形成如图 6－10(b)所示的有限元计算模型。

在形成 $\{P\}$，$[K]$，$\{\delta\}$ 时，按实际自由度序号排列形成的支配方程为

$$\begin{Bmatrix} R_1 \\ R_2 \\ \vdots \\ R_5 \end{Bmatrix} = \begin{bmatrix} K_{11} & K_{12} & \cdots & K_{15} \\ K_{21} & K_{22} & \cdots & K_{25} \\ \vdots & \vdots & & \vdots \\ K_{51} & K_{52} & \cdots & K_{55} \end{bmatrix} \begin{Bmatrix} \delta_1 \\ \delta_2 \\ \vdots \\ \delta_5 \end{Bmatrix} \tag{6.31}$$

### 2. 非零位移约束条件处理

实际工程中有时些结点位移是已知的，如 $\delta_m = \bar{\delta}_m$，同样可以对整体平衡方程进行修正，一般可采用降阶法和放大主元素法进行处理。

#### （1）降阶法

与前面一样，首先假设所有结点均为自由，从而形成整体平衡方程，因为 $\delta_m = \bar{\delta}_m$，所以 $\delta_m$ 不再作为基本未知量，即可删去与之对应的平衡方程。这里要注意与 $\delta_m = 0$ 情况有区别，因为 $\delta_m \neq 0$，所以 $k_{1m}\delta_m$，$k_{2m}\delta_m$，$\cdots$，$k_{n1m}\delta_m \neq 0$，即 $\delta_m$ 发生的位移对其他平衡方程有影响，故相应的这一列不能删去，而是作为已知项并入方程式的左边，即叠加到整体荷载列阵中去，最后形成降阶的可求解的支配方程。

这种方法的缺点同前述降阶法一样，在编程实现上较困难。

#### （2）放大主元素法

该法不采取删除平衡方程的方法，而只是对相应的平衡方程进行改造，如已知 $\delta_m = \bar{\delta}_m$，该法将相应的平衡方程

$$k_{m1}\delta_1 + k_{m2}\delta_2 + \cdots + k_{mm}\delta_m + \cdots + k_{mn}\delta_n = R_m$$

中 $k_{mm}$ 换为一极大值 $M$（$M$ 可视计算机表示大数的能量而定），$R_m$ 换为 $M\bar{\delta}_m$，则上式改造为

$$k_{m1}\delta_1 + k_{m2}\delta_2 + \cdots + M\delta_m + \cdots + k_{mn}\delta_n = M\bar{\delta}_m$$

改造后的方程实际上就等价于 $\delta_m = \bar{\delta}_m$

"放大主元素法"基本上保持了原来整体平衡方程组的形式，不用作方程序号上的变更，这样编写程序方便些，因而它成为目前有限元计算程序设计中处理已知非零位移约束条件的一种最常用的方法。

这个方法的缺点是它使矩阵的元素中出现了一个很大的数，在解方程时可能会造成"溢出"现象（即在运算过程中出现计算机不可接受的极大数或极小数）。

# 6.3　计算及结果整理

## 6.3.1　计算单元应力

在引入结构的支承条件后，就可以求解方程组 $[k]\{\delta\}=\{P\}$，得出各结点的位移 $\{\delta\}$。根据各单元的结点编号 $i$，$j$，$m$，从 $\{\delta\}$ 中取出相应的结点位移值 $\{\delta_i\}$，$\{\delta_j\}$，$\{\delta_m\}$ 组成单元结点位移列阵 $\{\delta\}^{(e)}$，将其代入式(6.12)中，得单元应力

$$\begin{Bmatrix} \sigma_x \\ \sigma_y \\ \tau_{xy} \end{Bmatrix} = \frac{E}{2(1-\mu^2)A} \begin{bmatrix} b_i & \mu c_i & b_j & \mu c_j & b_m & \mu c_m \\ \mu b_i & c_i & \mu b_j & c_j & \mu b_m & c_m \\ \dfrac{1-\mu}{2}c_i & \dfrac{1-\mu}{2}b_i & \dfrac{1-\mu}{2}c_j & \dfrac{1-\mu}{2}b_j & \dfrac{1-\mu}{2}c_m & \dfrac{1-\mu}{2}b_m \end{bmatrix} \begin{Bmatrix} u_i \\ v_i \\ u_j \\ v_j \\ u_m \\ v_m \end{Bmatrix}$$

$$(6.32)$$

对于平面应变问题，须将上式中的 $E$ 换成 $\dfrac{E}{1-\mu^2}$，$\mu$ 换成 $\dfrac{\mu}{1-\mu}$。

三结点三角形单元是常应变单元，也是常应力单元，在单元的交界面上应力是不连续的。通常可简单地将按式(6.32)求得的应力当作是三角形单元形心处的应力。

若需求出各单元的主应力和主应力方向，则可按下式计算

$$\begin{cases} \sigma_{1,2} = \dfrac{1}{2}(\sigma_x+\sigma_y) \pm \dfrac{1}{2}\sqrt{(\sigma_x-\sigma_y)^2+4\tau_{xy}^2} \\ \alpha = \arctan\left(\dfrac{\sigma_1-\sigma_x}{\tau_{xy}}\right) \end{cases}$$

$$(6.33)$$

式中：$\sigma_1$、$\sigma_2$ 为主应力；$\alpha$ 为 $\sigma_1$ 与 $x$ 轴的夹角，从 $x$ 轴逆时针转向为正。

按式(6.33)计算出来的主应力可以认为是该三角形单元形心处的两个主应力。如果在每个单元的形心沿主应力方向按比例画出主应力的大小，拉应力用箭头表示，压应力用平头表示(图 6-11)，就可以得到整体结构的主应力分布图。

由一点的应力状态可知，对于不直接承受外荷载的边界单元，假如单元划分得足够小，则其一个主应力方向应是基本上平行于边界，而另一个主应力方向则应是基本上垂直于边界，并且其数值应接近于零。这个特点可作为判断计算是否正确的一个依据。

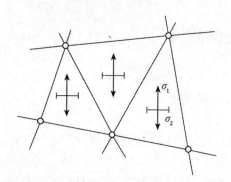

图 6-11　主应力分布图

## 6.3.2　整理计算结果

有限单元法的计算结果包括位移和应力两个方面。将这些结果加以整理并绘制必要的图表,以满足结构设计的需要。

在位移方面,解出的结点位移$\{\delta\}$就是结构上各离散点的位移值,可以直接根据$\{\delta\}$值绘出结构的位移图线。

在应力方面,常应变单元的应力值有较大的误差。采用某种平均的计算方法可以使结构某一点的应力更接近于实际应力。通常可采用绕结点平均法或两单元平均法。

所谓绕结点平均法,就是将环绕某一结点的各单元的常量应力加以平均,用以表示该结点的应力。例如图 6-12 中结点 1 的应力 $\sigma_x$ 取为

$$(\sigma_x)_1 = \frac{1}{6}(\sigma_x^{(1)} + \sigma_x^{(2)} + \sigma_x^{(3)} + \sigma_x^{(4)} + \sigma_x^{(5)} + \sigma_x^{(6)})$$

用同样方法可求出$(\sigma_y)_1$、$(\tau_{xy})_1$,再由式(6.33)求出结点 1 的主应力及其主方向。其他结点的应力都可类似求出。

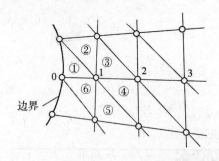

图 6-12　绕结点平均法

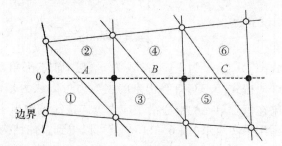

图 6-13　两单元平均法

所谓两单元平均法,就是把两个相邻单元的常量应力加以平均,用来表示公共边界中点的应力。以图 6-13 的情况为例,就是取

$$(\sigma_x)_A = \frac{1}{2}(\sigma_x^{(1)} + \sigma_x^{(2)})$$

$$(\sigma_x)_B = \frac{1}{2}(\sigma_x^{(3)} + \sigma_x^{(4)})$$

$$\vdots$$

应当指出，当相邻单元具有不同的厚度或不同的弹性常数时，则在理论上单元之间应力应当有突变。因此，只能对厚度及弹性常数都相同的单元进行平均计算，以免失去这种应当有的突变。

用绕结点平均法计算出来的结点应力，在内结点处精度比较好，但在边界结点处常常效果较差。因此，边界结点的应力不宜直接由单元应力的平均来求得，而应由已求得的内结点的应力用插值公式推算出来。可以采用拉格朗日插值公式

$$\sigma_x = \sum_{k=1}^{n} \prod_{m=1}^{n} \frac{x - x_m}{x_k - x_m} \sigma_k \qquad k \neq m \tag{6.34}$$

式中：$\sigma_k$ 为已经求得的内部结点应力值；$\sigma_x$ 为待求的边界结点应力值；$x_m$ 为内部结点的坐标值；$x$ 为边界结点的坐标值，坐标原点可选在边界结点上。

在一般情况下用三点插值已足够精确。例如，设图 6-12 所示结点 1，2，3 的坐标值和应力分别为 $x_1 = 0.5\text{m}$，$\sigma_1 = 20\text{kN/m}^2$，$x_2 = 1.0\text{m}$，$\sigma_2 = 15\text{kN/m}^2$，$x_3 = 1.5\text{m}$、$\sigma_2 = 8\text{kN/m}^2$（图 6-14），则由式（6.32）求得边界结点 0 的应力 $\sigma_0$ 为

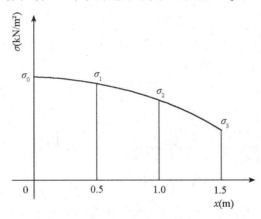

**图 6-14　三点插值**

$$\sigma_0 = \frac{(x - x_2)(x - x_3)}{(x_1 - x_2)(x_1 - x_3)}\sigma_1 + \frac{(x - x_1)(x - x_3)}{(x_2 - x_1)(x_2 - x_3)}\sigma_2 + \frac{(x - x_1)(x - x_2)}{(x_3 - x_1)(x_3 - x_2)}\sigma_3$$

$$= 23\text{kN/m}^2$$

在推算边界结点的应力时，可以先推算应力分量再求主应力，也可以先求各点主应力，再对主应力进行推算，两者差异并不明显。图 6-12 中的边界点 0 的应力，也宜由点 $A$，$B$，$C$ 的应力用式（6.34）推算得到。

# 6.4 算 例

综合以上各节内容,有限元位移法(三结点三角形单元)计算弹性力学平面问题步骤为:

(1)将结构离散化,对单元和结点编号。

(2)计算单元刚度矩阵$[\boldsymbol{k}]^{(e)}$。

(3)采用直接刚度法,由单元刚度矩阵$[\boldsymbol{k}]^{(e)}$形成结构的原始刚度矩阵$[\boldsymbol{k}]$。

(4)计算非结点荷载的等效结点荷载,并形成结点荷载列阵$\{\boldsymbol{P}\}$。

(5)引入结构的支承条件。

(6)解方程组$[\boldsymbol{k}]\{\boldsymbol{\delta}\}=\{\boldsymbol{P}\}$,求出结点位移$\{\boldsymbol{\delta}\}$。

(7)整理计算成果,计算单元应力,绘制结点位移图(表)或截面应力图(表)[5]。

**例6-1** 用三结点三角形单元计算图6-15(a)所示梁的应力,考虑梁的自重及图示荷载。设$E=2.6\times10^7\mathrm{kN/m^2}$,$\mu=0$,容重$\gamma=24\mathrm{kN/m^3}$,厚度$t=1\mathrm{m}$。

解:根据结构的受力情况,属于平面应力问题。

**(1) 结构的离散化**

由于结构和荷载对称,取深梁的一半作为计算对象。划分为4个单元,单元和结点编号如图6-15(b)所示。由于在对称轴上的结点不存在与对称轴垂直的位移分量,故在对称轴上的结点处设置水平支杆。

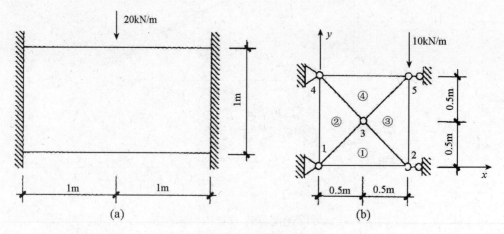

图6-15 梁应力计算

**(2) 计算各单元刚度矩阵**

各单元的结点码$i,j,m$定义如表6-2所示。

表 6 - 2　各单元的结点码 $i$、$j$、$m$ 定义

| 单　元＼结　点 | $i$ | $j$ | $m$ |
|---|---|---|---|
| ① | 1 | 2 | 3 |
| ② | 4 | 1 | 3 |
| ③ | 2 | 5 | 3 |
| ④ | 5 | 4 | 3 |

单元①，②，③，④的刚度矩阵分别为

$$
[\boldsymbol{k}]^{(1)} = \begin{matrix} 1 & 2 & 3 \\ \begin{bmatrix} [\boldsymbol{k}_{11}]^{(1)} & [\boldsymbol{k}_{12}]^{(1)} & [\boldsymbol{k}_{13}]^{(1)} \\ [\boldsymbol{k}_{21}]^{(1)} & [\boldsymbol{k}_{22}]^{(1)} & [\boldsymbol{k}_{23}]^{(1)} \\ [\boldsymbol{k}_{31}]^{(1)} & [\boldsymbol{k}_{32}]^{(1)} & [\boldsymbol{k}_{33}]^{(1)} \end{bmatrix} & \begin{matrix} 1 \\ 2 \\ 3 \end{matrix} \end{matrix}
$$

$$
[\boldsymbol{k}]^{(2)} = \begin{matrix} 4 & 1 & 3 \\ \begin{bmatrix} [\boldsymbol{k}_{44}]^{(2)} & [\boldsymbol{k}_{41}]^{(2)} & [\boldsymbol{k}_{43}]^{(2)} \\ [\boldsymbol{k}_{14}]^{(2)} & [\boldsymbol{k}_{11}]^{(2)} & [\boldsymbol{k}_{13}]^{(2)} \\ [\boldsymbol{k}_{34}]^{(2)} & [\boldsymbol{k}_{31}]^{(2)} & [\boldsymbol{k}_{33}]^{(2)} \end{bmatrix} & \begin{matrix} 4 \\ 1 \\ 3 \end{matrix} \end{matrix}
$$

$$
[\boldsymbol{k}]^{(3)} = \begin{matrix} 2 & 5 & 3 \\ \begin{bmatrix} [\boldsymbol{k}_{22}]^{(3)} & [\boldsymbol{k}_{35}]^{(3)} & [\boldsymbol{k}_{23}]^{(3)} \\ [\boldsymbol{k}_{52}]^{(3)} & [\boldsymbol{k}_{55}]^{(3)} & [\boldsymbol{k}_{53}]^{(3)} \\ [\boldsymbol{k}_{32}]^{(3)} & [\boldsymbol{k}_{35}]^{(3)} & [\boldsymbol{k}_{33}]^{(3)} \end{bmatrix} & \begin{matrix} 2 \\ 5 \\ 3 \end{matrix} \end{matrix}
$$

$$
[\boldsymbol{k}]^{(4)} = \begin{matrix} 5 & 4 & 3 \\ \begin{bmatrix} [\boldsymbol{k}_{35}]^{(4)} & [\boldsymbol{k}_{54}]^{(4)} & [\boldsymbol{k}_{53}]^{(4)} \\ [\boldsymbol{k}_{45}]^{(4)} & [\boldsymbol{k}_{44}]^{(4)} & [\boldsymbol{k}_{43}]^{(4)} \\ [\boldsymbol{k}_{35}]^{(4)} & [\boldsymbol{k}_{34}]^{(4)} & [\boldsymbol{k}_{33}]^{(4)} \end{bmatrix} & \begin{matrix} 5 \\ 4 \\ 3 \end{matrix} \end{matrix}
$$

其中的各子矩阵按式(6.15)计算。为此，先求出各单元常数 $b_i$，$b_j$，$b_m$ 和 $c_i$，$c_j$，$c_m$，如表 6 - 3 所示。

表 6 - 3 　单元常数

| 　　　　单　元<br>常　数 | ① | ② | ③ | ④ |
|---|---|---|---|---|
| $b_i = y_j - y_m$ | $y_2 - y_3 = -0.5$ | $y_1 - y_3 = -0.5$ | $y_5 - y_3 = 0.5$ | $y_4 - y_3 = 0.5$ |
| $b_j = y_m - y_i$ | $y_3 - y_1 = 0.5$ | $y_3 - y_4 = -0.5$ | $y_3 - y_2 = 0.5$ | $y_3 - y_5 = -0.5$ |
| $b_m = y_i - y_j$ | $y_1 - y_2 = 0$ | $y_4 - y_1 = 0$ | $y_2 - y_5 = -1$ | $y_5 - y_4 = 0$ |
| $c_i = x_m - x_j$ | $x_3 - x_2 = -0.5$ | $x_3 - x_1 = 0.5$ | $x_3 - x_5 = -0.5$ | $x_3 - x_4 = 0.5$ |
| $c_j = x_i - x_m$ | $x_1 - x_3 = -0.5$ | $x_4 - x_3 = -0.5$ | $x_2 - x_3 = 0.5$ | $x_5 - x_3 = 0.5$ |
| $c_m = x_j - x_i$ | $x_2 - x_1 = -1$ | $x_1 - x_4 = 0$ | $x_5 - x_2 = 0$ | $x_4 - x_5 = -1$ |

各单元的面积均为

$$A = \frac{1}{2}(b_j c_m - b_m c_j) = 0.25 \text{m}^2$$

于是算得各子矩阵如下

$$[\boldsymbol{k}_{11}]^{(1)} = [\boldsymbol{k}_{55}]^{(4)} = E\begin{bmatrix} 0.375 & 0.125 \\ 0.125 & 0.375 \end{bmatrix}$$

$$[\boldsymbol{k}_{12}]^{(1)} = [\boldsymbol{k}_{54}]^{(4)} = E\begin{bmatrix} -0.125 & -0.125 \\ 0.125 & 0.125 \end{bmatrix}$$

$$[\boldsymbol{k}_{13}]^{(1)} = [\boldsymbol{k}_{53}]^{(4)} = E\begin{bmatrix} -0.25 & 0 \\ -0.25 & -0.5 \end{bmatrix}$$

$$[\boldsymbol{k}_{21}]^{(1)} = [\boldsymbol{k}_{45}]^{(4)} = E\begin{bmatrix} -0.125 & 0.125 \\ -0.125 & 0.125 \end{bmatrix}$$

$$[\boldsymbol{k}_{22}]^{(1)} = [\boldsymbol{k}_{44}]^{(4)} = E\begin{bmatrix} 0.375 & -0.125 \\ -0.125 & 0.375 \end{bmatrix}$$

$$[\boldsymbol{k}_{23}]^{(1)} = [\boldsymbol{k}_{43}]^{(4)} = E\begin{bmatrix} -0.25 & 0 \\ 0.25 & -0.5 \end{bmatrix}$$

$$[\boldsymbol{k}_{31}]^{(1)} = [\boldsymbol{k}_{35}]^{(4)} = E\begin{bmatrix} -0.25 & -0.25 \\ 0 & -0.5 \end{bmatrix}$$

$$[\boldsymbol{k}_{32}]^{(1)} = [\boldsymbol{k}_{34}]^{(4)} = E\begin{bmatrix} -0.25 & 0.25 \\ 0 & -0.5 \end{bmatrix}$$

$$[k_{33}]^{(1)} = [k_{33}]^{(4)} = E \begin{bmatrix} 0.5 & 0 \\ 0 & 1 \end{bmatrix}$$

$$[k_{44}]^{(2)} = [k_{22}]^{(3)} = E \begin{bmatrix} -0.375 & -0.125 \\ -0.125 & 0.375 \end{bmatrix}$$

$$[k_{41}]^{(2)} = [k_{25}]^{(3)} = E \begin{bmatrix} 0.125 & -0.125 \\ 0.125 & -0.125 \end{bmatrix}$$

$$[k_{43}]^{(2)} = [k_{23}]^{(3)} = E \begin{bmatrix} -0.5 & 0.25 \\ 0 & -0.25 \end{bmatrix}$$

$$[k_{14}]^{(2)} = [k_{52}]^{(3)} = E \begin{bmatrix} 0.125 & 0.125 \\ -0.125 & -0.125 \end{bmatrix}$$

$$[k_{11}]^{(2)} = [k_{55}]^{(3)} = E \begin{bmatrix} 0.375 & 0.125 \\ 0.125 & 0.375 \end{bmatrix}$$

$$[k_{13}]^{(2)} = [k_{53}]^{(2)} = E \begin{bmatrix} -0.5 & -0.25 \\ 0 & -0.25 \end{bmatrix}$$

$$[k_{34}]^{(2)} = [k_{32}]^{(3)} = E \begin{bmatrix} -0.5 & 0 \\ 0.25 & -0.25 \end{bmatrix}$$

$$[\cdot k_{31}]^{(2)} = [k_{35}]^{(3)} = E \begin{bmatrix} -0.5 & 0 \\ -0.25 & -0.25 \end{bmatrix}$$

$$[k_{33}]^{(2)} = [k_{33}]^{(3)} = E \begin{bmatrix} 1 & 0 \\ 0 & 0.5 \end{bmatrix}$$

**（3）由各单元刚度矩阵的子矩阵对号入座形成原始刚度矩阵**

$$[k] = \begin{bmatrix} [k_{11}]^{(1)+(2)} & [k_{12}]^{(1)} & [k_{13}]^{(1)+(2)} & [k_{14}]^{(2)} & [0] \\ [k_{21}]^{(1)} & [k_{22}^{(1)+(3)}] & [k_{23}]^{(1)+(3)} & [0] & [k_{25}]^{(3)} \\ [k_{31}]^{(1)+(2)} & [k_{32}]^{(1)+(3)} & [k_{33}]^{(1)+(2)+(3)+(4)} & [k_{34}]^{(2)+(4)} & [k_{35}]^{(3)+(4)} \\ [k_{41}]^{(2)} & [0] & [k^{43}]^{(2)+(4)} & [k^{44}]^{(2)+(4)} & [k_{45}]^{(4)} \\ [0] & [k_{52}]^{(3)} & [k^{53}]^{(3)+(4)} & [k_{54}]^{(4)} & [k_{55}]^{(3)+(4)} \end{bmatrix} \begin{matrix} 1 \\ 2 \\ 3 \\ 4 \\ 5 \end{matrix}$$

$$\qquad\qquad\qquad 1 \qquad\qquad\quad 2 \qquad\qquad\qquad 3 \qquad\qquad\qquad 4 \qquad\qquad\quad 5$$

$$= \begin{bmatrix}
0.75 & 0.25 & -0.125 & -0.125 & -0.75 & -0.25 & 0.125 & 0.125 & 0 & 0 \\
0.25 & 0.75 & 0.125 & 0.125 & -0.25 & -0.75 & -0.125 & -0.125 & 0 & 0 \\
-0.125 & 0.125 & 0.75 & -0.25 & -0.75 & 0.25 & 0 & 0 & 0.125 & -0.125 \\
-0.125 & 0.125 & -0.25 & 0.75 & 0.25 & -0.75 & 0 & 0 & 0.125 & -0.125 \\
-0.75 & -0.25 & -0.75 & 0.25 & 3 & 0 & -0.75 & 0.25 & -0.75 & -0.25 \\
-0.25 & -0.75 & 0.25 & -0.75 & 0 & 3 & 0.25 & -0.75 & -0.25 & -0.75 \\
0.125 & -0.125 & 0 & 0 & -0.75 & 0.25 & 0.75 & -0.25 & -0.125 & 0.125 \\
0.125 & -0.125 & 0 & 0 & 0.25 & -0.75 & -0.25 & 0.75 & -0.125 & 0.125 \\
0 & 0 & 0.125 & 0.125 & -0.75 & -0.25 & -0.125 & -0.125 & 0.75 & 0.25 \\
0 & 0 & -0.125 & -0.125 & -0.25 & -0.75 & 0.125 & 0.125 & 0.25 & 0.75
\end{bmatrix}$$

**（4）形成结点荷载列阵$\{P\}$**

由式(6.24)，各单元自重的等效结点荷载计算如下

$$\frac{1}{3}\gamma tA = \frac{1}{3} \times 24 \times 1 \times 0.25 = 2KN$$

$$\{P_E\}^{(1)} = \begin{Bmatrix} 0 \\ -2 \\ \vdots \\ 0 \\ -2 \\ \vdots \\ 0 \\ -2 \end{Bmatrix} \begin{matrix} 1 \\ \\ 2 \\ \\ 3 \end{matrix} \qquad \{P_E\}^{(2)} = \begin{Bmatrix} 0 \\ -2 \\ \vdots \\ 0 \\ -2 \\ \vdots \\ 0 \\ -2 \end{Bmatrix} \begin{matrix} 4 \\ \\ 1 \\ \\ 3 \end{matrix} \qquad \cdots$$

结构的结点荷载列阵为

$$\{P\}=\left\{\begin{array}{c}0\\0\\\vdots\\0\\0\\\vdots\\0\\0\\\vdots\\0\\0\\\vdots\\0\\-10\end{array}\right\}+\left\{\begin{array}{c}0\\-2-2\\\vdots\\0\\-2-2\\\vdots\\0\\-2-2-2-2\\\vdots\\-\\-2-2\\\vdots\\0\\-2-2\end{array}\right\}=\left\{\begin{array}{c}0\\-4\\\vdots\\0\\-4\\\vdots\\0\\-8\\\vdots\\0\\-4\\\vdots\\0\\-14\end{array}\right\}\begin{array}{l}\\1\\\\2\\\\\\3\\\\\\4\\\\\\5\end{array}$$

### （5）引入结构的支承条件

结构的支承条件为 $u_1=v_1=u_2=u_4=v_4=u_5=0$，采用化 0 置 1 法引入支承条件，得到引入支承条件后的结构刚度方程为

$$E\begin{bmatrix}1&0&0&0&0&0&0&0&0\\0&1&0&0&0&0&0&0&0\\0&0&1&0&0&0&0&0&0\\0&0&0&0.75&0.25&-0.75&0&0&0&-0.125\\0&0&0&0.25&3&0&0&0&0&-0.25\\0&0&0&-0.75&0&3&0&0&0&-0.75\\0&0&0&0&0&0&1&0&0\\0&0&0&0&0&0&0&1&0\\0&0&0&0&0&0&0&0&1&0\\0&0&0&-0.125&-0.25&-0.75&0&0&0&0.75\end{bmatrix}\left\{\begin{array}{c}u_1\\v_1\\\vdots\\u_2\\v_2\\\vdots\\u_3\\v_3\\\vdots\\u_4\\v_4\\\vdots\\u_5\\v_5\end{array}\right\}=\left\{\begin{array}{c}0\\0\\\vdots\\0\\-4\\\vdots\\0\\-8\\\vdots\\0\\0\\\vdots\\0\\-14\end{array}\right\}$$

**（6）求解结点位移$\{\delta\}$**

解引入支承条件后的结构刚度方程，得结点位移

$$\boldsymbol{\delta} = \left\{\begin{array}{c} u_1 \\ v_1 \\ \vdots \\ u_2 \\ v_2 \\ \vdots \\ u_3 \\ v_3 \\ \vdots \\ u_4 \\ v_4 \\ \vdots \\ u_5 \\ v_5 \end{array}\right\} = \left\{\begin{array}{c} 0 \\ 0 \\ \vdots \\ 0 \\ -0.146154 \times 10^{-5} \\ \vdots \\ -0.384615 \times 10^{-7} \\ -0.948718 \times 10^{-6} \\ \vdots \\ 0 \\ 0 \\ \vdots \\ 0 \\ -0.192308 \times 10^{-5} \end{array}\right\} (\mathrm{m})$$

**（7）计算单元应力**

由式(6.32)计算得各单元应力为

$$\left\{\begin{array}{c} \sigma_x \\ \sigma_y \\ \tau_{xy} \end{array}\right\}^{(1)} = 2E \begin{bmatrix} -0.5 & 0 & 0.5 & 0 & 0 & 0 \\ 0 & -0.5 & 0 & -0.5 & 0 & 1 \\ -0.25 & -0.25 & -0.25 & 0.25 & 0.5 & 0 \end{bmatrix} \left\{\begin{array}{c} 0 \\ 0 \\ 0 \\ v_2 \\ u_3 \\ v_3 \end{array}\right\} = \left\{\begin{array}{c} 0 \\ -11.33 \\ -20.00 \end{array}\right\} \mathrm{kN/m^2}$$

$$\left\{\begin{matrix}\sigma_x\\\sigma_y\\\tau_{xy}\end{matrix}\right\}^{(2)}=2E\begin{bmatrix}-0.5 & 0 & -0.5 & 0 & 1 & 0\\0 & 0.5 & 0 & -0.5 & 0 & 0\\0.25 & -0.25 & 0.25 & -0.25 & 0 & 0.5\end{bmatrix}\left\{\begin{matrix}0\\0\\0\\0\\u_3\\v_3\end{matrix}\right\}=\left\{\begin{matrix}-2.00\\0\\-24.67\end{matrix}\right\}\ \mathrm{kN/m^2}$$

$$\left\{\begin{matrix}\sigma_x\\\sigma_y\\\tau_{xy}\end{matrix}\right\}^{(3)}=2E\begin{bmatrix}0.5 & 0 & 0.5 & 0 & -1 & 0\\0 & -0.5 & 0 & 0.5 & 0 & 0\\-0.25 & 0.25 & -0.25 & 0.25 & 0 & -0.5\end{bmatrix}\left\{\begin{matrix}0\\v_2\\0\\v_5\\u_3\\v_3\end{matrix}\right\}=\left\{\begin{matrix}2.00\\-12.00\\-19.33\end{matrix}\right\}\ \mathrm{kN/m^2}$$

$$\left\{\begin{matrix}\sigma_x\\\sigma_y\\\tau_{xy}\end{matrix}\right\}^{(4)}=2E\begin{bmatrix}0.5 & 0 & -0.5 & 0 & 0 & 0\\0 & 0.5 & 0 & 0.5 & 0 & -1\\0.25 & 0.25 & 0.25 & -0.25 & -0.5 & 0\end{bmatrix}\left\{\begin{matrix}0\\v_5\\0\\0\\u_3\\v_3\end{matrix}\right\}=\left\{\begin{matrix}0\\-0.67\\-24.00\end{matrix}\right\}\ \mathrm{kN/m^2}$$

# 6.5　习　题

## 一、思考题

1. 弹性力学问题数值解法的基本思想是什么?

2. 试比较矩阵位移法的分析步骤与有限单元法的分析步骤。

3. 在有限单元法中, 结点位移与位移函数之间是什么关系?

4. 什么是有限元的位移模式?

5. 有限单元法是怎样构造位移模式的?

6. 为什么称 $N$ 函数为形函数?

7. 三结点三角形单元的形函数有何特性?

8. 为什么称三结点三角形单元为常应变单元？

9. 为什么三结点三角形单元在相邻单元的公共边上可能会出现应力突变现象？如何解决这一问题？

10. 为什么要进行荷载的等效置换？怎样保证荷载的置换是等效的？

11. 单元刚度矩阵中的元素 $k_{rs}^{xy}$ 包含了什么意义？

12. 单元刚度矩阵 $[k]$ 有哪些性质？掌握这些性质有什么作用？

13. 指示矩阵(也称为定位矩阵) $[c]_{6 \times 2l}^e$ 的特点和作用是什么？

14. 整体刚度矩阵 $[K]$ 的性质有哪些？

15. 在有限元计算模型中为什么要考虑约束条件？

16. 本章讨论了哪两种约束条件？在支配方程中如何考虑约束条件的影响？

17. 使有限元解产生误差的主要原因是什么？

## 二、计算题

1. 试用公式计算图 6－16 所示单元上各种荷载的等效结点荷载列阵 $\{R\}^e$，其中(b)图中荷载 $P$ 作用在三角形的形心点 $C$。

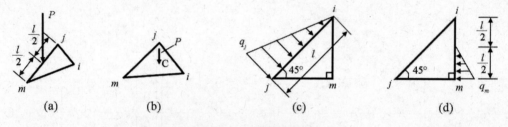

图 6－16　各种荷载作用

2. 图 6－17 为一平面应变问题的直角三角形单元，设 $E$，$\mu$，$t$ 为常量，试求：

(1)形函数矩阵 $[N]$；

(2)应力矩阵 $[S]$；

(3)单元刚度矩阵 $[k]$；

(4)当 $u_j = -1$，$u_i = v_i = v_j = u_m = v_m = 0$ 时，求单元的位移和应力。

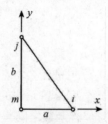

图 6－17　直角三角形单元

3. 设有边长为 $a$(图 6－18)的正方形薄板，其 $E$，$\mu$，$t$ 为常量，试求：

(1)按下图所示两种单元划分方式建立其刚度矩阵；

（2）求单元刚度矩阵$[k]$及整体刚度矩阵$[K]$的每行（或每列）元素之和，并说明其力学意义。

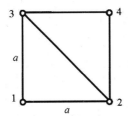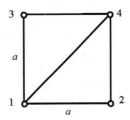

**图 6 - 18　正方形薄板**

4. 对于一建立在岩基上的挡土墙，其有限元计算模型如图 6 - 19 所示。试：

（1）怎样进行单元局部编号，才可使单元刚度矩阵的计算工作量最小？

（2）求各单元刚度矩阵$[k]^e$（按平面应变问题计算，取 $E =$ 常量，$\mu = 1/6$，$t = 1$），并利用"对号入座"法形成整体刚度矩阵$[K]$；

（3）建立整体的等效结点荷载列阵$\{R\}$；

（4）建立结构的整体刚度方程。

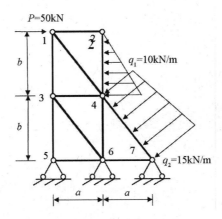

**图 6 - 19　挡土墙有限元计算模型**

# 第 7 章 平面问题三结点三角形单元有限元法程序设计

在平面问题三结点三角形单元有限元法计算原理的基础上,本章仍以平面问题三结点三角形单元为例,阐述有限元法程序设计的内容和技巧,并对采用 FORTRAN 语言编写的程序进行了注解分析,最后还列出了程序的相应算例[1]。

## 7.1 有限元法的计算模型

### 7.1.1 三结点三角形单元网络自动生成

对于大多数工程实际问题,有限元模型常常有很多个单元和结点,数据量大,准备工作非常较为烦琐,数据检查较为困难,稍不留意就会造成人为的数据错误,如不能及时查出,便会造成严重的后果。

网格自动生成是利用计算机程序处理数据的一种方法,该方法只需输入少量的数据信息,就能够由计算机自动生成结点坐标、结点编号及单元信息,它能够节约数据准备的工作量,有效地避免人为错误,提高有限元法的效率和可靠程度。

#### 1. 输入信息

本节介绍的三结点三角形单元网格自动生成程序需要输入以下信息:生成线总数 $NY$、加权因子 $CON$、每条生成线两个端点的坐标 $XF$、$YF$、$XL$、$YL$ 以及线段的间隔数 $NX$。

#### 2. 结点及坐标生成

加权因子 $CON$ 的作用是调整沿一条生成线的间隔长度,根据加权因子 $CON$ 是否小于 $l$、大于 $1$ 或等于 $1$,沿一条生成线的间隔长度将会逐渐变短、变长或保持相等。

从图 7-1 可以看到,沿生成线 $ab$ 的任一点 $i$ 的坐标可用以下公式(7.1)来计算

$$\begin{cases} x_i = x_a + (x_b - x_a)\dfrac{\displaystyle\sum_{j=1}^{i} k^{j-1}}{\displaystyle\sum_{j=1}^{n} k^{j-1}} = x_a + (x_b - x_a)\dfrac{k^{i-1}}{k^{n-1}} \\[4mm] y_i = y_a + (y_b - y_a)\dfrac{\displaystyle\sum_{j=1}^{i} k^{j-1}}{\displaystyle\sum_{j=1}^{n} k^{j-1}} = y_a + (y_b - y_a)\dfrac{k^{i-1}}{k^{n-1}} \end{cases}$$

$(7.1)$

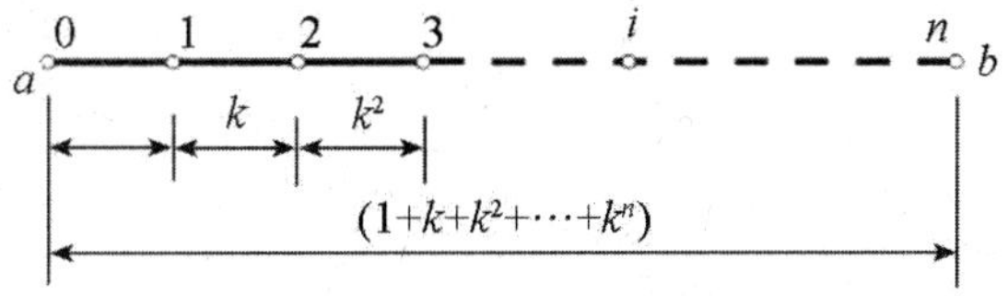

0　　1　　2　　3 ⋯⋯ $i$ ⋯⋯ $n$

$a$ ⊶——⊶——⊶——⊶ ⋯⋯ ⊶ ⋯⋯ ⊶ $b$

$k$　$k^2$

$(1+k+k^2+\cdots+k^n)$

图 7 - 1　加权因子对结点间隔的影响

从一条生成线到下一条生成线，根据每通过一点就增加一个结点号码，就可正确地标记好整个区域内的结点编号。

### 3. 单元及单元信息

生成线一般是沿定义域内较短的方向穿越，这样可优化带宽，减少整体刚度矩阵所需存储的元素。

由于生成线中的间隔数可能相等，也可能不相等，因而在相邻生成线中生成的网格(或称单元)会随之而变化。图 7 - 2 列出了三种可能的三结点三角形单元的划分情况。

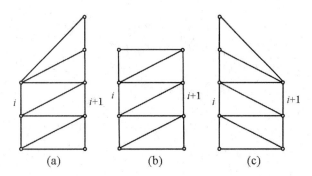

图 7 - 2　三结点三角形单元划分

### 4. 网格自动生成程序

网格自动生成的主程序设计框图如图 7 - 3 所示。

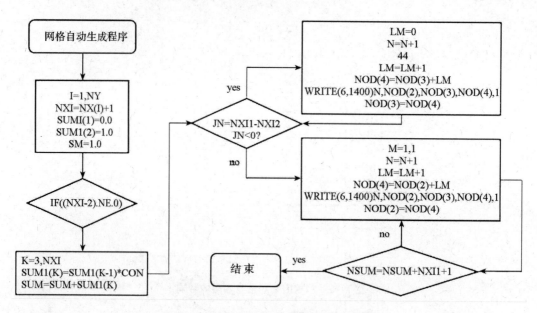

图7-3 网格自动生成的主程序设计框图

根据图7-3的框图编制的源程序如下:

**程序7-1** 网络自动生成程序

```
PROGRAM WGSC. FOR                                      ！网络自动生成程序
CHARACTER DFALE * 12, OFALE * 12
DIMENSION NX(20), XL(20), YL(20), XF(20), YF(20),
$    NOD(4), SUM1(15)
WRITE( * ,'(A)')'请输入原始数据文件名: '
READ( * ,'(A12)') DFALE
OPEN(5, FILE = DFALE, STATUS = 'OLD')
WRITE( * ,'(A)')'请输入计算结果数据文件名: '
READ( * ,'(A12)') OFALE
OPEN(6, FILE = OFALE, STATUS = 'NEW')
READ(5, * )NY, CON
WRITE(6, 1000)NY, CON                                  ！ NY —— 生成线总数
1000 FORMAT(1X, '控 制 参 数'/I8, F12.2)                ！ CON—— 加权因子
DO 100 I = 1, NY                                       ！ NX—— 间隔数
READ(5, * ) NX(I), XF(I), YF(I), XL(I), YL(I)          ！ XF、YF—— F端点的坐标
WRITE(6, 1005) NX(I), XF(I), YF(I), XL(I), YL(I)       ！ XL、YL—— L端点的坐标
1005 FORMAT(1X, I6, 4F6.2)
100   CONTINUE
WRITE(6,'(4X, 3A12)')'结点号', 'X 坐标', 'Y 坐标'
N = 0
```

```
      DO 200 I = 1, NY                                 ! 沿每条生成线生成结点号及结
      NXI = NX(I) + 1                                     点坐标
      SUM1(1) = 0.0
      SUM1(2) = 1.0
      SUM = 1.0
      IF((NXI - 2). NE. 0) THEN
      DO 250 K = 3, NXI
      SUM1(K) = SUM1(K - 1) * CON
      SUM = SUM + SUM1(K)
250   CONTINUE
      ENDIF
      X = XF(I)
      Y = YF(I)
      DO 300 J = 1, NXI
      N = N + 1 根据公式(7.1)计算结点坐标
      X = X + (XL(I) - XF(I)) * SUM1(J)/SUM
      Y = Y + (YL(I) - YF(I)) * SUM1(J)/SUM
      WRITE(6, 1200) N, X, Y
1200  FORMAT(1X, I6, 2F16.8)
300   CONTINUE
200   CONTINUE
      N = 0
      NSUM = 0
      NYI = NY - 1 生成区域内单元及单元信息
      WRITE(6, '(2A18)')'单元号', '单元的结点号'
      DO 400 I = 1, NYI                                 ! 读相邻生成线的间隔数并取其
      NXI1 = NX(I)                                        中的小值存入 NXI
      NXI2 = NX(I + 1)
      NXI = MIN(NXI1, NXI2)
      DO 500 J = 1, NXI                                 ! 沿着四边形的左下角、左上角、
      NOD(1) = J + NSUM  NOD(2) = NOD(1) + 1              右上角、右下角产生结点号
      NOD(3) = NOD(2) + NXI1 + 1
      NOD(4) = NOD(3) - 1                               ! 沿逆时针方向输出四边形内两
      N = N + 1                                           个单元的结点信息
      WRITE(6, 1400)N, NOD(1), NOD(4), NOD(3), 1
      N = N + 1
      WRITE(6, 1400)N, NOD(1), NOD(3), NOD(2), 1
```

```
500  CONTINUE                                    ! 求两相邻生成线间隔数的差
     JN = NXI1 - NXI2                              值，并根据情况采用不同的网
     IF( JN. LT. 0) THEN                           格生成方法
     LM = 0
     DO600 M = 1, 1                               ! 图 7 - 2(a)所示网络生成方法
     N = N + 1
     LM = LM + 1
     NOD(4) = NOD(3) + LM
     WRITE(6, 1400)N, NOD(2), NOD(3), NOD(4), 1
     NOD(3) = NOD(4)
600  CONTINUE
     ENDIF                                        ! 图 7 - 2(c)所示网格生成方法
     IF( JN. GT. 0) THEN
     LM = 0
     DO650 M = 1, 1
     N = N + 1
     LM = LM + 1
     NOD(4) = NOD(2) + LM
     WRITE(6, 1400)N, NOD(2), NOD(3), NOD(4), 1
     NOD(2) = NOD(4)
650  CONTINUE
     ENDIF
     NSUM = NSUM + NXI1 + 1
400  CONTINUE
1400 FORMAT(1X, I8, 5X, 4I8)
     STOP
     END
```

## 7.1.2  有限元网格图

有限元网格是有限元后处理的基本图形。有限元网格图可以作为检验输入数据正确与否的依据，另外可以直观地显示由计算机自动生成的有限元网格图形。

下面利用 BASIC 程序语言画出有限元网格图。只要我们知道了结点的坐标值，然后可用 LINK 语句将相关结点联系起来便可。为了使有限元网格图在屏幕画面上布置得当，要特别注意选取适当的显示比例。具体做法如下。

### 1. 求出有限元网格结点坐标的最大值和最小值

$x_{min}$、$x_{max}$、$y_{min}$、$y_{max}$

## 2. 确定显示比例系数

$$\begin{cases} \lambda_x = \dfrac{x \text{ 方向满幅度}(如\,800)}{x_{\max} - x_{\min}} \\[3mm] \lambda_y = \dfrac{y \text{ 方向满幅度}(如\,600)}{y_{\max} - y_{\min}} \end{cases}$$

如在 $x$, $y$ 方向取同一比例画图, 则可取上系数中的较小者作为显示比例系数, 即

$$\lambda = \min(\lambda_x, \lambda_y)$$

## 3. 计算画面坐标值

$$x' = (x - x_{\min})\lambda$$
$$y' = (y - y_{\min})\lambda$$

## 4. 利用画图程序画出有限元网格

程序 7 – 2

```
10    REM DRAWING                                  ! 有限元网格画图程序
11    XMIN = X(1) : XMAX = X(1)
12    YMIN = Y(1) : YMAX = Y(1)
13    FOR L = 2 TO NN                              ! 求出网格内的 x_min, x_max, y_min, y_max
14    IF X(L) < XMIN THEN XMIN = X(L)
15    IF X(L) > XMAN THEN XMAN = X(L)
16    IF Y(L) < YMIN THEN YMIN = Y(L)
17    IF Y(L) > YMAN THEN YMAN = Y(L)
18    NEXT L                                       ! 确定屏幕显示比例系数
19    LMDX = 600/(XMAX – XMIN)
20    LMDY = 400/(YMAX – YMIN)
21    IF LMDX < LMDY THEN LMD = LMDX ELSE LMD = LMDY
22    LMDY = 0.6 * LMD
23    CLS
24    FOR L = 1 TO NJ
25    I = II(L) : J = JJ(L) : M = MM(L)           ! 获取单元的结点号
26    XI = (X(I) – XMIN) * LMD                     ! 计算结点的屏幕画面坐标值
27    XJ = (X(J) – XMIN) * LMD
28    XK = (X(M) – XMIN) * LMD
29    YI = (Y(I) – YMIN) * LMDY
30    YL = (Y(L) – YMIN) * LMDY
31    YK = (Y(M) – YMIN) * LMDY
32    YI = 160 – YI : YJ = 160 – YJ : YM = 160 – YM
```

| 33 | XI = 70 + XI : XJ = 70 + XJ : XM = 70 + XM |
|---|---|
| 34 | LINK(XI, YI) – (XJ, YJ), PSET, 6       ! 连接各点, 形成有限元网格 |
| 35 | LINK – (XM, YM), PSET, 6 |
| 36 | LINK – (XI, YI), PSET, 6 |
| 37 | NEXT L |
| 38 | RETURN |

## 7.2 信息储存及处理

有限元法计算需要的存储量相当大, 主要是整体刚度矩阵 $[K]$ 元素需要占据大量的存储单元。除此之外, 许多数据信息也占有一定数量的存储单元。因此, 如何紧凑地存储信息, 节省计算机内存就成为程序设计中所必须考虑的问题。本节介绍信息的"紧缩"存储, 以及整体刚度矩阵 $[K]$ 的存储。

### 7.2.1 约束信息紧缩存储

所谓"紧缩"存储是充分利用计算机中一个变量所占的字节数(或字长)存储一条组合的信息。例如, 一般大中型计算机的数型变量占有 4 个字节(即 32 位), 能精确表示任意一个具有 9 位的十进制数。而某个整型量的元素却只需很少的位数, 则可把几个整型量元素存储在同一型变量的长度内, 组成一条组合型的信息。

程序中描写约束的约束结点状况的信息是采用"紧凑"存储的方法, 即把有约束的结点号、该结点 $x$ 向和 $y$ 向的约束状况(本程序用"0"表示该方向有位移为零的约束, 用"1"表示该方向自由, 无约束)"紧缩"在一条信息中, 如描述 86 结点号 $x$ 向自由 $y$ 向受约束可用 08610 表示, 其形式如下面所示:

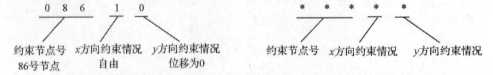

在使用这种组合信息时, 只需安排适当的语句便可达到自动分离数据的目的(程序 7 – 3)。

约束信息只需对那些有约束的结点作出描述, 然后输入机器供建立自由度序号矩阵 $JR$ 时用, 下面是求 $JR$ 矩阵的子程序段 $MR$ 及注释, 其中含有自动分离约束信息的语句。

约束信息处理子程序设计框图如图 7 – 4 所示。

根据图 7 – 4 的框图编制的源程序如程序 7 – 2。

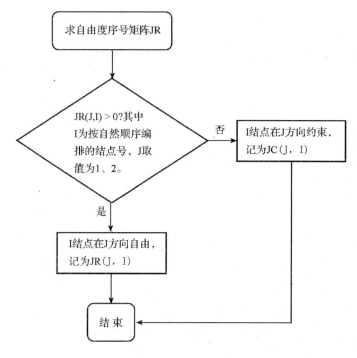

图 7 – 4　约束信息处理子程序设计框图

程序 7 – 2　约束信息处理子程序

```
        SUBROUTINE   MR
        DIMENSION JC(50)                ! JC 为约束信息数组
        COMMON/CA/NP, NE, NM, NR, NI, NL, NG, ND, NC
C                                       ! JR 为待求的结点自由序号数组
        COMMON/CC/N, NH, JR(2, 1000), R(1000)
        DO 10 I = 1, NP                 ! NP 为结点总数
        DO 10 J = 1, 2                  ! 先假定所有结点是自由的, 给 JR 数组充 1
10      JR(J, I) = 1
        IF( NR. GT. 0) THEN             ! NR 为约束结点总数
        READ (5, * ) (JC(I), I = 1, NR) ! 输入约束信息
        WRITE(6, 500) (JC(I), I = 1, NR) ! 输出约束信息校对
        ENDIF
C                                       ! 分离约束信息, 得到约束结点号 J 和该结
                                        !   点的约束状态
        DO 50 I = 1, NR                 ! L 表示 x 向约束情况, M 表示 y 向约束情况
        K = JC(I)
        J = K/100
        L = ( K - J * 100)/10
        M = K - J * 100 - L * 10
```

```
      JR(1, J) = L
JR(2, J) = M                        ! 对约束结点对应的 JR 数组元素进行修正,
50    CONTINUE                         修正后 JR 数组元素的数值不是"1"便是
      N = 0                            "0",真正反映各结点各方向的约束状况
      DO 80 I = 1, NP
      DO 85 J = 1, 2
      IF(JR(J, I).GT.0) THEN       ! 按结点号的自然顺序编排各个结点各个方
      N = N + 1                        向的自由度序号,并存储在 JR 数组中,从
      JR(J, I) = N                     而建立了自由度序号数组 JR(2, NP)。另
      ENDIF                            外,N 的最终值将是离散结构的总自由
85    CONTINUE                         度数
80    CONTINUE
500   FORMAT(/6X,'约束信息 —— JC ='//(1X, 10I8))
      RETURN
      END
```

应当指出,自由度序号数组 $JR(2, NP)$ 是一个辅助矩阵,它在从单元分析过渡到整体分析中起着重要的"指示"和"定位"作用,因此在很多程序段中都要用到它。

### 7.2.2　整体刚度矩阵的存储和形成

首先讨论 $[K]$ 的存储方法,再讨论整体刚度矩阵 $[K]$ 的形成。

#### 1. $[K]$ 的一维变带宽存储方法

$[K]$ 元素的总个数是和它的阶数有关,若结构具有 $n$ 个自由度,则 $[K]$ 的阶数为 $n$,其元素的总个数为 $n^2$,利用 $[K]$ 的对称性,则只需存储其下三角部分(或者其上三角部分)的元素即可,也就是需要存储 $n(n+1)/2$ 个元素。通常,这个数目还是很大的,还需研究出有效的存储办法以达到节省计算机内存的目的。第 4.1 节曾讨论过整体刚度矩阵 $[K]$ 的二维等带宽存储法,这一方法虽然减少了整体刚度矩阵 $[K]$ 的无效元素,但还是存储了部分带缘外的无效零元素。进一步分析可知,如果只存储整体刚度矩阵 $[K]$ 带缘内的元素,而不存储带缘外的零元素,还可以进一步减小 $[K]$ 元素所占用的容量。基本想法是:

①利用 $[K]$ 的对称性,只存储其下三角部分(或者其上三角部分)的元素;
②只存储整体刚度矩阵 $[K]$ 下带缘内(或上带缘内)的元素;
③按行的顺序将整体刚度矩阵 $[K]$ 半带宽内的元素存储到一维数组中。

这就是整体刚度矩阵 $[K]$ 的一维存储法,注意到 $[K]$ 的每一行半带宽是不同的,故 $[K]$ 是按一维变带宽方式存储,所以该法又称一维变带宽存储法。以下是整体刚度矩阵 $[K]$ 一维变带宽存储法实施步骤:

（1）$[K]$ 每一行半带宽的大小取决于该行第一个非零元素所在的列数和主元素所在列数（等于它的行数）的差值。如图 7-4 所示的 $[K]$ 矩阵，其第 $i$ 行的半带宽

$$d_i = (i - j_0 + 1) \tag{7.2}$$

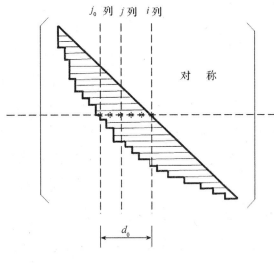

**图 7-5　$[K]$ 矩阵**

图 7-5 中 $j_0$ 是第 $i$ 行第一个非零元素所在的列数，而 $j$ 列数是第 $i$ 行某元素所在的列数，对第 $i$ 自由度有影响的最小自由度号就是 $j_0$。注意到对第 $i$ 自由度有影响的只有和 $i$ 自由度相连的那些单元中的自由度序号，$j_0$ 是上述这些相关单元中自由度序号为最小的数，由这个概念出发，就整个 $[K]$ 矩阵看，其半带宽将与每个单元中最大自由度号和最小结自由度的差值 $\Delta P$ 有关，而最大半带宽 $MX(=d_{max})$ 将与 $\Delta P_{max}$ 有关。$\Delta P_{max}$ 是所有单元中自由度号差值 $\Delta P$ 为最大的数值。

（2）$[K]$ 元素的一维变带宽的存储顺序是按照行的次序排列，而同一行中又是从第一个非零元素所在列开始，从左到右排到主元素所在列数为止，由此形成的这个一维数组用 $SK$ 表示，按上述顺排列的 $SK$ 数组元素所占"房间"号码称作该元素的元素序号。如果半带数内 $K$ 元素总个数为 $NH$（也称为 $K$ 的总容量），则 $SK$ 元素序号的最大值便是 $NH$，整个数组表示为 $SK(NH)$。

显然，带状 $[K]$ 的半带宽（即 $[K]$ 每一行的第一个非零元素到主元素之间的元素个数）愈小，则 $[K]$ 所需要的存储量愈少，因此如何缩短 $[K]$ 的半带宽就成为节约 $[K]$ 存储量的关键问题。要缩短 $[K]$ 的半带宽就要编好结点的号码，好的结点编号可使各单元中最大结点号和最小结点号的差值 $\Delta P$ 均匀些，而使最大的单元结点号 $\Delta P_{max}$ 差值尽可能地小些。这也就是结点编号的优化或是带宽的优化过程。

## 2. 主元素序号指示矩阵

$[K]$ 的紧凑存储方法确定之后，剩下的问题便是如何找到任一刚度系数 $k_{ij}$ 存储在 $SK$ 数组中的位置，因此需要建立一个辅助矩阵，即主元素序号指示矩阵 $MA$。下面举一个例子来说明 $MA$ 的含义和形成的方法。

图 7-6 表示一简支三角薄板的离散化模型，它共有 9 个单元、10 个结点、17 个自由度，其结点编号、自由度序号（在结点号附近括号内的数）、单元号（在圈号内的数）均标在图上。

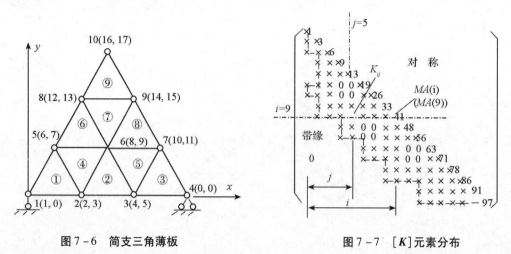

图 7-6   简支三角薄板 　　　　　　　　　　　　　　　图 7-7   [K]元素分布

[K]元素的分布如图 7-7 所示，×表示非零元素，0 表示零元素。把每一行的第一个非零元素位置用虚线相连，称之为带缘，带缘和主对角线包络的图形构成半个带。图 7-7 中主元素旁标注的数字，是对[K]半个带内的元素自第一行起依次向下数到某一主元素时的数值，这些数值实际表示了主元素将来存放在一维数组 SK 中的位置（或称序号）。将各行的主元素在 SK 中的序号如用一维数组 MA 表示，MA 即为主元素序号指示矩阵。本例 MA 有 17 个元素，它们可用列阵表示为

$$[MA]_{17 \times 1} = [1 \quad 3 \quad 6 \quad 9 \quad 13 \quad 19 \quad 26 \quad 33 \quad 41 \quad 48 \quad 56 \quad 63 \quad 71 \quad 78 \quad 86 \quad 91 \quad 97]^{\mathrm{T}}$$

欲求某一刚度系数 $k_{ij}$ 在 SK 数组中的序号 M，可用下式求得

$$M = MA(i) - i + j \tag{7.3}$$

例如，求 $k_{95}$ 在 SK 中的序号 M，用上述公式求得 M=37，这与图上表示 $k_{95}$ 所在的序号为 37 的结果相同。

式(7.3)说明，一旦形成了主元素序号指示矩阵 MA，确定任一刚度系数 $k_{ij}$ 存储在 SK 中的元素序号是很容易的。至于主元素序号指示矩阵 MA，可以用累加法形成。第一行主元素的序号肯定是 1，第二行主元素的序号等于第一行主元素序号加上第二行的半带宽，第三行……依次类推，按照 $MA(i) = MA(i - l) + d_i$ 递推，总可以求得每一行主元素的序号，从而建立了 MA 矩阵。这个过程均可以在 MA 矩阵所占有用的单元"房间"中进行。开始让 MA 充零，第二步让每一行的半带宽数充入 MA 数组，最后，按累加法依次得到的各行主元素序号存入 MA(N)（其中 N 为自由度总数）。

在形成主元素序号数组 MA 的三步过程中，只有第二步求 $d_i$ 的运算比较繁琐。若按公式 $d_i = i - j_0 + 1$ 逐个方程求解，则需先按结点自由度序号循环。为了确定 $j_0$，还需对有关的单元进行循环，这种运算顺序将使每个单元出现多次重复循环，计算效率低。因此，下面介绍求 $d_i$ 的另一种程序安排。其基本思想为：既然每一行半带宽都需求出，那就可以直接按单元循环，在同一单元中找出该单元内各个自由度序号 JP 与其中最小值 L

的一组差值$(JP-L)$。由于不同单元的 $L$ 值一般是不同的，则对于同一自由度序号 $i$ 而言，其$(i-L)$值将随着单元的循环出现不同的数值。当然，这里的 $L$ 仅仅是和 $i$ 相关单元中的一组数值，其中最小者必是对第 $i$ 自由度有影响的最小自由度序号，即 $L_{\min}=j_0$。对照一下式(7.2)便可知道，$(i-L_{\min})$或$(i-L)_{\min}$就是第 $i$ 方程式的半带宽减 1 的数值$(d_i-1)$。在程序中，一开始将$(JP-L)$值先存入 $MA(JP)$ 中，随着单元的循环，比较其元素前后值的大小，替换下小值，保留大值，到单元循环结束时，$MA$ 数组元素将就是各方程的半带宽减 1 的数。此值加 1 便可得到该自由度序号（即该方程式）的半带宽，最后，由 $MA(i)=MA(i-1)+d_i$ 递推公式形成主元素序号指示矩阵 $MA$。

主元素序号指示矩阵计算设计框图如图 7-8 所示。

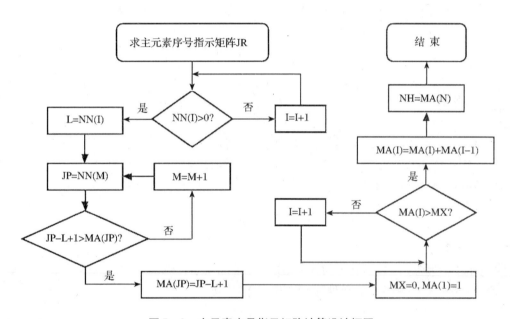

图 7-8　主元素序号指示矩阵计算设计框图

下面是子程序段 FORMMA 中根据设计框图形成 $MA$ 的执行语句和注释。

**程序 7-4**

```
      DO 10 I = 1, N                        ! 给 MA 数组充零
10    MA(I) = 0
      DO 50 IE = 1, NE                      ! NE 为单元数，对单元循环求半带宽
      CALL MEE(IE, AE, X, Y, MEO)           ! 调用 MEE 子程序求单元的结点号数组
      DO 15 I = 1, 3                        !   ME，由整体自由度序号数组 JR 形成
      JB = ME(I)                            !   单元 6 个元素的自由度序号数组 NN(6)
      DO15 M = 1, 2
      JJ = 2 * (I - 1) + M
      NN(JJ) = JR(M, JB)
5     CONTINUE
```

```
      L = N                              ! N 为自由度总数
      DO 30 I = 1, 6
      IF( NN( I ))30, 30, 20             ! 确定单元中最小的非零自由度序号 L
20    IF( NN( I ) – L)25, 30, 30
25    L = NN( I )
30    CONTINUE                           ! 在每个单元内逐个自由度序号循环求
      DO40 M = 1, 6                        它与最小自由度序号的差值, 单元循
      JP = NN( M )                         环结束的 MA 为各行半带宽的数组
      IF( JP. EQ. 0) GO TO 40
      IF( JP – L + 1. GT. MA( JP )) MA( JP ) = JP – L + 1
40    CONTINUE
50    CONTINUE                           ! 按 MA( i ) = MA( i – 1) + di 形成主元素
      序号
      MX = 0 数组 MA
      MA( 1 ) = 1
      DO 55 I = 2, N
      IF( MA( I ). GT. MX) MX = MA( I )   ! 统计最大半带宽的数值累加
      MA( I ) = MA( I ) + MA( I – 1)      ! 形成主元素指示矩阵
55    CONTINUE
      NH = MA( N )                        ! NH —— [K] 的容量
```

有了 *MA* 之后, 很容易确定[*K*]中的任何一个元素在一维数组 *SK* 中对应的位置, 如 $k_{ii}$ 存储在 SK(MA(i))中, $k_{ij}$ 存储在 SK(MA(i) – i + j)中。

由于程序中没有保留行半带宽值, 若要用到某行(如 P 行)的半带宽 $d_p$, 则也可由 *MA* 数组按式 $d_p = MA(P) – MA(P – 1)$ 求解。此式将在确定某行(如 P 行)的第一非零元素所在列数 $j_0$ 时用到, $j_0 = P – d_p + 1 = P – (MA(P) – MA(P – 1)) + 1$。

### 3. 整体刚度矩阵[*K*]的形成

整体刚度矩阵[*K*]的元素是由单元刚度矩阵$[K]_{6\times6}$元素组成的, 而单元刚度矩阵$[K]_{6\times6}$元素又是由其子矩阵$[K_{rs}]_{2\times2}$形成。因此程序处理上则是先逐个单元形成 9 个子块$[K_{rs}]$存储在单元刚度矩阵$[K]_{6\times6}$中, 然后借助整体自由度序号指示矩阵 *JR* 找出各元素在整体刚度矩阵[*K*]中的行和列, 再借助主元素序号指示矩阵 *MA* 找出它们的 *SK* 数组中的序号, 最后把单元刚度矩阵$[K]_{6\times6}$元素数值充入 *SK* 数组中对应的位置。随着单元的循环, 把充入在 *SK* 数组中同一"房间"序号中的单元刚度矩阵[*K*]元素叠加便得整体刚度矩阵[*K*]元素的数值, 从而形成了整体刚度矩阵[*K*]。以上工作的实施过程可读下列两个子程序段和注释。

单元刚度矩阵子块矩阵计算程序设计框图如图 7 – 9 所示。

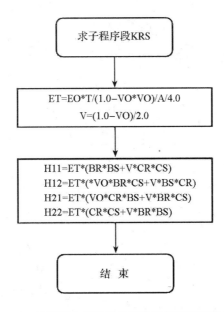

**图 7-9 单元刚度矩阵子块矩阵计算程序设计框图**

根据单元刚度矩阵子块矩阵计算程序设计框图编制的程序如下：

**程序 7-5 单元刚度矩阵子块矩阵计算程序**

```
SUBROUTINE KRS(BR, BS, CR, CS)          ! 求的[Krs]₂ₓ₂子程序段 KRS
COMMON/CB/EO, VO, W, T, A, H11, H12, H21, H22, ME(3), BI(3), CI(3)
C                                        ! EO, VO, W, T, A 分别为
    ET = EO * T/(1.0 - VO * VO)/A/4.0        E, μ, γg, t, A
    V = (1.0 - VO)/2.0
    H11 = ET * (BR * BS + V * CR * CS)
    H12 = ET * (VO * BR * CS + V * BS * CR)
    H21 = ET * (VO * CR * BS + V * BR * CS)
    H22 = ET * (CR * CS + V * BR * BS)      ! 按式(6-16)、(6-17)形成
RETURN                                       [krs]的四个元素
END
```

整体刚度矩阵计算子程序设计框图如图 7-10 所示。

根据整体刚度矩阵计算子程序设计框图编制的程序如下：

**程序 7-6 整体刚度矩阵计算子程序**

```
SUBROUTINE MGK (AE, X, Y, MEO, MA, SK)   ! 形成[K]的子程序段 MGK
DIMENSION AE(4, *), X( * ), Y( * ), MEO(4, *), MA( * ), SK( * ), SK(6,6), NN(6)
COMMON/CA/NP, NE, NM, NR, NI, NL, NG, ND, NC
COMMON/CB/EO, VO, W, T, A, H11, H12, H21, H22, ME(3), BI(3), CI(3)
COMMON/CC/N, NH, JR(2, 1000), R(1000)
```

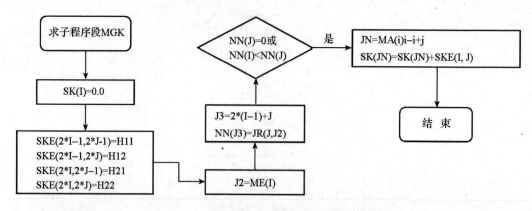

图 7 - 10　整体刚度矩阵计算子程序设计框图

|  | DO 10 I = 1, NH | ! $NH$ 为[$K$]的总个数(即容量) |
| 10 | SK(I) = 0.0 | ! $SK$ 为存储[$K$]的一维数组,这里 |
|  | DO 70 IE = 1, NE | 　先给 SK 数组充零 |
|  | CALL MEE(IE, AE, X, Y, MEO) | |

```
     DO 10 I = 1, NH          ! NH 为[K]的总个数(即容量)
10   SK(I) = 0.0              ! SK 为存储[K]的一维数组,这里
     DO 70 IE = 1, NE            先给 SK 数组充零
     CALL MEE(IE, AE, X, Y, MEO)
C                             ! 调用 MEE 求出单元结点号 E,
     DO 30 I = 1, 3             μ, bi, ci(i, j, m)
     DO 30 J = 1, 3
     CALL  KRS(BI(I), BI(J), CI(I), CI(J))   ! 调用 KRS 求[krs]四个元素,用
     SKE(2*I-1, 2*J-1) = H11                    SKE(6,6)存储[k]的 36 个元素
     SKE(2*I-1, 2*J) = H12
     SKE(2*I, 2*J-1) = H21
     SKE(2*I, 2*J) = H22
30   CONTINUE
     DO 40 I = 1, 3
     J2 = ME(I)
     DO 40 J = 1, 2            ! 由整体自由度序号数组 JR 形成
     J3 = 2*(I-1) + J            单元的自由度数组 NN(6)
     NN(J3) = JR(J, J2)
40   CONTINUE
     DO 60 I = 1, 6           ! 对[k]中 36 个元素逐一考察,对
     DO 60 J = 1, 6             于那些第二个下标所对应的自由
     IF(NN(J).EQ.0.OR.NN(I).LT.NN(J)) GOTO 60   度序号为零,且小于第一下标的
     JJ = NN(I)                 元素才入 SK 数组进行叠加,不
     JK = NN(J)                 满足上述条件者不存储
     JL = MA(JJ)
     JM = JJ - JK
     JN = JL - JM
```

```
        JN = MA(i) − i + j
        SK(JN) = SK(JN) + SKE(I, J)
60      CONTINUE
70      CONTINUE
        RETURN
        END
```

！找出[**k**]中某元素 $k_{ij}$ 存入 SK 数组中的 JN 号"房间"

# 7.3　整体分析

## 7.3.1　荷载列阵的形成

本程序中的荷载只考虑自重和结点集中荷载两种。在考虑自重时，所需的荷载的信息为材料的重力集度 γg；在考虑作用在结点上的集中荷载时，其所需的荷载信息有集中荷载作用点的结点号数组和对应的荷载分量数组。其实施过程比较简单，可直接看子程序段 LOAD 执行语句和注释。

荷载处理子程序设计框图如图 7 - 11 所示。

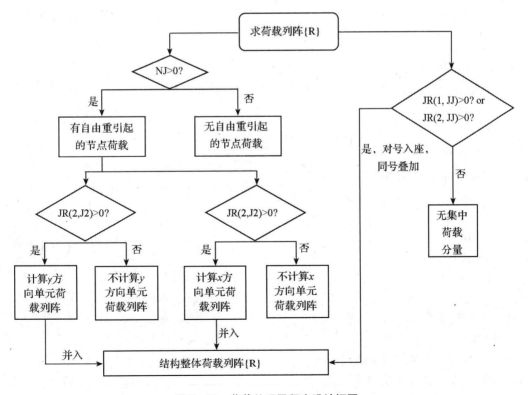

**图 7 - 11　荷载处理子程序设计框图**

根据荷载处理子程序设计框图编制的程序如下：

**程序 7-7　荷载处理子程序**

```
       SUBROUTINE LOAD(AE, X, Y, MEO)
       DIMENSION AE(4, *), X(*), Y(*), MEO(4, *), NF(150), FV(2, 150)
       COMMON/CA/NP, NE, NM, NR, NI, NL, NG, ND, NC
       COMMON/CC/N, NH, JR(2, 1000), R(1000)
       COMMON/CB/EO, VO, W, T, A, A1(4), ME(3), BB(6)
       DO 10 I = 1, N
       R(I) = 0.0
  10   CONTINUE
       IF(NG. GT. 0) THEN
       DO 60 IE = 1, NE
       CALL MEE(IE, AE, X, Y, MEO)
       DO 50 I = 1, 3
       J2 = ME(I)
       J3 = JR(2, J2)
       IF(J3. GT. 0) THEN
       R(J3) = R(J3) - T * W * A/3.0
       END IF
  50   CONTINUE
  60   CONTINUE
       END IF
       IF(NL. GT. 0) THEN
       WRITE(6, 500)
       DO 75 J = 1, NL
       READ(5, *)NF(J), FV(1, J), FV(2, J)
  75   CONTINUE
       WRITE(6, 600)(NF(J), (FV(I, J), I = 1, 2), J = 1, NL)
       DO 100  I = 1, NL
       JJ = NF(I)
       J = JR(1, JJ)
       M = JR(2, JJ)
       IF(J. GT. 0) R(J) = R(J) + FV(1, I)
       IF(M. GT. 0) R(M) = R(M) + FV(2, I)
 100   CONTINUE
       END IF
 500   FORMAT(/25X, '集中结点荷载信息'//7X, '结点号', 10X, 'X 方向集中力',
     $   10X, 'Y 方向集中力')
 600   FORMAT(7X, I5, 11X, F10.3, 16X, F10.3)
```

注释（右侧）：

! $N$ 为自由度总数，$R$ 为荷载列阵，先给 $R$ 充零

! $NG$ 为求自重指示数，如果 $NG > 0$，则求由自重引起的等效结点荷载

! $J3$ 为某结点 $y$ 方向的自由度序号，只有 $J3 > 0$ 的单元荷载列阵 $\{R\}^e$ 元素才计算并"对号入座"到结构整体荷载列阵 $\{R\}$ 中

! $NL$ 为作用有集中荷载的结点总数

! $J$、$M$ 分别为某结点 $x$、$y$ 方向的自由度序号，只有 $J > 0$ 或 $M > 0$ 时，才将相应的集中荷载分量"对号入座，同号叠加"到结构整体荷载列阵 $\{R\}$ 元中

RETURN
END

## 7.3.2　非零已知位移的处理

对于非零已知位移的处理采用的是放大主系数法，程序中需要输入已知位移的结点号和对应的已知位移分量，即可完成它对支配方程中 [**K**] 和 {**R**} 的修正，详见其子程序段 *TREAT* 和注释。

非零已知位移的处理子程序设计框图如图 7 - 12 所示。

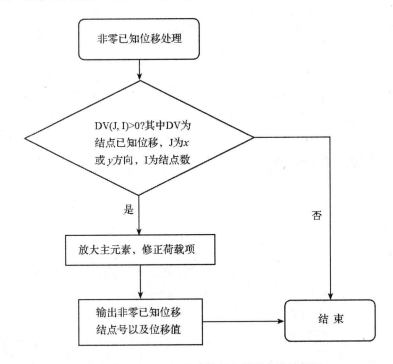

**图 7 - 12　非零已知位移的处理子程序设计框图**

根据非零已知位移的处理子程序设计框图编制的程序如下：

**程序 7 - 8　非零已知位移的处理子程序**

```
SUBROUTINE TREAT(SK, MA)
DIMENSION SK( * ), MA( * ), NDI(75), DV(2, 75)
COMMON/CA/NP, NE, NM, NR, NI, NL, NG, ND, NC
COMMON/CC/N, NH, JR(2, 1000), R(1000)
DO 15 I = 1, ND                              ! ND 为已知位移结点总数, NDI
    READ(5, * )NDI(I), DV(1, I), DV(2, I)       为已知位移的结点号组数, DV
15  CONTINUE                                    为对应的 x, y 方向已知分量
    WRITE(6, 500)(NDI(J), J = 1, ND)
```

```
      WRITE(6, 550)((DV(I, J), I = 1, 2), J = 1, ND)
      DO 20 I = 1, ND
      DO 20  J = 1, 2
      IF(DV(J, I))10, 20, 10
10    JJ = NDI(I)
      L = JR(J, JJ)                          ! L 为需要修正的方程式号码, JN
      JN = MA(L)                                为第 L 方程式的主元素序号
      SK(JN) = 1E30                          ! 放大主元素
      R(L) = DV(J, I) * 1E30                 ! 修正荷载项
20    CONTINUE
500   FORMAT(//20X, '有非零已知位移的结点号 ** NDI = '//(5X, 8I10))
550   FORMAT(//20X, '相应结点上的 X&Y 方向的非零已知位移值 ** DV = '//(5X,
      6F10.6))
      RETURN
      END
```

# 7.4　计算及结果整理

## 7.4.1　应力计算

应力的计算是逐个单元进行的, 应力分量计算公式见式(7.9), 主应力和主向计算公式见式(7.11)和式(7.12)。

应力计算的子程序设计框图如图 7 - 13 所示。

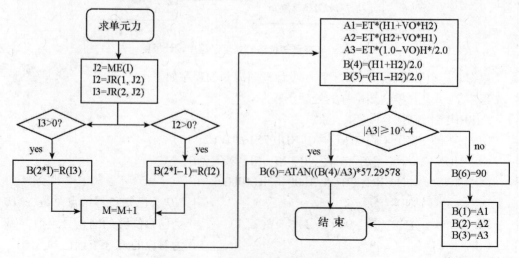

图 7 - 13　应力计算的子程序设计框图

根据应力计算子程序设计框图编制的程序 CES 和注释如下：

**程序7-9 应力计算子程序**

```
SUBROUTINE CES(AE, X, Y, MEO)              ! 应力计算的子程序
DIMENSION AE(4, *), X(*), Y(*), MEO(4, *), B(6)
COMMON/CA/NP, NE, NM, NR, NI, NL, NG, ND, NC
COMMON/CC/N, NH, JR(2, 1000), R(1000)
COMMON/CB/EO, VO, W, T, A, H11, H12, H21, H22, ME(3), BI(3), CI(3)
      DO 100 IE = 1, NE                    ! 逐个单元求应力。其中 NE 为
      CALL MEE(IE, AE, X, Y, MEO)          !  单元总数。调用 MEE 是为了
      ET = EO/(1.0 - VO * VO)/A/2.0        !  取出单元结点号, E, μ, t, A,
      DO 50 I = 1, 3                       !  bi, ci  (i, j, m)
      J2 = ME(I)                           ! J2 为结点号, I2 为 J2 结点 x 方
      I2 = JR(1, J2)                        !  向的自由度序号, I3 为 J2 结点
      I3 = JR(2, J2)                        !  y 方向的自由度序号
      IF(I2)30, 20, 10
10    B(2 * I - 1) = R(I2)                  ! 该段以 I 为循环变量的循环体,
      GOTO 30                              !  其功能是从整体的位移列阵
20    B(2 * I - 1) = 0.0                    !  {R} 中取出单元的位移列阵,
30    IF(I3)50, 40, 35                      !  并存入 B(6) 数组中
35    B(2 * I) = R(I3)
      GOTO 50
40    B(2 * I) = 0.0
50    CONTINUE
      H1 = 0.0                             ! H1 = Σ biui (i, j, m)
      H2 = 0.0                             ! H2 = Σ civi (i, j, m)
      H3 = 0.0                             ! H1 = Σ (bivi + ciui) (i, j, m)
      DO 60 I = 1, 3
      H1 = H1 + BI(I) * B(2 * I - 1)
      H2 = H2 + CI(I) * B(2 * I)
      H3 = H3 + BI(I) * B(2 * I) + CI(I) * B(2 * I - 1)
60    CONTINUE
      A1 = ET * (H1 + VO * H2)             ! 按式(7.11a)求{σ}, 这里的
      A2 = ET * (H2 + VO * H1)             ! A1, A2, A3, 分别为 σx, σy,
      A3 = ET * (1.0 - VO) * H3/2.0        ! τxy
      H1 = A1 + A2
      H2 = SQRT((A1 - A2) * (A1 - A2) + 4.0 * A3 * A3)
      B(4) = (H1 + H2)/2.0
```

```
      B(5) = (H1 - H2)/2.0
      IF( ABS( A3). GT. 1E - 4) GOTO 80
      B(6) = 90.0
      GOTO 90
80    B(6) = ATAN( ( B(4) - A1)/A3) * 57. 29578
90    B(1) = A1
      B(2) = A2
      B(3) = A3
      WRITE(6, 500)IE, B
100 CONTINUE
500 FORMAT(1X, I4, 3X, 6F10.3)
      RETURN
      END
```

! 这里 $B1$, $B2$, $B3$, 分别为 $\sigma_x$, $\sigma_y$, $\tau_{xy}$; $B4$, $B5$, $B6$, 分别为 $\sigma_1$, $\sigma_2$, $\alpha$

## 7.4.2 支反力计算

在求解出整体位移列阵(即所有的结点位移)后,就可逐个单元按公式 $\{F\}^e = k\{\delta\}^e$ 求出支座结点的结点力,然后将相关单元对同一支座结点力的影响值相叠加,便可得到支座的反力。如图 5 – 9 所示的结构,欲求结点 5 的竖向支座反力 $V_5$,则可用下式计算

$$V_5 = (V_i)_{\text{II}} + (V_j)_{\text{III}} + (V_m)_{\text{IV}}$$

其中 $(V_i)_{\text{II}}$ 是第 II 单元对结点力 $V_5$ 的影响。

$$(V_i)_{\text{II}} = k_{ii}^{yx} u_i + k_{ii}^{yy} v_i + k_{ij}^{yx} u_j + k_{ij}^{yy} v_j + k_{im}^{yx} u_m + k_{im}^{yy} v_m$$

已知,而 $U_i$(即 $u_5$), $V_j$(即 $v_2$)由支配方程解出,故 $(V_i)_{\text{II}}$ 可求。类似地可求出 $(V_i)_{\text{III}}$ 和 $(V_i)_{\text{IV}}$。结点与受力见图 7 – 14。

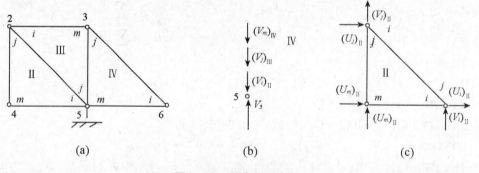

图 7 – 14　结点与受力图

在进行上述计算时,只涉及支座结点相连的单元(图 7 – 14(a)),所以在程序中只输入与计算支座反力有关的单元号的信息,这样就可避免逐个单元进行判别而直接找到有关单元进行计算,从而达到节约计算时间的目的。上述输入的信息包含有求支座反力的结点总数、结点号与及对应结点号的相关单元号。本程序中假定一个支座结点的相关

单元共有四个；如不足四个时，则以零充数凑成四个，遇到单元号为零时，是不进行运算。

　　求支座反力的子程序设计框图如图 7－15 所示。

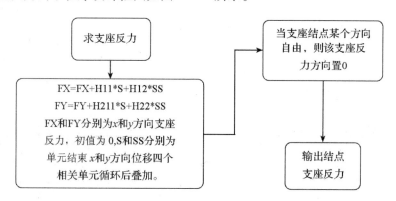

**图 7－15　求支座反力的子程序设计框图**

根据求支座反力的子程序设计框图编制的程序 ERFAC 和注释如下：

**程序 7－10　求支座反力的子程序**

SUBROUTINE ERFAC( AE, X, Y, MEO)　　　　　 ! 求支座反力的子程序

DIMENSION NCI(50), NCE(4, 50), MEO(4, ∗), AE(4, ∗), X(∗), Y(∗)

COMMON/CA/NP, NE, NM, NA(5), NC

COMMON/CC/N, NH, JR(2, 1000), R(1000)

COMMON/CB/AB(5), H11, H12, H21, H22, ME(3), BI(3), CI(3)

DO 25 J = 1, NC　　　　　　　　　　　　 ! *NC* 为所求支座反力的结点总

　　　　　　　　　　　　　　　　　　　　　　 数，读入结点号及相关的单元

READ(5, ∗)NCI(J), (NCE(I, J), I = 1, 4)　　　 号 *NCI* 为求反力的结点号

25　　CONTINUE　　　　　　　　　　　　　　 数组

WRITE(6, 500)(NCI(J), J = 1, NC)

WRITE(6, 600)((NCE(I, J),I = 1, 4), J = 1,NC)　 ! *NCE* 为对应于上述结点号的有

WRITE(6, 700)　　　　　　　　　　　　　　 关单元号数

DO 120 JJ = 1, NC　　　　　　　　　　　　 ! 120 循环为逐个支座求反力

FX = 0.0

FY = 0.0

L = NCI(JJ)

DO 110 M = 1, 4

IF(NCE(M, JJ))110, 110, 10

10　　IE = NCE(M, JJ)

CALL MEE(IE, AE, X, Y, MEO)

DO 20 IM = 1, 3

K = IM

```
      IF( L – ME( IM ) )20, 30, 20
20    CONTINUE
      WRITE( 6 , 750 )L
30    DO 100 IP = 1, 3
      CALL KRS( BI( K ), BI( IP ), CI( K ), CI( IP ) )      ! 打印单元信息错误
      NL = ME( IP )
      JI = JR( 1, NL )
      JP = JR( 2, NL )
      IF( JI )60, 40, 50
40    S = 0.0                                               ! S 表示 NL 结点 x 方向的位移,
      GOTO 60                                                 SS 表示 NL 结点 y 方向的位
50    S = R( JI )                                             移。此时, R 数组存储的是结
60    IF( JP )70, 70, 80                                      点位移
70    SS = 0.0
      GOTO 90
80    SS = R( JP )                                          ! 按单元求出该单元结点位移引
90    FX = FX + H11 * S + H12 * SS                            起所求支座结点处结点力,四
      FY = FY + H21 * S + H22 * SS                            个相关元循环后的累加值就是
100   CONTINUE                                                该支座的反力分量单
110   CONTINUE                                              ! 当支座结点有一个方向是自由
      WRITE( 6 , 800 )L, FX, FY                               时,不存在该方向支座反力,
120   CONTINUE                                                故将其( FX 或 FY )充零
500   FORMAT( //15X, '结点 – 名称 * * * 要计算支座反力的结点号 ='//( 1X, 10I8 ) )
600   FORMAT( //15X, '单元 – 名称 * * * 相应结点的相关单元号 ='//( 1X, 10I8 ) )
700   FORMAT( //20X, '结点反力'//14X, '结点', 8X, 'X – 方向力', 10X, 'Y – 方向
              分力' )
750   FORMAT( //20X, '单元信息错误 * * * 结点号', I5 )
800   FORMAT( 12X, I5, 2F18.3 )
      RETURN
      END
```

这里应当指出的是,本程序只能求出和结构变形有关的支座反力,并没有计入支座结点上由等效结点荷载直接引起的支座反力。

## 7.4.3　有限元后处理

在有限元分析中，产生的数据分析量是巨大的，以至于对数据的分析和处理的过程较为复杂，因此，结构受力后的位移、应力等特性的有限元后处理是关键和必要的。

### 1. 有限元结点位移图

有限元结点位移图是在有限单元网格图的基础上，将结点坐标值加上位移值形成新的坐标，再将新坐标按原结构图的画法画出，即可得到结构位移图(图 7 – 16)。

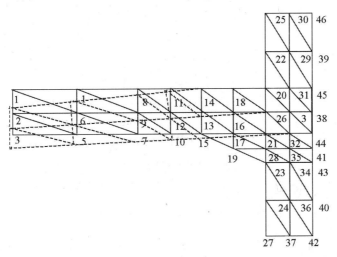

**图 7 – 16　结点位移图**

但是，结构位移值往往很小，若将有限单元网格图和有限元结点位移图按同一比例去画，则变形前和变形后的图几乎重叠在一起，实际位移显示不出来。因此，画有限元结点位移图时，一般将位移值适当放大，变形后的坐标按下式计算

$$x' = x + u \times \lambda$$
$$y' = y + v \times \lambda$$

式中：$x$、$y$ —— 变形前的结点坐标；

$\quad x'$、$y'$ —— 变形后的结点坐标；

$\quad u$、$v$ —— 结点 $x$、$y$ 方向位移。

画位移图程序段设计框图如图 7 – 17 所示。

根据画位移图程序段设计框图编制的程序段和注释如下：

**程序 7 – 11　显示位移图程序段**

```
100    UMAX = 0                               ! 画位移图程序
101    FOR L = 1 TO NP
102    IF X(L) < XMIN THEN XMIN = X(L)
103    AU = ABS(U(L)) ; AV = ABS(V(L))         ! 找出位移的最大值
```

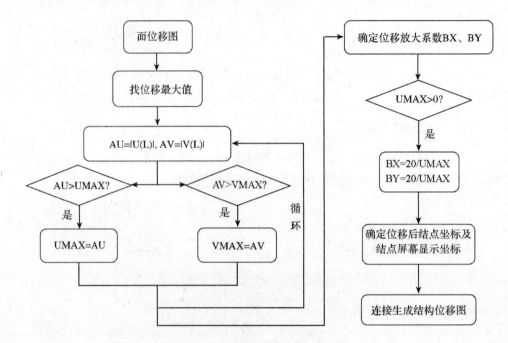

图 7 - 17　画位移图程序段设计框图

| 104 | IF AU > UMAX THEN UMAX = AU | |
|---|---|---|
| 105 | IF AU > VMAX THEN VMAX = AV | |
| 106 | NEXT L | |
| 107 | BAISU = 0 | |
| 108 | IF UMAX > 0 THEN BAISU = 20/UMAX | ! 确定位移放大系数 |
| 109 | BX = BAISU : BY = BAISU ∗ 0.6 | |
| 110 | GOSUB 10 | ! 先画出有限元网格图 |
| 111 | FOR L = 1 TO NE | |
| 112 | I = II(L) : J = JJ(L) : M = MM(L) | ! 确定位移后的结点坐标 |
| 113 | XI = ( X( I ) − XMIN ) ∗ LMD + U( I ) ∗ BX | |
| 114 | XJ = ( X( J ) − XMIN ) ∗ LMD + U( J ) ∗ BX | |
| 115 | XK = ( X( M ) − XMIN ) ∗ LMD + U( M ) ∗ BX | |
| 116 | YI = ( Y( I ) − YMIN ) ∗ LMDY + V( I ) ∗ BY | |
| 117 | YL = ( Y( L ) − YMIN ) ∗ LMDY + V( J ) ∗ BY | |
| 118 | YK = ( Y( M ) − YMIN ) ∗ LMDY + V( M ) ∗ BY | |
| 119 | YI = 160 − YI : YJ = 160 − YJ : YM = 160 − YM | ! 确定位移后的结点的屏幕 |
| 120 | XI = 70 + XI : XJ = 70 + XJ : XK = 70 + XK | ! 显示坐标 |
| 121 | LINK( XI, YI ) − ( XJ, YJ ), PSET, 6 | |
| 122 | LINK − ( XM, YM ), PSET, 6 | ! 连接生成结构位移图 |
| 123 | LINK − ( XI, YI ), PSET, 6 | |

NEXT L

## 2. 结构的主应力迹线

在有限元分析时已计算出每一单元的主应力 $\sigma_1$、$\sigma_2$ 及 $\sigma_1$ 与 $x$ 轴的夹角，如能将主应力 $\sigma_1$ 及与 $x$ 轴的夹角用图形表示出来，可以比较直观地显示出结构主应力迹线，便于进一步的分析。下面给出画主应力迹线的具体步骤：

① 读取每一单元的结点编号及相应的结点坐标值；

② 主应力迹线将通过单元的形心，所以要求出单元形心的位置坐标 $c_x$，$c_y$

$$c_x = \frac{1}{3}(x_i + x_j + x_m)$$

$$c_y = \frac{1}{3}(y_i + y_j + y_m)$$

③ 由图 7 - 18 知，若 $\sigma_1$ 大小及夹角 $\alpha$ 为已知，即可求出 $\sigma_1$ 迹线的始点及终点坐标

$$x_1 = c_x - \frac{1}{2}|\sigma_1|\cos\alpha$$

$$x_2 = c_x + \frac{1}{2}|\sigma_1|\cos\alpha$$

$$y_1 = c_y - \frac{1}{2}|\sigma_1|\sin\alpha$$

$$y_2 = c_y + \frac{1}{2}|\sigma_1|\sin\alpha$$

连接 $(x_1, y_1)$ 与 $(x_2, y_2)$ 两点，即表示了主应力 $\sigma_1$ 的大小与方向。

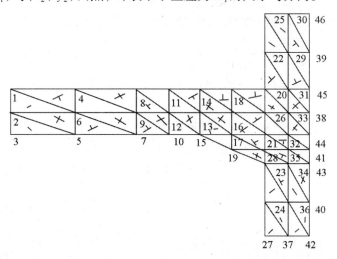

图 7 - 18　应力迹线图

④ 同理，可求出 $\sigma_2$ 的始点及终点坐标

$$x_1 = c_x + \frac{1}{2}|\sigma_2|\sin\alpha$$

$$x_2 = c_x - \frac{1}{2}|\sigma_2|\sin\alpha$$

$$y_1 = c_y + \frac{1}{2}|\sigma_2|\cos\alpha$$

$$y_2 = c_y - \frac{1}{2}|\sigma_2|\cos\alpha$$

连接 $(x_1, y_1)$ 与 $(x_2, y_2)$ 两点，即表示了主应力 $\sigma_2$ 的大小与方向。

画主应力迹线程序的程序 CES 和注释如下：

**程序 7 – 12　画主应力迹线程序**

| | | |
|---|---|---|
| 244 | REM STRESS PLOT | ! 画主应力迹线程序 |
| 245 | SIGMAX = 0 | |
| 246 | FOR L = 1 TO NE | |
| 247 | AS1 = ABS(S1(L)):AS2 = ABS(S2(L)) | |
| 248 | IF AS1 > SIGMAX THEN SIGMAX = AS1 | |
| 249 | IF AS2 > SIGMAX THEN SIGMAX = AS2 | |
| 250 | NEXT | |
| 251 | IF SIGMAX = 0 THEN RETURN | |
| 252 | CX = 30/SIGMAX:CY = 0.5 ∗ CX | ! 确定屏幕显示系数 |
| 253 | FOR L = 1 TO NE | |
| 254 | I = II(L):J = JJ(L):M = MM(L) | ! 找出单元的结点号 |
| 255 | XM = ((X(I) + X(J) + X(M))/3 – XMIN) ∗ LMD + 70 | ! 确定单元的形心 |
| 256 | YM = 160 – ((Y(I) + Y(J) + Y(M))/3 – YMIN) ∗ LMDY | |
| 257 | DX1 = CX ∗ S1(L) ∗ CT(L) | ! 计算主应力的起点和 |
| 258 | DY1 = – CY ∗ S1(L) ∗ ST(L) | 　终点坐标 |
| 259 | DX2 = CX ∗ S2(L) ∗ ( – ST(L)) | |
| 260 | DY2 = – CY ∗ S2(L) ∗ CT(L) | |
| 261 | IF S1(L) > 0 THEN IRO1 = 1 ELSE IRO1 = 2 | |
| 262 | IF S2(L) > 0 THEN IRO2 = 1 ELSE IRO2 = 2 | |
| 263 | LINE(XM – DX2, YM – DY2) – (XM + DX2, YM + DY2), PSET, IRO2 | |
| | | ! 画出主应力迹线 |
| 264 | LINE(XM – DX1, YM – DY1) – (XM – DX1, YM + DY1), PSET, IRO1 | |
| 265 | NEXT | |

# 7.5　计算程序和说明

## 7.5.1　变量说明和输入/输出

**1. 功能**

本程序采用三结点的三角形单元, 能计算平面应力、应变问题的结点位移、单元应力和约束点的支座反力。荷载包括自重和结点集中荷载两种, 并能处理非零已知位移。

**2. 输入/输出及变量说明**

输入/输出及变量说明见表 7 − 1 所示。

表 7 − 1

| 输入次序 | 变量名 | 说　明 | 输入格式 | 输出格式 |
|---|---|---|---|---|
| 1 | $NP$<br>$NE$<br>$NM$<br>$NR$<br>$NI$<br>$NL$<br>$NG$<br>$ND$<br>$NC$ | 结点总数($\leqslant$500)<br>单元总数($\leqslant$750)<br>材料类型数组($\leqslant$5)<br>约束结点总数($\leqslant$50)<br>问题性质信息: 填"1"为平面应变; 填"0"平面应力<br>受集中荷载结点总数($\leqslant$50)<br>计算自重信息: 填"1"为计算自重; 填"0"不计算<br>非零已知位移结点总数($\leqslant$500)<br>求支座约束反力的结点总数($\leqslant$20) | * | 9I5 |
| 2 | $AE(4, NM)$ | 每组材料的四个特征量, 它们依次为:<br>E0—弹性模量 E<br>VO—泊松比 $\mu$<br>W—材料重力集度 $\gamma g$<br>T—单元厚度 t | * | 4I15.4 |
| 3 | $NXY$<br>$X(NP)$<br>$Y(NP)$ | 结点号<br>结点的 X 坐标<br>结点的 Y 坐标 | * | I6, 2F10.4 |
| 4 | $JJ(NE)$<br>$MEO(4, E)$ | 单元号　　　i　　　j　　　m<br>单元信息　整体结点　编号　材料参数 | * | 5I6 |
| 5<br>若 NR > 0<br>输入 | $JC(NR)$ | 结点 x, y 方向约束信息, 填"1"为自由; 填"0"约束 | * | 10I10 |

（续表）

| 输入次序 | 变量名 | 说　明 | 输入格式 | 输出格式 |
|---|---|---|---|---|
| 6<br>若 NL>0<br>输入 | NF(NL)<br>FV(2, NL) | 承受集中荷载的结点号<br>对应于结点号的两个方向荷载分量 | * | I10<br>2I15.4 |
| 7<br>若 ND>0<br>输入 | NDI(ND)<br>DV(2, ND) | 非零已知位移的结点号<br>对应于结点号位移值；若其中之一为未知，则填零 | * | I10<br>2I15.6 |
| 8<br>若 NC>0<br>输入 | NCI(NC)<br>NCE(4, NC) | 求支座反力的结点号<br>对应于号的相关单位号，若不足四个以零补充 | * | I10<br>4I10 |

除表 7-1 外，其他一些主要变量的说明和输出格式（按输出次序排列）见表 7-2。

表 7-2

| 变量名 | 说　明 | 输入格式 |
|---|---|---|
| N | 结构的总自由度数 | I5 |
| NH | 按变带宽储存的一维整体刚度矩阵总容量，若 NH>10000 要停机 | I6 |
| MX | 最大半带宽 | I5 |
| SK(10000) | 一维储存的整体刚度矩阵 | 10F12.2 |
| I, R(1000) | 结点号，结点荷载，并输出表头（详见算例） | I5, 2F20.5 |
| IE, B(6) | 单元号，单元应力，并输出表头 | I5, 6F11.3 |
| L, FX, FY | 结点号，$x$ 向反力，$y$ 向反力，并输出表头（见算例） | I5, 2F20.3 |
| MA(1000) | $[k]$ 中主元素在一维数组中的序号——主元素序号指示矩阵 | |
| JR(2, 500) | 结点自由度序号矩阵 | |
| ME(3) | 存储单元结点号 $i, j, m$ | |
| NN(6) | 存储单元结点自由度序号：$i_x, i_y, j_x, j_y, m_x, m_y$ | |
| B(I), C(I) | 储存 $B_i, B_j, B_m$ 及 $C_i, C_j, C_m$，几何常数 | |
| H11, H12,<br>H21, H22 | 表示单元的刚度矩阵中的子块 $[k_{rs}]$ 2×2 的四个元素 | |
| S | 三角形面积，若 $S \leq 0$ 则输出单元号后停机 | |

## 7.5.2　程序段功能

本程序共有 14 个程序段(1 个主程序段,13 个子程序段),每个程序段都有自己的功能,程序段与程序段之间可通过哑实结合和公共块等方式传递数据。为了便于查阅,表 7-3 介绍了各程序段的功能及主要数据关系。

表 7-3

| 程序段名 | 已知变量 | 主要功能 |
|---|---|---|
| 主程序段 | 输入公共块/CA/9 个控制参数 | 把 9 个控制参数提供给公共块/CA/,并调用子程序 CONDA |
| KRS(BR,BS,CR,CS) | 通过哑元和公共块/CB/得到物理和几何常数 $E$,$\mu$,$S$,$b_i$,$b_j$,$b_m$,…… | 计算单元刚度矩阵子块 $[k_{rs}]$ 的元素 $H_{11}$,$H_{12}$,$H_{21}$,$H_{22}$。并通过公共块/CB/递交 |
| CONDA | 输入 $S$,$Y$,$NEO$,$AE$ | 处理平面应变问题。通过哑元传递输入量。调 MR 和 FORMMA 两个子程序 |
| MR | 若 $NR>0$ 输入 $JC$ | 形成 JR 并递交给公共块/CC/ |
| DIV(JJ,AE,X,Y,MEO,KM,KP,KE) | 从哑元得到变量数据和信息(如 $MEO$ 等) | 将 $ME$,$BI$,$CI$,$EO$,$VO$,$W$,$T$ 等成果提供给公共块/CB/ |
| FORMMA(AE,X,Y,MEO,KM,KP,KE) | 从哑元和三个公共块得到变量数据和信息 | 形成 $MA$,$N$,$NH$,$MX$ 等,并调用 MGK,LOAD,OUTPUT,DECOMP,FOBA,TREAT,CAS,ERFAC 等子程序 |
| MGK(ME,X,Y,MEO,MA,SK,KM,KP,KE) | 来自哑元和三个公共块 | 形成 $[K]$,存入 SK 数组,并以哑元形式传递出去 |
| LOAD(AE,X,Y,MEO,KM,KP,KE) | 来自哑元和三个公共块或输入结点荷载 | 形成 $\{R\}$ 并递交给/CC/ |
| TREAT(SK,MA,KH,KN) | 来自哑元/CA/,/CC/和输入 $NDI$,$DV$ | 形成 $[K]$ 和 $\{R\}$,并递交给 SK,R |
| DECOMP(SK,MA,KH,KN) | 来自哑元和/CC/ | 分解过程 $[K]=[L][U]$,并递交给 SK |
| FOBA(SK,MA,KH,KN) | 来自哑元和/CC/ | 前代、回代求得结点位移 $\{\delta\}$,并递交给 R |

（续表）

| 程序段名 | 已知变量 | 主要功能 |
|---|---|---|
| *CES*（*AE*，*X*，*Y*，*MEO*，*KM*，*KP*，*KE*） | 来自哑元和三个公共块 | 提供单元应力和主应力、主应力方向，并输出它们 |
| *OUTPUT* | 来自/*CA*/，/*CC*/ | 按结点输出荷载和位移 |
| *ETFAC*（*AE*，*X*，*Y*，*MEO*，*KM*，*KP*，*KE*） | 来自哑元、三个公共块和输入 *NCI*，*NCE* | 求解并输出约束点反力 |

### 7.5.3　平面问题三角形单元计算程序

根据平面问题三角形单元计算原理编制的程序和注释如下：

**程序 7 – 13**　平面问题三角形单元计算程序

```
      PROGRAM RFEP. FOR
      DIMENSION X(600)，Y(600)，MEO(4，850)，AE(4，5)
      CHARACTER * 10 AR，BR
      COMMON/CA/NP，NE，NM，NR，NI，NL，NG，ND，NC
      WRITE(0，300)
300   FORMAT(////'* * * * *'/' + 请输入原始数据文件名称')'
      READ(0，400)AR
      WRITE(0，310)
310   FORMAT(////'' * * * * *'/' + 请输入输出数据文件名称')'
      READ(0，400)BR
400   FORMAT(A10)
      OPEN(5，FILE = AR，STATUS = 'OLD')
      OPEN(6，FILE = BR，STATUS = 'NEW')
      READ(5，*)NP，NE，NM，NR，NI，NL，NG，ND，NC
      WRITE(6，500)NP
      WRITE(6，501)NE
      WRITE(6，502)NM
      WRITE(6，503)NR
      WRITE(6，504)NI
      WRITE(6，505)NL
      WRITE(6，506)NG
      WRITE(6，507)ND
      WRITE(6，508)NC
      WRITE( * ，*)'…………正在计算，请稍候！…………'
```

```
      CALL INPUT(X, Y, MEO, AE)
      CALL MR
      CALL FORMMA(X, Y, MEO, AE)
500   FORMAT(1X, '结点总数    NP = ', I5)
501   FORMAT(1X, '单元总数    NE = ', I5)
502   FORMAT(1X, '材料类型总数    NM = ', I5)
503   FORMAT(1X, '受约束结点总数    NR = ', I5)
504   FORMAT(1X, '是否平面应力(是平面填0, 否则填1)    NI = ', I5)
505   FORMAT(1X, '受载结点总数    NL = ', I5)
506   FORMAT(1X, '是否考虑自重(考虑填0, 否则填1)    NG = ', I5)
507   FORMAT(1X, '有非零已知位移的结点数    ND = ', I5)
508   FORMAT(1X, '要计算支座的反力结点数    NC = ', I5)
      STOP
      END
      SUBROUTINE   INPUT(X, Y, MEO, AE)            ! 数据输入子程序
      DIMENSION X( * ), Y( * ), MEO(4, * ), AE(4, * ), NOP(600), JJ(850)
      COMMON/CA/NP, NE, NM, NR, NI, NL, NG, ND, NC
      READ(5, * )((AE(I, J), I = 1, 4), J = 1, NM)
      READ(5, * )(NOP(I), X(I), Y(I), I = 1, NP)
      DO 25 J = 1, NE
25    READ(5, * ) JJ(J), (MEO(I, J), I = 1, 4)
      WRITE(6, 81) ((AE(I, J), I = 1, 4), J = 1, NM)
      WRITE(6, 82)
      WRITE(6, 83) (NOP(I), X(I), Y(I), I = 1, NP)
      WRITE(6, 84) (JJ(J), (MEO(I, J), I = 1, 4), J = 1, NE)
      IF(NI)90, 90, 50
50    DO 60 J = 1, NM
      AE(1, J) = AE(1, J)/(1.0 − AE(2, J) * AE(2, J))
      AE(2, J) = AE(2, J)/(1.0 − AE(2, J))
60    CONTINUE
81    FORMAT(/6X, '弹性模量泊松比容重厚度'
     $   /(3X, E10.4, 3F10.4))
82    FORMAT(/2X, '结点号', 'X 方向坐标, 'Y 方向坐标'/)
83    FORMAT(1X, I3, 3X, F12.4, 3X, F12.5)
84    FORMAT(/20X, '单元数据'/(1X, 5I8))
90    RETURN
      END
      SUBROUTINE MEE(JJ, AE, X, Y, MEO)            ! 单元处理子程序
```

```
        DIMENSION X( * ), Y( * ), AE(4, * ), MEO(4, * )
        COMMON/CB/EO, VO, W, T, A, A1(4), ME(3), BI(3), CI(3)
        I = MEO(1, JJ)
        J = MEO(2, JJ)
        M = MEO(3, JJ)
        ME(1) = I                                    ! 根据 JJ 找到单元信息, 并将
        ME(2) = J                                      其存入 ME(3) 数组中
        ME(3) = M
        L = MEO(4, JJ)                               ! L 为材料类型数
        BI(1) = Y(J) - Y(M)
        CI(1) = X(M) - X(J)
        BI(2) = Y(M) - Y(I)                          ! 计算 bi, ci, bj, cj, bm, cm
        CI(2) = X(I) - X(M)
        BI(3) = Y(I) - Y(J)
        CI(3) = X(J) - X(I)
        A = (BI(2) * CI(3) - CI(2) * BI(3))/2.0
        IF(A. LE. 0)THEN
        WRITE( * , 222) JJ
        ENDIF
222     FORMAT(/1X, '面积为零或负值', 10X, '单元号', I5)
50      EO = AE(1, L)                                ! 根据材料类型数 L 找到单元
        VO = AE(2, L)                                  的 E, μ, γg, t
        W = AE(3, L)
        T = AE(4, L)
        RETURN
        END
        SUBROUTINE FORMMA(X, Y, MEO, AE)            ! 计算管理子程序
        DIMENSION MA(1000), X( * ), Y( * ), MEO(4, * ), AE(4, * ),
        $    NN(6), SK(56000)
        COMMON/CA/NP, NE, NM, NR, NI, NL, NG, ND, NC
        COMMON/CC/N, NH, JR(2, 1000), R(1000)
        COMMON/CB/A1(9), ME(3), BI(3), CI(3)
        DO 10 I = 1, N
10      MA(I) = 0
        DO 50 IE = 1, NE                             ! 逐个单元循环获取单元信息
        CALL MEE(IE, AE, X, Y, MEO)
        DO 15 I = 1, 3
        JB = ME(I)                                   ! 以下注释参见例程 7 - 3
```

```
      DO15 M = 1, 2
      JJ = 2 * ( I - 1 ) + M
      NN( JJ ) = JR( M, JB )
15    CONTINUE
      L = N
      DO 30 I = 1, 6
      IF( NN( I ) )30, 30, 20
20    IF( NN( I ) - L)25, 30, 30
25    L = NN( I )
30    CONTINUE
      DO40 M = 1, 6
      JP = NN( M )
      IF( JP. EQ. 0 ) GO TO 40
      IF( JP - L + 1. GT. MA( JP ) )MA( JP ) = JP - L + 1
40    CONTINUE
50    CONTINUE
      MX = 0
      MA( 1 ) = 1
      DO 55 I = 2, N
      IF( MA( I ). GT. MX )MX = MA( I )
      MA( I ) = MA( I ) + MA( I - 1 )
55    CONTINUE
      NH = MA( N )
      WRITE( 6, 500 )N, NH, MX          ! 显示自由度总数、[ K ]的容
      IF( NH. GT. 56000 ) GOTO 60          量、最大半带宽
      GO TO 70
60    WRITE( 6, 550 )
      STOP
70    CALL MGK( AE, X, Y, MEO, MA, SK )   ! 调用各种功能的子程序
      CALL LOAD( AE, X, Y, MEO )
      WRITE( 6, 600 )
      CALL OUTPUT
      IF( ND. GT. 0 ) CALL TREAT( SK, MA )
      CALL DECOMP( SK, MA )
      CALL FOBA( SK, MA )
      WRITE( 6, 650 )
      CALL OUTPUT
      WRITE( 6, 700 )
```

```
        CALL CES(AE, X, Y, MEO)
        IF(NC)85, 85, 75
75      CALL ERFAC(AE, X, Y, MEO)
85      RETURN                                    ! 显示各种信息
500     FORMAT(/5X, '结点自由度总数    N = ', I5/5X,
      $      '总 存 储 量    NH = ', I6/5X, '最大半带宽    MX = ', I5)
550     FORMAT(/20X, '总存储量大于 56000')
600     FORMAT(/25X, '结点力'//9X, '结点', 12X, 'X 方向分力',
      $      12X, 'Y 方向分力'/)
650     FORMAT(/25X, '结点位移'//7X, '结点', 10X, 'X 方向位移',
      $      10X, 'Y 方向位移')
700     FORMAT(//30X, '单元力'//1X, '单元', 2X,
      $      'X 方向应力', 2X, 'Y 方向应力', 2X, '剪应力', 2X, '最大主应力',
      $      2X, '最小主应力', 2X, '与 X 正方向夹角'//)
        END
        SUBROUTINE DECOMP(SK, MA)                 ! 分解总刚[K]子程序
        DIMENSION   SK( * ), MA( * )
        COMMON/CC/N, NH, JR(2, 1000), R(1000)
        DO 50 I = 2, N
        L = MA(I - 1) + I - MA(I) + 1
        K = I - 1
        L1 = L + 1
        IF(L1. GT. K) GO TO 30
        DO 20 J = L1, K
        IJ = MA(I) - I + J
        M = J - MA(J) + MA(J - 1) + 1
        IF(L. GT. M) M = L
        MP = J - 1
        IF(M. GT. MP) GO TO 20
        DO 10 LP = M, MP
        IP = MA(I) - I + LP
        JP = MA(J) - J + LP
        SK(IJ) = SK(IJ) - SK(IP) * SK(JP)
10      CONTINUE
20      CONTINUE
30      IF (L. GT. K) GO TO 50
        DO 40   LP = L, K
        IP = MA(I) - I + LP
```

```
           LPP = MA(LP)
           SK(IP) = SK(IP)/SK(LPP)
           II = MA(I)
           SK(II) = SK(II) - SK(IP) * SK(IP) * SK(LPP)
40     CONTINUE
50     CONTINUE
       RETURN
       END
       SUBROUTINE FOBA(SK, MA)                    ! 前代、回代求解刚度方程子
       DIMENSION SK( * ), MA( * )                    程序
       COMMON/CC/N, NH, JR(2, 1000), R(1000)
       DO 10 I = 2, N
       L = I - MA(I) + MA(I - 1) + 1
       K = I - 1
       IF(L. GT. K) GO TO 10
       DO 5 LP = L, K
       IP = MA(I) - I + LP
       R(I) = R(I) - SK(IP) * R(LP)
5      CONTINUE
10     CONTINUE
       DO 20   I = 1, N
       II = MA(I)
       R(I) = R(I)/SK(II)
20     CONTINUE
       DO 30 J1 = 2, N
       I = 2 + N - J1
       L = I - MA(I) + MA(I - 1) + 1
       K = I - 1
       IF(L. GT. K) GO TO 30
       DO 25 J = L, K
       IJ = MA(I) - I + J
       R(J) = R(J) - SK(IJ) * R(I)
25     CONTINUE
30     CONTINUE
       RETURN
       END
       SUBROUTINE OUTPUT                          ! 荷载或位移信息输出子程序
       COMMON/CA/NP, NE, NM, NR, NI, NL, NG, ND, NC
```

```
        COMMON/CC/N, NH, JR(2, 1000), R(1000)
        DO 100 I = 1, NP
        L = JR(1, I)
        IF(L)30, 20, 10
10      S = R(L)
        GOTO 30
20      S = 0.0
30      L = JR(2, I)
        IF(L)60, 50, 40
40      SS = R(L)
        GOTO 60
50      SS = 0.0
60      WRITE(6, 500)I, S, SS
100     CONTINUE
500     FORMAT(5X, I5, 2E20.6)
        RETURN
        END


        SUBROUTINE MR
        SUBROUTINE LOAD(AE, X, Y, MEO)
        SUBROUTINE MGK(AE, X, Y, MEO, MA, SK)
        SUBROUTINE KRS(BR, BS, CR, CS)
        SUBROUTINE TREAT(SK, MA)
        SUBROUTINE CES(AE, X, Y, MEO)
        SUBROUTINE ERFAC(AE, X, Y, MEO)
```

# 7.6  算  例

**例题** 7 - 1  图 7 - 19(a)为一重力式挡土墙,试用网格自动生成的方法建立有限元计算模型,并利用三结点三角形单元的有限元计算程序,计算该重力式挡土墙在墙后土压力作用下的内力、位移及地基反力。设 $E = 2.0 \times 10^7$ kPa, $\mu = 0.167$, $t = 1$m,视为平面应变问题。

解:

（1）首先建立有限元计算模型。设挡土墙自下而上有四条生成线,每条生成线的间隔均是6,加权因子为1.2。利用 WGSC. FOR 自动生成有限元网格,其输入数据文件为:

4, 1.2

6, 0.0, 0.0, 0.0, 12.0

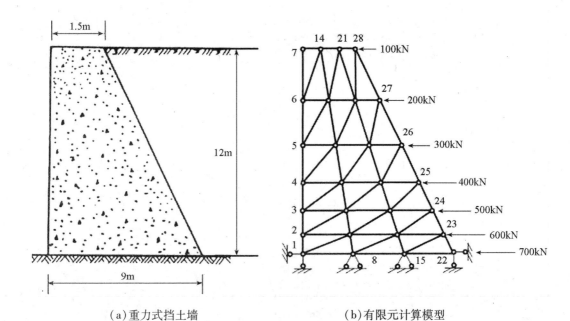

（a）重力式挡土墙　　　　　　（b）有限元计算模型

**图 7 - 19　重力式挡土墙及计算模型**

6, 3.0, 0.0, 0.5, 12.0

6, 6.0, 0.0, 1.0, 12.0

6, 9.0, 0.0, 1.5, 12.0

利用 WGSC 程序计算后所得到的数据文件为：

控 制 参 数

4　　　　　　1.20

6　0.00　0.00　0.00　12.00

6　3.00　0.00　0.50　12.00

6　6.00　0.00　1.00　12.00

6　9.00　0.00　1.50　12.00

| 结点号码 | $x$ 坐标 | $y$ 坐标 |
|---|---|---|
| 1 | 0.00000000 | 0.00000000 |
| 2 | 0.00000000 | 1.20846900 |
| 3 | 0.00000000 | 2.65863200 |
| 4 | 0.00000000 | 4.39882700 |
| 5 | 0.00000000 | 6.48706200 |
| 6 | 0.00000000 | 8.99294300 |
| 7 | 0.00000000 | 12.00000000 |
| 8 | 3.00000000 | 0.00000000 |
| 9 | 2.74823600 | 1.20846900 |
| 10 | 2.44611800 | 2.65863200 |

| 11 | 2.08357800 | 4.39882700 |
|----|------------|------------|
| 12 | 1.64852900 | 6.48706200 |
| 13 | 1.12647000 | 8.99294300 |
| 14 | 0.49999980 | 12.00000000 |
| 15 | 2.08357800 | 4.39882700 |
| 16 | 6.00000000 | 0.00000000 |
| 17 | 4.89223700 | 2.65863200 |
| 18 | 4.16715500 | 4.39882700 |
| 19 | 3.29705800 | 6.48706200 |
| 20 | 2.25294000 | 8.99294300 |
| 21 | 0.99999960 | 12.00000000 |
| 22 | 9.00000000 | 0.00000000 |
| 23 | 8.24470700 | 1.20846900 |
| 24 | 7.33835600 | 2.65863200 |
| 25 | 6.25073300 | 4.39882700 |
| 26 | 4.94558700 | 6.48706200 |
| 27 | 3.37941100 | 8.99294300 |
| 28 | 1.50000000 | 12.00000000 |

| 单元号 | 单元的结点号 | | |
|--------|------|------|------|
| 1 | 1 | 8 | 9 |
| 2 | 1 | 9 | 2 |
| 3 | 2 | 9 | 0 |
| 4 | 2 | 10 | 3 |
| 5 | 3 | 10 | 11 |
| 6 | 3 | 11 | 4 |
| 7 | 4 | 11 | 12 |
| 8 | 4 | 12 | 5 |
| 9 | 5 | 12 | 13 |
| 10 | 5 | 13 | 6 |
| 11 | 6 | 13 | 14 |
| 12 | 6 | 14 | 7 |
| 13 | 8 | 15 | 16 |
| 14 | 8 | 16 | 9 |
| 15 | 9 | 16 | 17 |
| 16 | 9 | 17 | 10 |
| 17 | 10 | 17 | 18 |
| 18 | 10 | 18 | 11 |

| | | | |
|---|---|---|---|
| 19 | 11 | 18 | 19 |
| 20 | 11 | 19 | 12 |
| 21 | 12 | 19 | 20 |
| 22 | 12 | 20 | 13 |
| 23 | 13 | 20 | 21 |
| 24 | 13 | 21 | 14 |
| 25 | 15 | 22 | 13 |
| 26 | 15 | 23 | 16 |
| 27 | 16 | 23 | 24 |
| 28 | 16 | 24 | 17 |
| 29 | 17 | 24 | 25 |
| 30 | 17 | 25 | 18 |
| 31 | 18 | 25 | 16 |
| 32 | 18 | 26 | 19 |
| 33 | 19 | 26 | 27 |
| 34 | 19 | 27 | 20 |
| 35 | 20 | 27 | 28 |
| 36 | 20 | 28 | 21 |

与上数据文件对应的有限元网格如图 7 – 19(b)所示(对荷载及约束情况需人工处理)。

(2) 考虑挡土墙的材料特性、荷载及约束等情况,按照三结点三角形单元的有限元计算程序 RFEP. FOR 的要求,对 WGSC 程序计算所得的数据文件进行补充,可得到 RFEP. FOR 程序所需的输入数据文件:

28, 36, 1, 4, 1, 7, 0, 0, 4

2.0e7, 0.167, 0.0, 1.0

| | | |
|---|---|---|
| 1 | 0.00000000 | 0.00000000 |
| 2 | 0.00000000 | 1.20846900 |
| 3 | 0.00000000 | 2.65863200 |
| 4 | 0.00000000 | 4.39882700 |
| 5 | 0.00000000 | 6.48706200 |
| 6 | 0.00000000 | 8.99294300 |
| 7 | 0.00000000 | 12.00000000 |
| 8 | 3.00000000 | 0.00000000 |
| 9 | 2.74823600 | 1.20846900 |
| 10 | 2.44611800 | 2.65863200 |
| 11 | 2.08357800 | 4.39882700 |

| 12 | 1.64852900 | 6.48706200 |
|----|------------|------------|
| 13 | 1.12647000 | 8.99294300 |
| 14 | 0.49999980 | 12.00000000 |
| 15 | 6.00000000 | 0.00000000 |
| 16 | 5.49647100 | 1.20846900 |
| 17 | 4.89223700 | 2.65863200 |
| 18 | 4.16715500 | 4.39882700 |
| 19 | 3.29705800 | 6.48706200 |
| 20 | 2.25294000 | 8.99294300 |
| 21 | 0.99999960 | 12.00000000 |
| 22 | 9.00000000 | 0.00000000 |
| 23 | 8.24470700 | 1.20846900 |
| 24 | 7.33835600 | 2.65863200 |
| 25 | 6.25073300 | 4.39882700 |
| 26 | 4.94558700 | 6.48706200 |
| 27 | 3.37941100 | 8.99294300 |
| 28 | 1.50000000 | 12.00000000 |

| 1 | 1 | 8 | 9 | 1 |
|----|----|----|----|----|
| 2 | 1 | 9 | 2 | 1 |
| 3 | 2 | 9 | 0 | 1 |
| 4 | 2 | 10 | 3 | 1 |
| 5 | 3 | 10 | 11 | 1 |
| 6 | 3 | 11 | 4 | 1 |
| 7 | 4 | 11 | 12 | 1 |
| 8 | 4 | 12 | 5 | 1 |
| 9 | 5 | 12 | 13 | 1 |
| 10 | 5 | 13 | 6 | 1 |
| 11 | 6 | 13 | 14 | 1 |
| 12 | 6 | 14 | 7 | 1 |
| 13 | 8 | 15 | 16 | 1 |
| 14 | 8 | 16 | 9 | 1 |
| 15 | 9 | 16 | 17 | 1 |
| 16 | 9 | 17 | 10 | 1 |
| 17 | 10 | 17 | 18 | 1 |
| 18 | 10 | 18 | 11 | 1 |
| 19 | 11 | 18 | 19 | 1 |
| 20 | 11 | 19 | 12 | 1 |

| 21 | 12 | 19 | 20 | 1 |
| 22 | 12 | 20 | 13 | 1 |
| 23 | 13 | 20 | 21 | 1 |
| 24 | 13 | 21 | 14 | 1 |
| 25 | 15 | 22 | 13 | 1 |
| 26 | 15 | 23 | 16 | 1 |
| 27 | 16 | 23 | 24 | 1 |
| 28 | 16 | 24 | 17 | 1 |
| 29 | 17 | 24 | 25 | 1 |
| 30 | 17 | 25 | 18 | 1 |
| 31 | 18 | 25 | 16 | 1 |
| 32 | 18 | 26 | 19 | 1 |
| 33 | 19 | 26 | 27 | 1 |
| 34 | 19 | 27 | 20 | 1 |
| 35 | 20 | 27 | 28 | 1 |
| 36 | 20 | 28 | 21 | 1 |

00100, 00800, 01500, 02200

23, −600.0, 0.0

24, −500.0, 0.0

25, −400.0, 0.0

26, −300.0, 0.0

27, −200.0, 0.0

28, −100.0, 0.0

1, 0, 0, 1, 2

8, 0, 1, 14, 13

15, 0, 13, 26, 25

22, 0, 0, 0, 25


运行 RFEP 程序后得到的部分结果如下：

| | |
|---|---|
| 单元总数 | $NE = 36$ |
| 材料类型总数 | $NM = 1$ |
| 受约束结点总数 | $NR = 4$ |
| 是否平面应力(是平面应力填0，否则填1) | $NI = 1$ |
| 受载结点总数 | $NL = 7$ |
| 是否考虑自重(考虑填0，否则填1) | $NG = 0$ |
| 有非零已知位移的结点数 | $ND = 0$ |
| 要计算支座的反力结点数 | $NC = 4$ |

| 弹性模量 | 泊松比 | 容重 | 厚度 |
|---|---|---|---|
| 0.2000E+08 | 0.1670 | 0.0000 | 1.0000 |

结构自由度总数　　　　　$N = 48$

总存储量　　　　　　　　$NH = 584$

最大半带宽　　　　　　　$MX = 16$

集中结点荷载信息

| 结点号 | $x$ 方向集中力 | $y$ 方向集中力 |
|---|---|---|
| 22 | −700.000 | 0.000 |
| 23 | −600.000 | 0.000 |
| 24 | −500.000 | 0.000 |
| 25 | −400.000 | 0.000 |
| 26 | −300.000 | 0.000 |
| 27 | −200.000 | 0.000 |
| 28 | −100.000 | 0.000 |

结点位移

| 结点 | $x$ 方向位移 | $y$ 方向位移 |
|---|---|---|
| 1 | 0.000000 | 0.000000 |
| 2 | −0.000033 | −0.000034 |
| 3 | −0.000079 | −0.000068 |
| 4 | −0.000144 | −0.000098 |
| 5 | −0.000232 | −0.000123 |
| 6 | −0.000352 | −0.000139 |
| 7 | −0.000508 | −0.000143 |
| 8 | 0.000000 | 0.000000 |
| 9 | −0.000029 | −0.000006 |
| 10 | −0.000075 | −0.000017 |
| 11 | −0.000140 | −0.000034 |
| 12 | −0.000230 | −0.000057 |
| 13 | −0.000351 | −0.000085 |
| 14 | −0.000508 | −0.000117 |
| 15 | 0.000000 | 0.000000 |
| 16 | −0.000037 | 0.000010 |
| 17 | −0.000083 | 0.000017 |
| 18 | −0.000144 | 0.000017 |
| 19 | −0.000231 | 0.000001 |
| 20 | −0.000351 | −0.000034 |
| 21 | −0.000509 | −0.000092 |

| 22 | 0.000000 | 0.000000 |
| --- | --- | --- |
| 23 | −0.000060 | 0.000023 |
| 24 | −0.000105 | 0.000044 |
| 25 | −0.000156 | 0.000058 |
| 26 | −0.000235 | 0.000055 |
| 27 | −0.000353 | 0.000017 |
| 28 | −0.000510 | −0.000066 |

| 单元 | x 方向应力 | y 方向应力 | 剪应力 | 最大主应力 | 最小主应力 | 与 x 正方向夹角 |
| --- | --- | --- | --- | --- | --- | --- |
| 1 | −21.605 | −107.766 | −204.391 | 144.196 | −273.567 | −39.049 |
| 2 | −92.414 | −602.836 | −143.261 | −54.954 | −640.296 | −14.654 |
| 3 | 6.902 | −111.485 | −181.014 | 137.625 | −243.018 | −36.004 |
| 4 | −62.503 | −485.433 | −96.553 | −41.503 | −506.433 | −12.271 |
| 5 | 13.033 | −108.655 | −141.905 | 106.588 | −202.209 | −33.396 |
| 6 | −38.833 | −365.273 | −56.046 | −29.479 | −374.628 | −9.476 |
| 7 | 15.909 | −92.215 | −102.746 | 77.949 | −154.254 | −31.124 |
| 8 | −19.661 | −248.020 | −22.882 | −17.391 | −250.290 | −5.666 |
| 9 | 18.374 | −58.300 | −71.800 | 61.431 | −101.357 | −30.950 |
| 10 | −9.464 | −133.805 | −4.635 | −9.291 | −133.978 | −2.132 |
| 11 | 15.104 | −11.258 | −39.274 | 43.350 | −39.504 | −35.723 |
| 12 | −0.771 | −27.920 | −4.643 | 0.001 | −28.692 | −9.440 |
| 13 | 34.345 | 171.315 | −264.599 | 376.148 | −170.487 | −52.256 |
| 14 | −82.706 | −95.476 | −160.848 | 71.833 | −250.066 | −43.863 |
| 15 | −33.662 | 149.160 | −233.022 | 308.059 | −192.561 | −55.710 |
| 16 | −93.845 | −115.448 | −157.484 | 53.208 | −262.501 | −43.038 |
| 17 | −50.047 | 103.017 | −192.763 | 233.885 | −180.915 | −55.827 |
| 18 | −92.414 | −602.836 | −143.261 | −54.954 | −640.296 | −14.654 |
| 19 | −30.320 | 50.338 | −152.986 | 168.221 | −148.203 | −52.384 |
| 20 | −23.657 | −80.164 | −66.437 | 20.285 | −124.106 | −33.481 |
| 21 | −21.605 | −107.766 | −204.391 | 144.196 | −273.567 | −39.049 |
| 21 | −5.300 | 11.401 | −111.933 | 115.295 | −109.194 | −47.133 |
| 22 | −6.783 | −39.170 | −25.989 | 7.644 | −53.598 | −29.037 |
| 23 | 0.556 | −2.563 | −58.260 | 57.277 | −59.284 | −44.233 |
| 24 | −15.114 | −0.685 | −8.831 | 3.504 | −19.303 | −64.623 |
| 25 | −82.367 | 410.848 | −422.166 | 699.596 | −206.382 | −55.629 |
| 26 | −130.176 | −180.455 | −251.362 | 320.615 | −270.336 | −60.856 |
| 27 | −97.516 | 343.367 | −267.005 | 469.172 | −223.320 | −64.772 |
| 28 | −144.801 | 172.777 | −207.251 | 275.076 | −247.100 | −63.729 |

| 29 | – 122. 455 | 284. 238 | – 207. 659 | 371. 532 | – 209. 749 | – 67. 199 |
| 30 | – 91. 464 | 146. 351 | – 149. 842 | 218. 733 | – 163. 846 | – 64. 217 |
| 31 | – 79. 444 | 206. 309 | – 181. 993 | 294. 809 | – 167. 945 | – 64. 067 |
| 32 | – 92. 414 | – 602. 836 | – 143. 261 | – 54. 954 | – 640. 296 | – 14. 654 |
| 33 | – 36. 310 | 99. 197 | – 138. 922 | 186. 006 | – 123. 120 | – 58. 000 |
| 34 | – 6. 973 | 96. 439 | – 29. 843 | 104. 433 | – 14. 968 | – 75. 004 |
| 35 | – 24. 281 | 10. 109 | – 65. 529 | 60. 662 | – 74. 834 | – 52. 351 |
| 36 | – 33. 971 | 36. 969 | – 19. 191 | 41. 828 | – 38. 830 | – 75. 792 |

| 结点 | $x$ 方向分力 | $y$ 方向分力 |
|------|------------|------------|
| 1 | 235. 641 | 965. 433 |
| 8 | 534. 690 | 272. 527 |
| 15 | 806. 095 | – 521. 756 |
| 22 | 523. 588 | – 716. 203 |

# 习 题

## 一、思考题

1. 对于有限元网格，按照什么编号原则才可使所形成的整体刚度矩阵带宽比较小？

2. 阅读程序 7 – 4，体会程序中计算半带宽的方法。

3. 什么是整体刚度矩阵 $[K]$ 的一维存储方法？

4. 为什么对计算模型的结点编号会影响整体刚度矩阵 $[K]$ 的存储量？

5. 试总结程序中是怎样处理零位移约束和非零已知位移约束情况的。

6. 本章中有限元计算程序是用 FORTRAN 语言编写，有限元的后处理程序是用 BASIC 语言编写，采用哪些方法可使两种程序结合起来使用？

## 二、上机题

1. 图 7 – 20 所示结构为一水坝的有限元计算模型。

（1）编写一数据输入输出及控制主程序，并与以下有关的子程序连接，进行计算；

（2）用 MR 子程序计算结构的自由度指示矩阵 **JR**，并打印或显示 **JR** 矩阵的三个过程；

（3）用程序 7 – 4 计算结构模型的最大半带宽、主元素指示矩阵 **MA**。

2. 试在程序 7 – 7 *LOAD* 子程序中加入处理分布荷载的程序段。

3. 试在程序 7 – 10 *ERFAC* 子程序中考虑支座结点上由等效结点荷载直接引起的支座反力，并设计相应的程序段。

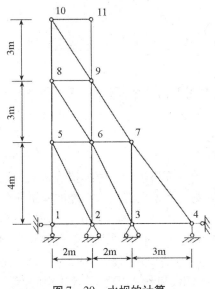

**图 7 - 20　水坝的计算**

4. 利用网格自动生成程序及三结点三角形单元有限元程序，对例题 6 - 1：

（1）建立有关的数据文件；

（2）进行有限元计算；

（3）分析有限元计算结果，对计算结果进行处理并与例题 6 - 1 计算结果进行比较；

（4）利用程序 7 - 11、程序 7 - 12 显示结构的位移及主应力。

# 第 8 章　ANSYS 计算分析软件介绍及操作

有限单元法就是利用电子计算机进行数值模拟分析的方法。国际上早在 20 世纪 60 年代初就投入大量的人力和物力开发具有强大功能的有限元分析程序，其中最为著名的是由美国国家宇航局（NASA）在 1965 年委托美国计算科学公司和贝尔航空系统公司开发的 NASTRAN 有限元分析系统。目前的通用有限元程序主要有德国的 ASKA，英国的 PAFEC，法国的 SYSTUS，美国的 ABQUS、ADINA、ANSYS/LS – DYNA、BERSAFE、BOSOR、COSMOS、ELAS、MARC 和 STARDYNE 等公司的产品，在工程技术领域中的应用十分广泛。

自 1970 年美国匹兹堡大学力学系教授 John Swanson 博士开发出 ANSYS 以来，历经 30 年的发展，ANSYS 软件功能不断增强，已发展成为集结构、热、流体、电磁场、声场和耦合场分析于一体的大型通用有限元分析软件，其用户涵盖机械、航空航天、能源、交通运输、土木建筑、防护工程、水利、电子、地矿、生物医学、教学科研等众多领域。ANSYS 计算分析软件目前在防护工程中的应用主要是对爆炸加载下应力波的传播及材料的破坏；炸药在空气、混凝土、岩土和水中爆炸；高速碰撞，弹丸、长杆及射流对目标的侵彻等进行数值模拟。

1976 年，J. O. Hallquist 博士在美国 Lawrence Livermore National Laboratory（美国三大国防实验室之一）主持开发完成 DYNA 程序，其目的主要是为北约组织的武器结构设计提供分析工具。现在 DYNA 程序已经成为国际著名的非线性动力分析软件，在武器结构设计、内弹道和终点弹道、军用材料研制等方面得到了广泛的应用。

由美国 ANSYS 公司和 LSTC 公司合作开发的 ANSYS/LS – DYNA 程序是 ANSYS 的高度非线性瞬态动力分析模块，由 ANSYS 公司将 LS – DYNA 与 ANSYS 前后处理连接，大大加强了 LS – DYNA 的前后处理能力和通用性，成为国际著名大型结构分析程序 ANSYS 在非线性领域中的重大扩充。由于 ANSYS/LS – DYNA 程序具有强大的动力分析数值模拟功能，是全世界范围内最知名的有限元显式求解程序，在对侵彻过程与爆炸成坑模拟分析、军用设备和结构设施受碰撞和爆炸冲击加载的结构动力分析、介质（包括空气、水和地质材料等）中爆炸及爆炸作用对结构作用的全过程模拟分析、军用新材料（包括炸药、复合材料、特种金属等）的研制和动力特性分析、超高速碰撞模拟分析等防护工程设计所涉及的领域具有广泛的应用前景。

# 8.1　ANSYS 计算分析软件的一般操作和使用

## 8.1.1　ANSYS 主要技术特点

ANSYS 作为一个功能强大、应用广泛的有限元分析软件，其技术特点主要表现在以下几个方面。

(1) 数据统一。ANSYS 使用统一的数据库来存储模型数据及求解结果，实现前后处理、分析求解及多场分析的数据统一。

(2) 强大的建模能力。ANSYS 具备三维建模能力，仅靠 ANSYS 的 GUI(图形界面)就可建立各种复杂的几何模型。

(3) 强大的求解功能。ANSYS 提供了数种求解器，用户可以根据分析要求选择合适的求解器。

(4) 强大的非线性分析功能。ANSYS 具有强大的非线性分析功能，可进行几何非线性、材料非线性及状态非线性分析。

(5) 智能网格划分。ANSYS 具有智能网格划分功能，根据模型的特点自动生成有限元网格。

(6) 良好的优化功能。利用 ANSYS 的优化设计功能，用户可以确定最优设计方案；利用 ANSYS 的拓扑优化功能，用户可以对模型进行外形优化，寻求物体对材料的最佳利用。

(7) 可实现多场耦合功能。ANSYS 可以实现多物理场耦合分析，研究各物理场间的相互影响。

(8) 提供与其子程序接口。ANSYS 提供了与多数 CAD 软件及有限元分析软件的接口程序，可实现数据共享和交换，如 pro/Engineer、NASTRAN、Algor – FEM、I – DEAS、AutoCAD、SolidWorks、parasolid 等

(9) 良好的用户开发环境。ANSYS 开放式的结构使用户可以利用 APDL、UIDL 和 UPFs 对其进行二次开发。

## 8.1.2　ANSYS 主要功能

### 1. 结构分析

结构分析用于确定结构在荷载作用下的静、动力行为，研究结构的强度、刚度和稳定。ANSYS 中的结构分析可分为以下几类。

(1) 静力分析。用于分析结构的静态行为，可以考虑结构的线性及非线性特性。例如，大变形、大应变、应力刚化、接触、塑性、超弹及蠕变等。

（2）模态分析。计算线性结构的自振频率及振形。

（3）谱分析。是模态分析的扩展，用于计算由于随机振动引起的结构应力和应变（也叫作响应谱或 PSD）。

（4）谐响应分析。确定线性结构对随时间按正弦曲线变化的载荷的响应。

（5）瞬态动力学分析。确定结构对随时间任意变化的载荷的响应，可以考虑与静力分析相同的结构非线性特性。

（6）特征屈曲分析。用于计算线性屈荷载，并确定屈曲模态形状（结合瞬态动力学分析可以实现非线性屈曲分析）。

（7）专项分析。断裂分析，复合材料分析，疲劳分析。

（8）显式动力分析。其显式方程求解冲击、碰撞、快速成型等问题，是目前求解这类问题最有效的方法。

## 2. 热力学分析

热力学分析用于分析系统或部件的温度分布，以及其他热物理参数，如热梯度、热流密度等。ANSYS 中的热分析可分为以下方面。

（1）稳态热分析。用于研究稳态的热载荷对系统或部件的影响。

（2）瞬态热分析。用于计算一个系统随时间变化的温度场及其他热参数。

（3）热传导、热对流、热辐射分析。用于分析系统各部件间的温度传递。

（4）相变分析。用于分析相变（如熔化及凝固）和内热源（如电阻发热等）。

（5）热应力分析。热分析之后往往进行结构分析，计算由于热膨胀或收缩不均匀引起的应力。

## 3. 流体分析

流体分析用于确定流体的流动及热行为，流体分析分以下几类。

（1）CFD – ANSYSIFLOTRAN。提供强大的计算流体动力学分析功能，包括不可压缩或可压缩流体、层流及湍流，以及多组分运输等。

（2）声学分析。考虑流体介质与周围固体的相互作用，进行声波传递或水下结构的动力学分析等。

（3）容器内流体分析。考虑容器内的非流动流体的影响，可以确定由于晃动引起的静水压力。

（4）流体动力学耦合分析。在考虑流体约束质量的动力响应基础上，在结构动力学分析中使用流体耦合单元。

## 4. ANSYS 电磁场分析

电磁场分析中考虑的物理量是磁通量密度、磁场密度、磁力、磁力矩、阻抗、电感、涡流、能耗及磁通量泄漏等。

（1）静磁场分析。计算直流电（DC）或永磁体产生的磁场。

（2）交变磁场分析。计算由于交流电（AC）产生的磁场。

（3）瞬态磁场分析。计算随时间随机变化的电流或外界引起的磁场。

（4）电场分析。计算电阻或电容系统的电场。典型的物理量有电流密度、电荷密度、电场及电阻热等。

（5）高频电磁场分析。用于微波、RF 无源组件、波导、雷达系统、同轴连接器等分析。

### 5. 耦合场分析

耦合场分析考虑两个或多个物理场之间的相互作用。当两个物理场之间相互影响时，单独求解一个物理场得不到正确结果，因此需要将两个物理场组合到一起来分析求解。ANSYS 中可以实现的耦合场分析包括：热－结构、磁－热、磁－结构、流体－热、流体－结构、热－电、电－磁－热－流体－结构等。

## 8.1.3　ANSYS 的运行环境设定

ANSYS 安装完成后，在使用 ANSYS 时，用户应根据所要分析的问题，对 ANSYS 的运行环境进行设定，包括工作路径、工作文件名、内存要求、GUI 设置等。

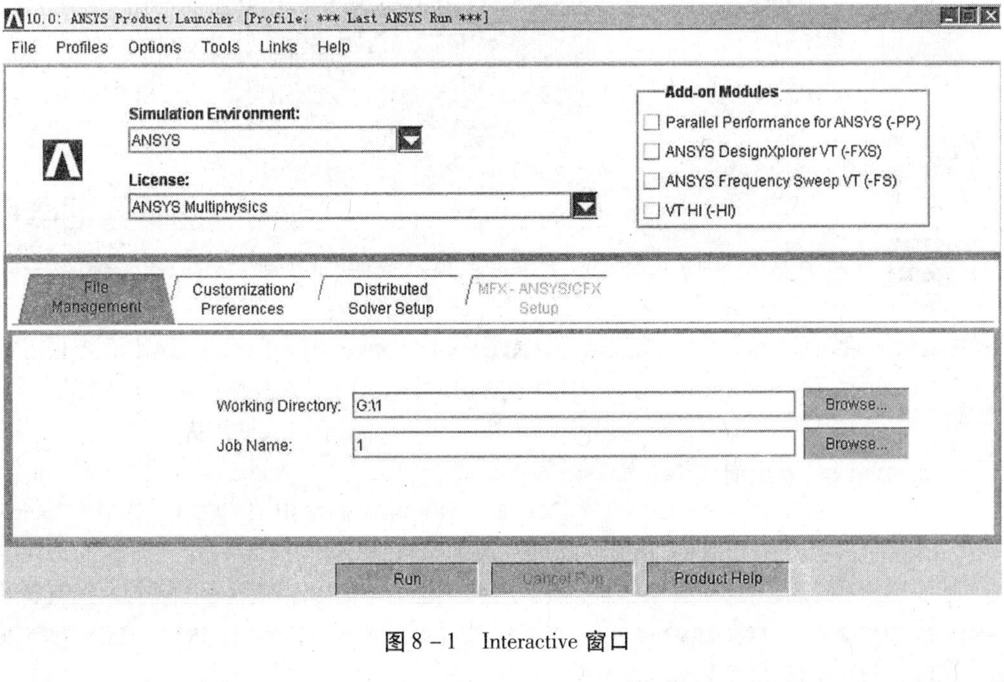

**图 8－1**　Interactive 窗口

在 Windows 系列操作系统中，选择"开始"→"程序"→ ANSYS10．0 → ANSYS Product Launcher，打开 Launcher 窗口，如图 8－1 所示。用户可在该窗口中可对各项进行设定。设置完成后，单击 Run，就会进入 ANSYS 运行系统。

通过 Launcher 窗口设定 ANSYS 的运行环境后，若以后用户从 ANSYS 10.0 选项菜单中选择 ANSYS，则会按上次设置直接进入 ANSYS 的运行系统，直到用户再次选择

ANSYS Product Launcher 进行新的设定后参数才会改变。

实际上每个分析的工作环境通常是不同的,特别是工作路径、工作文件名。因此,推荐用户选择 ANSYS Product Launcher,对运行环境设定后,再进入 ANSYS。

## 8.1.4 ANSYS 工作环境

ANSYS 的工作环境由 6 个窗口组成,即通常所说的 GUI(Graphical User Interface)图形用户界面,如图 8 - 2 所示。这 6 个窗口为用户使用 ANSYS 提供了便利的途径,用户可以非常方便地以交互模式完成分析计算。

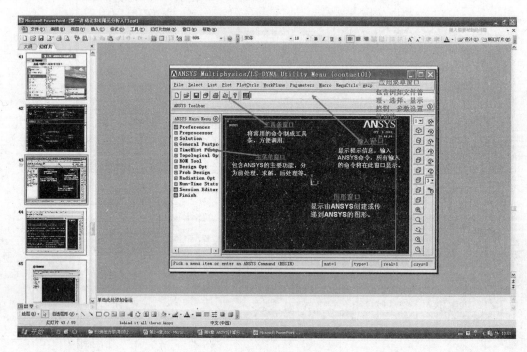

图 8 - 2    ANSYS 的工作环境

### 1. 应用菜单(Utility Menu)

应用菜单包括 ANSYS 的各种应用命令:文件控制(File)、对象选择(Select)、列表显示(List)、图形显示(Plot)、图形显示控制(PlotCtrls)、工作平面设定(WorkPlane)、参数化设计(Parameters)、宏命令(Macro)、窗口控制(MenuCtrls)及帮助系统(Help)。每一菜单项下面包括一系列子菜单项。

### 2. 主菜单(Main Menu)

主菜单基本上涵盖了 ANSYS 分析过程中的所有菜单命令,包括前处理、求解器、通用后处理、时间历程后处理、优化设计等。执行不同的菜单项将会得到不同的结果,"→."表示将得到下级子菜单,"…"表示将得到一对话框,"+"表示将得到一选择菜单。

### 3. 工具栏(Toolbar)

工具栏包括了一些常用的 ANSYS 命令和函数,是执行命令的快捷方式。ANSYS 预先定义了一些命令按钮。用户可以根据自己的要求对工具栏进行编辑、添加或删减工具栏中的命令按钮。工具栏中最多可以有 100 个命令按钮。

### 4. 输入窗口(Input Windows)

输入窗口由两个区域组成:文本输入区和命令历程缓冲区,如图 8-3 所示。用户可以直接在文本输入区输入命令或其他文本;命令历程缓冲区包含了所有先前输入的命令及提示信息,用户可以通过右侧的垂直滚动条查看先前命令;在文本输入区顶部,为方便用户操作 ANSYS,还给出了关于命令及执行状态的信息提示。在命令历程缓冲区用鼠标单击先前的命令,则该命令将出现在文本输入区,用鼠标双击先前的命令,则 ANSYS 将执行该命令。

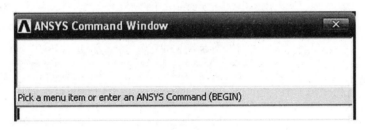

图 8-3　输入窗口

### 5. 输出窗口(Output Window)

输出窗口以文本形式显示命令执行后的结果,包括注释、警告、错误及其他信息。输出窗口通常位于 ANSYS 其他窗口之后,用户可以通过单击该窗口将其提升到最前,以查看命令执行信息。

### 6. 图形窗口(Graphic window)

图形窗口是 ANSYS 工作环境中占据最大位置的窗口,主要完成图形显示功能,包括显示模型,图形显示计算结果。用户可以单击标题栏上的按钮对图形窗口进行最小化和最大化操作。

## 8.1.5　ANSYS 的文件系统

### 1. ANSYS 的文件

基本上所有软件都需要使用文件来存储数据,ANSYS 也不例外。在 ANSYS 运行过程中会生成许多不同类型的文件,其中有一些是临时文件,在 ANSYS 运行结束前产生,在随后的某一时刻这些临时文件将被删除。而大量的在 ANSYS 运行结束后仍然保留，用于保存数据的永久性文件。

ANSYS 的这些永久性文件，有些采用的是文本格式（ACSII 码），有些采用的是二进制格式，用户可以在文本编辑器中对文本格式的文件进行读写操作。表 8 - 1 给出了ANSYS 常用的一些永久性文件。

表 8 - 1　ANSYS 主要文件列表

| 文件名 | 类型 | 说　明 |
|---|---|---|
| Jobname. db | 二进制 | ANSYS 数据库文件，记录有限元单元、结点、荷载等数据 |
| Jobname. log | 文本 | ANSYS 日志文件，以追加式记录所有执行过的命令 |
| Jobname. emat | 二进制 | ANSYS 单元矩阵文件，记录有限元单元矩阵数据 |
| Jobname. esav | 二进制 | ANSYS 单元数据存储文件，保存单元求解数据 |
| Jobname. err | 文本 | ANSYS 出错记录文件，记录所有运行中的警告、错误信息 |
| Jobname. rst | 二进制 | ANSYS 结果文件，记录一般结构分析的结果数据 |
| Jobname. rth | 二进制 | ANSYS 结果文件，记录一般热分析的结果数据 |
| Jobname. rmg | 二进制 | ANSYS 结果文件，记录一般磁场分析的结果数据 |
| Jobname. snn | 文本 | ANSYS 载荷步文件，记录载荷步的载荷信息 |
| Jobname. out | 文本 | ANSYS 输出文件，记录命令执行情况 |

进入 ANSYS 后，可以使用下面的方法更改默认的文件名：

·命令：/FILENAM, Fname .

·GUI：Utility Menu File→ Change jobnarne

例如：/FILENAM, EXAM——将当前工作文件名改为 EXAM。

## 2. 数据库文件( . db ) 的管理

保存数据到数据库文件：

·命令：SAVE, Fname, Ext, Dir, Slab

·GUI：Utility Menu →File →Save as

Utility Menu→ File →Save as Jobname. db

提示：为防止意外发生，如系统出错、电源中断等，用户应及时保存数据库。从数据库文件恢复数据库：

·命令：RESUME, Fname, Ext, Dir, NOPAR, KNOPLOT

·GUI：Utility Menu → File →. Resume Jobname . db

Utility Menu→ File → Resume from

注意：由于 ANSYS 没有"撤销操作"这一命令，因此用户在使用不确定的命令之前应保存数据库。这样当出现非料想结果时，可以使用/RESUME 命令恢复执行命令前的数据库。使用下面的方法将清除数据库全部内容：

· 命令：CLEAR, Read

· GUI：Utility Menu →File →Clear & Start New

## 3. ANSYS 文件的管理

ANSYS 按照自己特定的规则命名文件，若用户想按照自己的规则为 ANSYS 文件分配新的文件名可使用下面的方法：

· 命令：/ASSIGN, Ident, Fname, Ext, Dir

例如：/A SSIGN, ESAVE, USER, DAT – . ESAV 文件将指定按 USER . DAT 保存。

注意：使用/ASSIGN 命令分配的文件名，不受/CLEAR 、FILENAM 命令影响，即清除数据库和更改工作文件名后，使用/ASSIGN 命令时指定的文件名仍保持不变。若要恢复 ANSYS 的默认文件名，可使用命令/ASSIGN, Ident,,,, 。

二进制文件可以是内部文件或外部文件。外部文件可以在不同的计算机系统之间传送；内部文件则仅能在写该文件的计算机系统上调用。若要设置二进制文件的类型，则可以使用下面方法：

· 命令：/FTYPE, Ident, Type

例如：用 TYPE, EMAT, INT——将 EMAT 文件设定为外部文件。

提示：用户若不考虑文件在不同系统间传送，可将所有二进制文件设为内部文件，这样可节省 CPU 的运行时间。为节省磁盘空间，用下面的方法可指定二进制文件在使用后自动删除：

· 命令：/FDELE, Ident, Stat

例如：用/FDELE, EMAT, DELE——设定. EMAT 文件在使用后将被自动删除。

上述命令的 GUI 方式为：Utility Menu →File →ANSYS File Options，得到如图 8 – 4 所示的对话框。用户可以在对话框内完成有关设定。

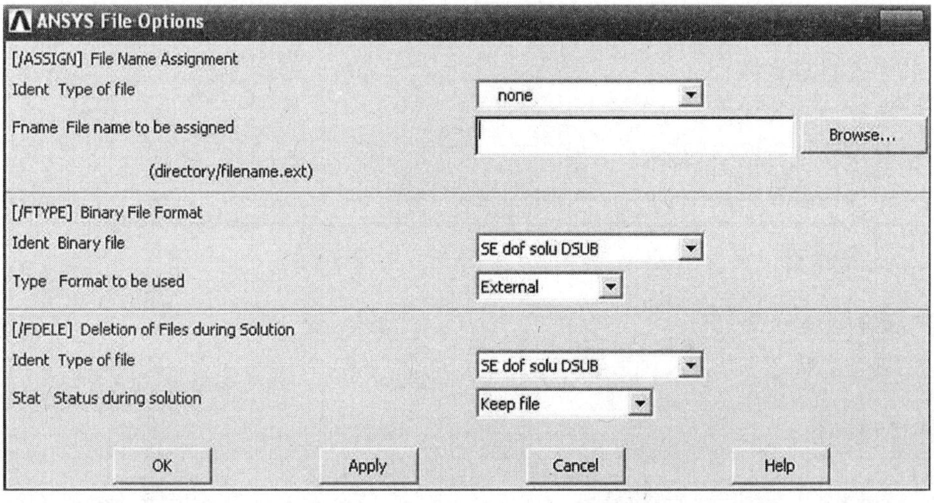

图 8 – 4　ANSYS File Option 对话框

对文件重新命名：

·命令：/RENAME, Fname1, Ext1, Dir1, Fname2, Ext2, Dir2

·GUI：Utility Menu →File → File operations → Rename

例如：/RENAME, A1, LOG,, A2, TXT —— 将文件 A1. LOG 更名为 A2. TXT。

删除文件：

·命令：/DELETE, Fname, Ext, Dir

·GUI：Utility Menu →File → File operations →Delete

拷贝文件：

·命令：/COPY, Fname1, Ext1, Dir1, Fname2, Ext2, Dir2

·GUI：Utility Menu →File→ File operations→Copy

例如：/COPY, Al, LOG,, A2, TXT ——将文件 A1LOG 作一备份，名为 A2 . TXT 。

用户可以在任意文本编辑器中编辑命令流文件，使用下面的方法将其读入：

·命令：/INPUT, Fname, Ext, Dir, LINE, LOG

·GUI：Utility Menu →File→ Read Input from

例如：/INPUT, USER, TXT——将文件 USER. TXT 读入。

## 8.1.6　ANSYS 一般分析步骤

ANSYS 典型的分析过程由前处理、求解计算和后处理三个部分组成。

### 1. 前处理

- 定义工作文件名。
- 设置分析模块。
- 定义单元类型和选项。
- 定义实常数。
- 定义材料特性。
- 建立分析几何模型。
- 对模型进行网格划分。
- 施加荷载及约束。

### 2. 求解计算

- 选择求解类型
- 进行求解选项设定。

### 3. 后处理

- 从求解计算结果中读取数据。
- 对计算结果进行各种图形化显示。
- 可对计算结果进行列表显示。

● 进行各种后续分析。

## 8.2　使用 ANSYS 计算分析软件对工程结构进行静力学分析

### 8.2.1　结构静力分析简介

防护工程中支撑荷载起骨架作用的部分称为结构。房屋中的梁柱体系，坑道建筑物中的防护门、隧洞等都是结构的典型例子。

从几何角度来看，工程结构可分为三类：

● 杆件结构：这类结构由杆件组成，杆件的几何特征是横截面尺寸要比长度小得多；

● 板壳结构：这类结构也叫作薄壁结构，它的厚度要比长度和宽度小得多；

● 实体结构：这类结构的长、宽、厚三个尺度大小相仿。

各种结构分析形式中，静力分析是最简单的形式，解决在固定不变的荷载作用下结构的响应(如反力、位移、应变、应力等)。所谓固定不变的荷载，指结构受到的外力大小、方向均不随时间变化。与固定不变的荷载对应，结构静力分析中结构的响应也是固定不变的。

静力分析主要从静力学(静力平衡条件)、几何学(位移协调条件)、物理学(胡克定理)三方面对结构进行分析，对应的力学知识主要为材料力学、结构力学、弹性力学。狭义的结构往往指的是杆件结构，而通常所说的结构力学就是指杆件结构力学。结构力学与材料力学、弹性力学、塑性力学有着密切的联系，它们都用来讨论结构及其构件的强度、刚度和稳定问题，其中材料力学以单个杆件为主要研究对象，结构力学以杆件结构为主要研究对象，弹性力学、塑性力学以实体结构和板壳结构为主要研究对象。

静力分析既可以是线性的也可以是非线性的。常见的非线性静力分析包括大变形、塑性、蠕变、接触(间隙)分析等。

基于 ANSYS 进行结构分析，主要任务包括：

● 分析结构的组成规律和合理形式，确定结构计算简图的合理选择；

● 分析结构的内力和变形，进行结构强度和刚度的验算；

● 分析结构的稳定性以及结构在动荷载作用下的响应。

从解决工程实际问题的角度来看，基于 ANSYS 进行结构分析的内容可分为三个部分：

● 将结构简化为计算简图；

● 研究各种计算简图的计算方法；

● 将计算结果运用于实际结构的设计和施工。

## 8.2.2 静力分析在 ANSYS 上的实现

结构静力分析问题在 ANSYS 中的求解步骤可以归纳如下。

### 第 1 步：建模

**(1) 确定工作文件名(jobname)、工作目录(directory)、分析标题(title)**
上述设置可以在分析过程中根据需要修改。

**(2) 进入前处理器(/PREP7)，定义单元类型、实常数、材料属性**
对结构静力分析，常见的单元有 LINK1(平面链杆单元)、IINK8(空间链杆单元)、BEAM3(平面梁单元)、BEAM4(空间梁单元)、PLANE42、PLANE82(四边形单元)、PLANE2(三角形单元)、SOLID45、SOLID92(实体单元)、SHEL L93 、SHELL 63(壳单元)等。

**(3) 构建结构模型，划分网格**
对于杆系结构、组合梁结构(运用材料力学、结构力学知识求解的问题)，多采用直接法建模，即根据坐标生成结点，连接结点形成单元；对实体结构，如板、壳、堤坝等，多采用间接法，即先生成几何实体，然后对实体划分网格生成有限元模型。

### 第 2 步：求解

施加荷载和边界条件、求解。静力分析所施加的荷载包括集中力和力矩、分布力、稳态的惯性力(如重力等)、位移荷载(如支座的初始位移等)、温度荷载(温度的变化引起结构响应的变化)。

### 第 3 步：后处理

静力分析结果保存于结构分析结果文件(Jobname .RST)中，主要包括初始解(结点位移的结果 UX、UY、UZ、ROTX、ROTY、ROTZ 等)和导出解(结点和单元应力、结点和单元应变、单元力、结点反力等)。

对于静力学分析问题，后处理主要在通用后处理器(/POST1)中进行。常用的后处理操作包括：

**(1) 绘制变形图**
命令：PLDISP
GUI：Main Menu→General Postproc→Plot Results→Deformed Shape

**(2) 列表显示结构反力和反力矩**
命令：PRESOL
GUI：Main Menu→General Postproc→Iist Results→Reaction Solu

**(3) 列表显示结点力和力矩**
命令：PRESOL

GUI：Main Menu→General Postproc→Iist Results→Element Solution

**（4）云图绘制**

命令：PLNSOL、PLESOL

GUI：Main Menu→General Postproc→Plot Results→Contour Plot→Nodal Solu

Main Menu→General Postproc→Plot Results→Contour Plot→Elemem Solu

# 8.3　ANSYS 计算分析软件的前、后处理

## 8.3.1　前处理器

选择 Main Menu > Preprocessor 命令，弹出 ANSYS 前处理器，如图 8 - 5 所示。前处理器（Preprocessor，/PREP7）用来建立有限元模型，这是问题求解的前提。

前处理器中 Element Type 选项用来选择单元类型。ANSYS 提供了近 200 种适用于不同分析类型、不同材料和不同几何模型的单元，单元选择正确与否，将决定其最后的分析结果。每种单元的使用方法和适用范围在 ANSYS 的帮助系统中都有详细的说明，可通过 Help 命令在线查看（例如想了解 shell157 单元的特性，在命令流窗口输入"help，shell157"并回车确认，ANSYS 就会弹出帮助窗口显示有关 Shell 157 单元的文件）。如果能够熟练掌握各种单元的特性和适用范围，对提高分析效率将非常有益。

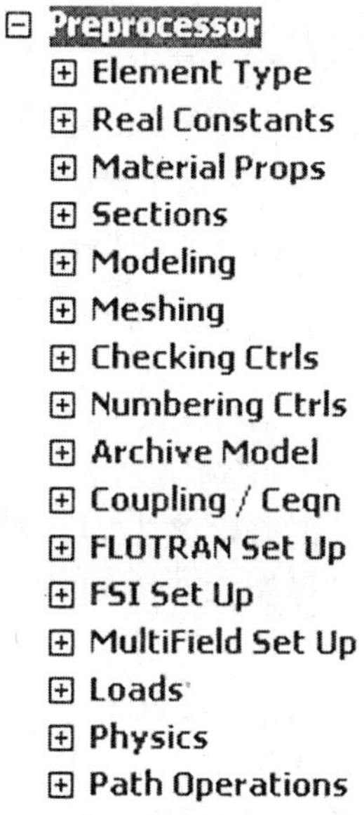

结构的受力状态决定单元类型的选择。建模过程中应尽量采用维数低的单元去获取预期的结果，如能选择点单元的不选择线单元，能用线单元的不用平面单元，能用平面单元的不用壳单元，能用壳单元的不用三维实体单元。

图 8-5　ANSYS 前处理器

Real Constants 选项用来设置单元的实常数，以梁单元为例，包括梁的横截面积、轴惯性矩、梁的高度等。

Material Props 选项用来设置材料属性。ANSYS 所有的分析都要输入材料属性，如热分析至少需要输入材料的导热系数等。结构分析中的材料属性主要包括杨氏弹性模量、泊松比等。

Modeling 选项用来构建几何模型，这也是使用前处理器的关键。选择 Main Menu→Preprocessor→Modeling 命令，弹出菜单如图 8 - 6 所示。

用户通过 Creat 选项可以生成所需的几何实体，如关键点（Keypoints）、线（lines）、面

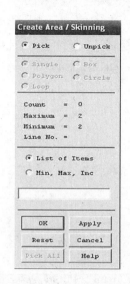

图 8-6　构建几何模型　　　图 8-7　Create Area/Skinning 面板

（Areas）、体（Volumes）等。例如 Main Menu→Preprocessor→Modeling→Create→Areas→…包含了所有的生成面的菜单命令。例如要创建一些形状极不规则的特殊曲面（例如发动机、螺旋桨的表面等），可以先创建曲面上的一系列"骨线"，然后选择 Main Menu→Preprocessor→Modeling→Create→Areas→Arbitrary→By Skinning 命令，弹出 Create Area / Skinning 面板，如图 8-7 所示，在图形窗口拾取"骨线"，单击 OK 按钮就可生成曲面，这就是所谓蒙皮技术。

　　Operate 选项对应着布尔运算等操作选项。布尔运算主要在结构本身较复杂但是利用快速的原始对象进行一些组合运算较方便时采用。布尔运算是所有 CAD 建模中必不可少的操作，ANSYS 也不例外，创建复杂的模型是离不开布尔运算的。如用户有一定的 CAD 制图经验，则对 ANSYS 中的建模操作、布尔运算会较易理解和掌握。

　　布尔运算包括了加（Add）、（Subtract）、交叠（Overlap）、粘贴（Glue）、切分（Divide）、相交（Intersect）等操作，选择 Main Menu→Preprocessor→Modeling→Operate→Booleans 命令，弹出的菜单包含了所有的布尔运算命令。

　　各运算的含义可以表述如下：

　　● 加（Add）：将两个有公共部分的图元合并为一个新的图元，不再保留公共部分的边界。

　　● 减（Subtract）：从一个图元中去掉另外一个图元同样具有的部分；这就要求两个图元必须有公共部分。

　　● 交叠（Overlap）：将具有重叠区域的图元划分为互相连接的三块，其中一块为原两个图元的公共部分，另外两块分别为原两个图元减去公共部分剩下的区域（与加相比，加得到一个完整的新图元，而交叠得到的是一个不完整的、具有公共边界的多个图元组合）。

　　● 粘贴（Glue）：将多个图元连接到一起并保留各自的边界。

　　● 切分（Divide）：顾名思义，切分操作就是将图元切分成几份，"切分工具"可以是体、面、线或工作平面(最常用的是工作平面)。

● 相交(Intersect)：相交操作生成的新图元是原有图元间的重叠部分。

● 分解(Partition)：分解操作和交叠操作类似，它把相交的两个图元按照两者的公共部分把两个图元分解成多个图元的组合(分解操作要求被分解的两个几何体有公共部分，并且其公共部分可以切分两个几何体中的任何一个)。

另外，与 AutoCAD 建模类似，"旋转"和"拉伸"也是 ANSYS 用来生成多面体、旋转体时常用的方法，具体操作可通过 Main Menu→Preprocessor→Modeling→Operate→Extrude→… 命令来实现。

Move/Modify、Copy、Reflection 选项分别对应于"移动/修改""复制""镜像"操作，这与 AutoCAD 等制图软件是一致的，在此不再赘述。

Delete 选项对应于删除图元的操作。ANSYS 提供了两种删除选择，可以只删除指定的图元，而保留其包含的低阶图元，也可以连这个图元和所有包含的低阶图元一并删除。要删除图元，可以选择 Main Menu→Preprocessor→Modeling→Delete→… 命令，例如选择 Lines Only 选项，表示仅将线删除，保留线上的低阶图元关键点；选择 Lines and Below 选项，表示将线及其低阶图元关键点一同删去。

需要牢记删除图元与移动图元不同，不可以直接删除隶属于高阶图元的图元，而必须从高阶至低阶删除。例如，若一条线是一个体的边，则必须先删除体，再删除所有与之关联的面，才可以删除此线。

Meshing 对应着网格划分操作。

网格划分是建模中非常重要的一个环节，它将几何模型转化为由结点和单元构成的有限元模型。网格划分的好坏将直接影响到计算结果的准确性和计算进度，甚至会因为网格划分不合理而导致计算不收敛。

ANSYS 中的网格划分大部分可以通过自动划分来完成，主要包含以下 3 个步骤：

(1)定义单元属性(单元类型、实常数、材料属性)；

(2)设定网格尺寸控制；

(3)执行网格划分。

选择 Main Menu→Preprocessor→Meshing 命令，弹出如图 8-8 所示菜单。所有的网格划分操作均可通过图 8-8 所示菜单完成。

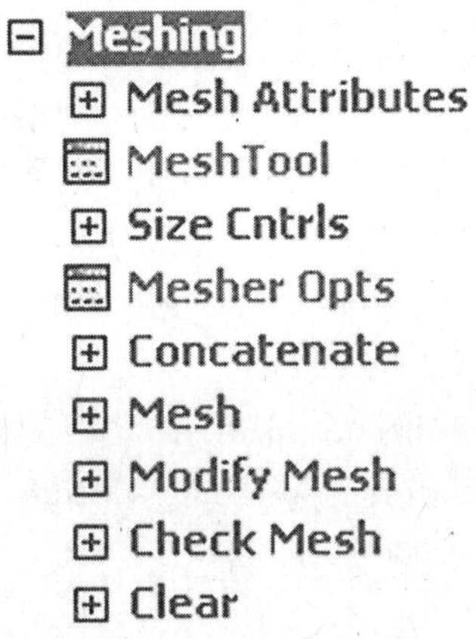

单击 Mesh Tool 选项，弹出 Mesh Tool 面板，如图8-9所示。

初学者可以方便地使用 Mesh Tool 面板进行网格划分的操作。单元属性的指定可以单击 Set 按钮，弹出 Meshing Attributes 菜单，在 TYPE(单元类型)、MAT(材料属性)、REAL(实常数)对话框中选取相应的单元属性，单击 OK 按钮确认即可。

网格大小、粗细的控制可以激活面板中的 Smart Size 按钮，拖动滑块至合适的精度(精度级别是 1 到

图 8-8　网格划分菜单

10 之间的整数，数越大，网格密度越小，网格也越粗糙），一般将滚动条设置在 4~8 之间；也可以单击 Size Controls 下面的相应按钮（如对面积划分网格则选择 Areas Set 按钮），在弹出的对话框中根据提示进行所需的设置，确定网格粗细。

网格划分单元形状控制可以单击面板中 Shape 旁边的相应选项如 Tet、Hex、Free 等。

在 Mesh 下拉列表框中指定划分对象的类型（如 Volumes、Areas、Lines 等），单击 Mesh 按钮，弹出拾取对话框，通过鼠标选取待划分的对象，单击 OK 按钮，就能将选定的对象划分网格了。待网格划分完毕，单击 Close 按钮，结束网格划分操作。

Mesh Tool 面板的全部功能可以通过图 8-8 所示菜单中 Mesh Attributes、Size Cntrls、Mesh 三选项来实现，Mesh Attributes 用来设定单元属性（单元类型、实常数、材料属性），Size Cntrls 用来控制网格尺寸，Mesh 用来执行网格划分。这三个菜单选项的使用要求用户对 ANSYS 的操作较为熟悉，这方面的实例在后续章节有详细介绍，建议初学者直接使用 Mesh Tool 面板进行网格划分操作。

在 ANSYS 建模的分网过程中，由于误操作等原因，对网格的修改是在所难免的。最常用的网格修改方法是将原有的网格删除，在调整网格尺寸和网格形状后，再重新进行网格划分。删除网格可以选择 Main Menu→Preprocessor→Meshing→Clear 命令。在清除网格后，图形窗口中的图像往往不会自动刷新，这时可以选择 Utility Menu→Plot→Replot 命令刷新显示，得到清晰的图形。

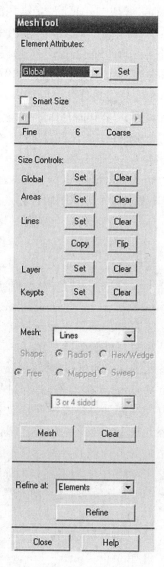

图 8-9　Mesh Tool 面板

除了清除网格之外，网格细化也是常用的分网修改操作。很多情况下，例如裂纹分析、应力集中等，都要求某个局部的网格具有比较精细的划分，以便在分析中获得精确的结果。网格细化的命令在 Main Menu→Preprocessor→Meshing→Modify Mesh 菜单中（对应于 Mesh Tool 面板下方的网格细化操作按钮 Refine）。

如图 8-10 所示，需要对四边形 AB 边上的单元进行细化，可以选择 Main Menu→Preprocessor→Meshing→Modify Mesh→Refine At→Lines 命令，弹出 Refine mesh at lines 面板，如图 8-11 所示。

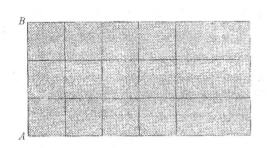

图 8 – 10　网格划分

图 8 – 11　Refine mesh at lines 面板

在图形窗口中拾取需要细化的边 AB，单击 OK 按钮，弹出细化级别设置对话框，如图 8 – 12 所示。

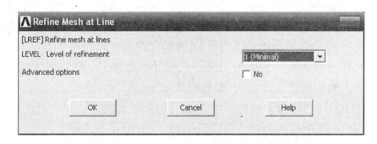

图 8 – 12　Refine Mesh at Line 对话框

在 Level of refinement 下拉列表框中选择网格细化的精度（最小为 1，最大为 5），单击 OK 按钮，即可完成网格细化操作。网格细化后的四边形如图 8 – 13 所示，可以明显

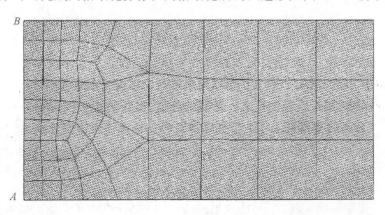

图 8 – 13　网格细化

看出 A B 边上的单元比原图形密很多。

前处理器中的 Coupling /Ceqn 选项用来定义耦合约束。ANSYS 中可以设置一种特殊的称为耦合的加载方式，一个耦合设置是一组被约束在一起，有着相同大小但数值未知的自由度。在铰的处理、接触分析等问题中往往需要用到耦合约束。

选择 Main Menu）Preprocessor → Coupling/Ceqn → Couple DOFs 命令，弹出 Define Coupled DOFS 面板，在图形窗口拾取待耦合的结点，单击 OK 按钮，弹出 Define Coupled DOFs 对话框，如图 8 - 14 所示。

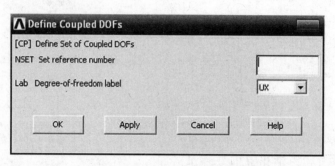

图 8 - 14　Define Coupled DOFs 对话框

在对话框的 Set reference number 设置框中输入耦合编号，在 Degree - of-freedom label 下拉列表框中选择需要耦合的自由度（UX、UY、ROTX、ROTZ 等），单击 OK 按钮，就生成一个耦合约束。耦合编号是为了区分不同的耦合约束，编号必须是一个自然数，每次生成新的耦合时都应输入不同的编号，这一点与实常数编号、材料属性编号类似。

生成耦合约束对应的命令是 CP，操作格式如下：

CP，N（耦合编号），耦合自由度，结点 1，结点 2，结点 3，…

例如，对图 8 - 15 中铰的处理，可以同时将 1、3 结点在 UX、UY、UZ 方向的自由度耦合起来生成耦合约束的命令如下：

CP，1，UX，1，3

CP，2，UY，1，3

CP，3，UZ，1，3

图 8 - 15　铰的处理

前处理器中 FLOTRAN Set Up 选项用来进行流体分析的设置，Loads 用于荷载的施加，Path Operations 用于路径的定义。荷载的施加、路径的定义同样可以在求解器、后处理器中实现。

## 8.3.2　后处理器

后处理是指检查、提取分析结果，这可以称是分析中最重要的环节，因为进行分析的目的就是要试图搞清楚荷载对结构的影响。必须指出的是，ANSYS 的后处理仅仅是用于检查分析结果的辅助工具，仍然需要通过用户的工程判断力来真正对结果进行分析与解释。

后处理阶段，主要涉及使用以下两种类型的结果数据。

● 基本数据：这是 ANSYS 直接在计算中进行求解的数据，也称为结点解数据。

● 派生数据：这是通过基本数据再经过简单求解，例如加、减、乘、除、微分、积分等计算得到的间接数据，也称为单元解数据。

后处理器分通用后处理器、时间历程后处理器两种。通用后处理器（General Postprocessor，/POST1）用于观察在给定时间点整个模型的结果。时间历程后处理器（TimeHist Postprocessor，/POST26）用于观察模型中指定点处呈现为时间的函数的结果。

后处理通常分为图像显示和列表显示两种。

一般可认为图像显示是结果观察的最有效方法。在通用后处理器中可进行梯度线显示、变形后的形状显示、矢量图显示、路径绘图、反作用力显示、粒子流轨迹显示等。常用图像显示的命令和菜单路径可以综述如下：

梯度线显示：

命令：PLNSOL（生成连续的整个模型的梯度线）

GUI：Main Menu→General Postproc→Plot Results→Nodal Solu

命令：PLESOL（在边界上生成不连续的梯度线）

GUI：Main Menu→General Postproc→Plot Results→Element Solu

［注意］梯度线图中以颜色梯度的形式表示结构中的不同应力，在图形窗口的下方，有一个标尺条，显示了图中不同色彩所代表的应力值范围，同时在图形中用"MX"和"MN"的文字表示最大和最小值所在的位置，如图 8 - 16 所示。

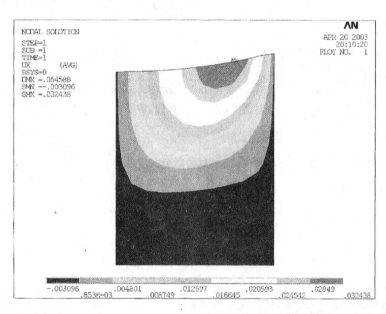

**图 8 - 16　梯度线图**

若在启动 ANSYS 时设置 Graphics device name 为 3D，则在显示云图的时候，将得到色彩雾化平滑过渡的显示效果。

命令：PLETAB（用梯度线显示单元表中保存的数据）

GUI：Main Menu→General Postproc→Plot Results→Elem Table

命令：PLLS（用梯度线的形式显示线单元的结果，常用于梁分析中对剪力、力矩的表示，该命令要求数据存储在单元表中）

GUI：Main Menu→General Postproc→Plot Results→Line Elem Res

变形后的形状显示：

命令：PLDISP

GUI：Utility Menu→Plot→Results→Deformed Shape

Main Menu→General Postproc→Plot Results→Deformed Shape

矢量显示（矢量显示用箭头显示模型中某个矢量大小和方向的变化，如位移、主应力等）

命令：PLVECT

GUI：Main Menu→General Postproc→Plot Results→Predefined or User-Defined

改变矢量箭头长度比例：

命令：/VSCALE

GUI：Utility Menu→Plot Ctrls→Style→Vector Arrow Scaling

路径图用来显示某个量沿着模型的某一预定路径的变化规律。要产生路径图，执行如下步骤：

（1）通过 PATH 命令定义路径属性（GUI：Main Menu → General Postproc → Path Operation→Define Path→Defined Paths）；

（2）通过 PPATH 命令定义路径点（GUI：Main Menu → General Postproc → Path Operation→Define Path→Modify Path）；

（3）通过 PDEF 命令将待提取结果映射到路径上（GUI：Main Menu→General Postproc→Map Onto Path）；

（4）通过 PLPATH、PLPAGM 命令显示结果（GUI：Main Menu→General Postproc→Path Operations→Plot Path Items）。

与路径有关的其他常用操作还有：

对路径项进行加、减、乘、除、微积分：

命令：PCALC

GUI：Main Menu→General Postproc→Path operations→Operation

计算两路径矢量的点积：

命令：PDOT

GUI：Main Menu→General Postproc→Path Operations→Dot Product

计算两路径矢量的叉积：

命令：PCROSS

GUI：Main Menu→General Postproc→Path Operations→Cross Production

删除路径：

命令：PADELE，DELOPT

GUI：Main Menu→General Postproc→Path Operations→Delete Path

时间历程后处理器可用于检查模型中指定点的分析结果与时间、频率等的函数关系。它的典型用途是在瞬态分析中通过图形表示结果与时间的关系或在非线性分析中通过图形表示作用力与挠度的关系。

时间历程后处理的所有操作都是针对变量而言的，是结果与时间或频率的简表。结果可以是结点的位移、结点力、单元应力等。操作的第一步是定义所需的变量，第二步是存储变量。可对每个变量任意指定大于或等于 2 的变量参考号（默认参考号 1 代表时间或频率）。

定义变量的命令和操作可以表述如下：

FORCE：指定力的类型（合力、静力、阻尼力或惯性力等）。

NSOL：定义结点解数据。

ESOL：定义单元解数据。

RFORCE：定义结点反力数据。

SHELL：指定壳单元（分层壳）中的位置（TOPMID、BOT）。

GUI：Main Menu→TimeHist Postpro→Define Variables

默认情况下，可以定义的变量数为 10 个。通过 NUMVAR 命令可增加限制（最大值为 200 个），对应的 GUI 方式为 Main Menu→TimeHist Postpro→Settings→File。

时间历程后处理器可对已定义的变量进行数学运算。例如在瞬态分析时定义了位移变量，可将该位移变量对时间求导得到速度和加速度。

例如：NSOL，2，441，U，Y，UY441 ！定义变量 2 为结点 441 的 UY，变量名称为 UY441 。

DERIV，3，2，1，，VEL441 ！定义变量 3 为变量 2 对变量 l（时间）的一阶导数，变量名称为 VEL441。

DERIV，4，3，1，，ACCL 441 ！定义变量 4 为变量 3 对变量 1（时间）的一阶导数，名称为 ACCL441 。

通过 PLVAR 命令（GUI：Main Menu→Time Hist Postpro→Graph Variables）可在图形显示区绘出多达 9 个变量的图形。时间历程图线中默认的横坐标（X 轴）为变量 1，在静态或瞬态分析时表示时间，在谐波分析时表示频率。通过 XVAR 命令（GUI：Main Menu→TimeHist Postpro→Settings→Graph）可指定不同的变量号作为横坐标。如果横坐标不是时间，可显示三维图形（用时间或频率作为 Z 坐标）。

后处理中计算结果的列表可以通过 Main Menu→General Postproc→List Results→⋯命令或者 Main Menu→TimeHist Postpro→List Variables 或 List Extremes 命令来实现。例如，选择 Main Menu→General Postproc →List Results→Nodal Solution 命令，弹出 List Nodal Solution 对话框，在 Item to be listed 列表框中选择 DOF solution All DOFs DOF 选项，单击 OK 按钮，就能将有限元模型中各结点的位移列表显示出来，如图 8 − 17 所示。

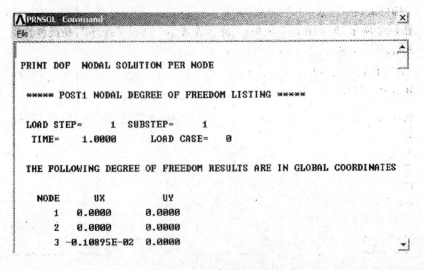

图 8-17  列表显示结果

# 习 题

## 一、思考题

1. 一个 ANSYS 工作名产生的文件有什么作用?
2. 当出现 Error 或 Warning 时如何处理?
3. 如何选择单元类型?
4. Plot 菜单中用 Keypoint, Line, Area, Volume, Node 和 Element 显示有何区别?

## 二、上机题

### 1. 平面桁架静力分析

如图 8-18 所示的平面桁架,$A$ 端 $x$,$y$ 方向位移固定,$B$ 端 $x$ 方向位移固定。横杆长 4m,竖杆长 3m、斜杆长 5m,杆横截面面积 $A=0.01\text{m}^2$。集中力大小为 15kN。杨氏模

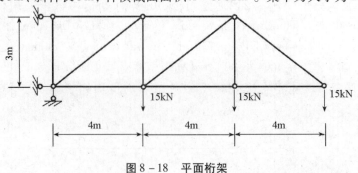

图 8-18  平面桁架

量 $E = 30 \times 10^6 \text{KPa}$，泊松比 $\mu = 0.3$，试求各结点反力。

解：求解的命令流代码：

```
/PREP7                          ! 进入前处理器
ET, 1, LINK1                    ! 选择单元
R, 1, 0.1                       ! 定义实常数
MP, EX, 1, 30E6
MP, PRXY, 1, 0.3                ! 定义材料属性
N, 1, 0
N, 2, 4
N, 3, 8
N, 4, 12
N, 5, 0, 3
N, 6, 4, 3
N, 7, 8, 3                      ! 生成结点
E, 1, 2
E, 2, 3
E, 3, 4
E, 4, 7
E, 3, 7
E, 2, 7
E, 2, 6
E, 2, 5
E, 1, 5
E, 5, 6
E, 6, 7                         ! 生成单元
FINISH
/SOLU                           ! 进入求解器
D, 1, UX
D, 1, UY
D, 5, UX                        ! 施加位移约束
F, 2, FY, -15
F, 3, FY, -15
F, 4, FY, -15                   ! 施加集中力
SOLVE                           ! 求解
/POST1                          ! 进入通用后处理器
PRESOL, FORC                    ! 列表显示反力
```

求解的菜单操作：

第1步：选择单元类型

1）选择 Main Menu →Preprocessor→Element Type→Add /Edit /Delete 命令，弹出 Element Types 对话框。

2）单击 Add 按钮，弹出 Library of Element Types 对话框。

3）在 Library of Element Types 对应的列表框中分别选择 Structural Link 和 2D spar 1 选项，单击 OK 按钮，确认选择，关闭对话框。

4）单击 Close 按钮，关闭 Element Types 对话框。

第2步：定义实常数

1）选择 Main Menu→Preprocessor→Real Constants→Add /Edit /Delete 命令，弹出 Real Constants 对话框。

2）单击 Add 按钮，在对话框中选取 Link1 单元，单击 OK 按钮，弹出 Real Constant Set Number 1, for LINK1 对话框。

3）在 Area 设置框中输入 0.01，如图 8 - 19 所示单击 OK 按钮，确认输入，关闭对话框。

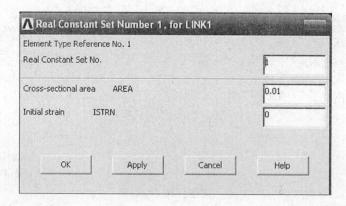

图 8 - 19　Real Constant Set Number 1, for LINK1 对话框

第3步：定义材料属性

1）选择 Main Menu→Preprocessor→Material Props→Material Models 命令，弹出 Define Material Model Behavior 窗口。

2）选择 Structural→Linear→Elastic→Isotropic 命令，弹出 Linear Isotropic Properties for Material Number 1 对话框。

3）在 EX 设置框中输入 30E6，在 PRXY 设置框中输入 0.3，单击 OK 按钮，确认输入，关闭对话框。

第4步：构建有限元模型

1）选择 Main Menu→Preprocessor→Modeling→Create→Nodes→In Active CS 命令，弹出 Create Nodes in Active Coordinate System 对话框。

2）在 Node number 设置框中输入 1，在 Location in act CS 设置框中输入 0、0、0，如图 8 - 20 所示，单击 Apply 按钮，生成结点 1。

3）同理由结点坐标生成结点 2 ~ 7：1(0, 0, 0)，2(4, 0, 0)，3(8, 0, 0)，4 (12, 0,

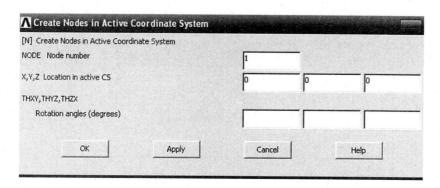

**图 8 - 20**　Create Nodes in Active Coordinate System **对话框**

0)，5 (0，3，0)，6(4，3，0)，7(8，3，0)。

4) 选择 Main Menu→Preprocessor→Modeling→Create→Elements→Thru Nodes 命令，弹出 Element from Nodes 面板。

5) 在图形窗口拾取结点 1、2，单击 Apply 按钮，生成单元 1。

6) 同理生成其余单元，各单元对应的结点号如下：1(1，2)，2(2，3)，3(3，4)，4(4，7)，5(3，7)，6(2，7)，7(2，6)，8(2，5)，9(1，5)，10(5，6)，11(6，7)。

第 5 步：求解

1) 选择 Main Menu→Solution→Define loads→Apply→Structual→Displacement→Nodes 命令，弹出 Apply U, ROT on Nodes 面板。

2) 在图形窗口拾取结点 1，单击 OK 按钮，弹出 Apply U, ROT on Nodes 对话框。

3) 在 DOFs to be Constrained 列表框中选择 UX、UY，单击 Apply 按钮，施加对结点 1 的位移约束。

4) 拾取结点 5，单击 OK 按钮，弹出 Apply U, ROT on Nodes 对话框。

5) 在 DOFs to be constrained 列表框中选择 UX，单击 OK 按钮，施加对结点 5 的位移约束。

6) 选择 Main Menu→Solution→Define loads→Apply→Structual→Force\\Moment→on Nodes 命令，弹出 Apply F/M on Nodes 面板。

7) 在图形窗口拾取结点 2、3、4，单击 OK 按钮，弹出 Apply F/M on Nodes 对话框，如图 8 - 21 所示。

8) 在 Lab 下拉列表框中选择 FY，在 VALUE 设置框中输入 -15，单击 OK 按钮，关闭对话框。

9) 求解：点击 Main Menu→Solution→Solve→Current LS，或在命令流窗口输入 SOLVE 命令并回车确认，求解有限元模型。

第 6 步：后处理

1) 选择 Main Menu→General Postprocessor→Plot Results→Deformed Shape 命令弹出 Plot Deformed Shape 对话框，如图 8 - 22 所示。

2) 单击 OK 按钮，绘出结构的变形图。

3) 选择 Main Menu→General Postprocessor→List Results→Nodal Solution 命令，弹出

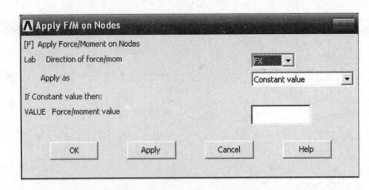

图 8-21  Apply F/M on Nodes

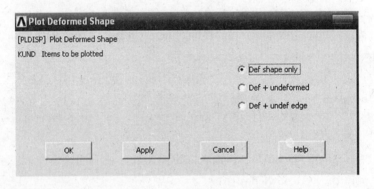

图 8-22  Plot Deformed Shape 对话框

List Nodal Solution 对话框。

4）在 Item to be listed 对应的列表框中分别选择 DOF Solution 和 Displacement vector sum 选项，单击 OK 按钮，列表显示结点位移。

5）选择 Main Menu→General Postprocessor→List Results→Element Solution 命令，弹出 List Element Solution 对话框。

6）在 Item to be listed 对应的列表框中分别选择 Structural forces 和 X - Component of forces 或 Y - Component of forces 选项，单击 OK 按钮，列表显示各结点受力[6-7]。

计算完毕。

## 2. 坑道二次衬砌结构力学分析[8]

对新奥法坑道二次衬砌结构的设计计算力学分析，其过程包括前处理、加载与求解以及后处理。在前处理中，包括启动 ANSYS 程序，定义材料、实常数和单元类型，建立几何模型以及进行网格划分等。

第 1 步：材料物理力学参数和载荷计算

1）材料物理力学参数

本次力学分析以Ⅲ类围岩为主，而Ⅱ类围岩和Ⅳ类围岩条件下的坑道衬砌设计计算分析留给读者练习。在有限元分析中，需用到围岩、初期支护和二次衬砌的物理力学参数，如表 8-2 所示。

表 8 - 2　材料物理力学参数表

| 围岩及结构 | 容重 /kN·m³ | 弹性模量 /GPa | 泊松比 | 基床系数 /MPa/m | 凝聚力 /MPa | 内摩擦角 /° |
|---|---|---|---|---|---|---|
| C20 钢筋混凝土 | 25 | 27.5 | 0.2 | – | – | – |
| C30 钢筋混凝土 | 25 | 30 | 0.2 | – | – | – |
| Ⅲ类围岩 | 22.0 | 3.2 | 0.32 | 400 | 0.5 | 35 |

2) 载荷计算

在载荷的计算中，竖向压力采用土柱自重，水平压力用竖向载荷乘以侧压力系数 0.5(根据地质参数查相关规范进行取值)表示。由于该坑道为山岭坑道，地下水不丰富，故按水土合算考虑。Ⅲ类围岩条件下，隧道埋深为 20~50m，本次计算取埋深为 2B(B 为坑道跨度，B = 10.5m)，所以有埋深 H 为 21m，载荷的计算结果如表 8-3 所示。

表 8 - 3　载荷计算表

| 载荷 | 竖向/kN/m⁻² | | | 水平/kN/m⁻² | |
|---|---|---|---|---|---|
| | 上侧载荷 | 结构自重 | 下侧载荷 | 上侧载荷 | 下侧载荷 |
| 数值 | 462 | 27.2 | 489.2 | 231 | 327.8 |

第 2 步：前处理

本部分主要介绍启动 ANSYS 程序，材料、实常数和单元类型定义，建立几何模型和单元网格划分。

1) 启动 ANSYS 程序

① 以交互方式从开始菜单启动 ANSYS 程序。路径：开始→主程序→ANSYS →Configure

ANSYS Products。

② 设置工作路径和文件名。单击 File Management 选项卡，在目录中输入

D：\\AnsysFX\CH5Examp，在项目名中输入 Z5TLSD2C。

③ 定义分析类型。路径：Main Menu→Preferences。在系统弹出的对话框中，选中 Structural(结构)复选项，然后单击 OK 按钮。此项设置表明本次进行的有限元分析为结构类，可以过滤许多菜单，如关于热分析和磁场分析的菜单等。同时，程序的求解方法采用 h - Method。

提示：以下主要介绍采用 ANSYS 命令流的方式进行明挖坑道衬砌结构力学分析，所有的命令必须在窗口中输入方可实现其功能。

2) 材料、实常数和单元类型定义

```
/TITLE, Mechanmical analysis on Saps 2nd lining      ! 确定分析标题
/NOPR                                                ! 菜单过滤设置
/PMETH, OFF, 0
KEYW, PR_SET, 1
```

```
KEYW, PR_STRUC, 1                                    ! 保留结构分析部分菜单
/COM,
/COM, Preferences for GUI filtering have been set to display：
/COM, Structural
!
/prep7                                               ! 进入前处理器
ET, 1, BEAM3                                          ! 设置梁单元类型
ET, 2, COMBIN14                                       ! 设置弹簧单元类型
R, 1, 0.4, 0.0053333, 0.4,,,,                         ! 设置梁单元几何常数
R, 2, 400E6,,,                                        ! 设置弹簧单元几何常数
MPTEMP,,,,,,,,                                        ! 设置材料模型
MPTEMP, 1, 0
MPDATA, EX, 1,, 30.0e9                                ! 输入弹性模量
MPDATA, PRXY, 1,, 0.2                                 ! 输入泊松比
MPTEMP,,,,,,,,                                        ! 设置材料模型
MPTEMP, 1, 0
MPDATA, DENS, 1,, 2500                                ! 输入密度
SAVE! 保存数据库
```

3）建立几何模型

```
K, 1,,,,                                              ! 创建关键点(坑道二次衬砌)
K, 2, 4.71, -1.82,,
K, 3, -4.71, -1.82,,
K, 4, 0, -3.75,,
K, 5, 0, 5.05,,
K, 20, 5.6, -2.162,,                                 ! 创建关键点(地层弹簧)
K, 30, -5.6, -2.162,,
K, 40, 0, -4.75,,
K, 50, 0, 6,,                                         ! 创建隧道衬砌线
LARC, 2, 5, 1, 5.05,                                 ! 创建圆弧线(拱顶部)
LARC, 5, 3, 1, 5.05,
LARC, 2, 3, 4                                        创建圆弧线(仰拱部)
                                                     ! 创建地层弹簧线
LARC, 20, 50, 1, 6,                                  ! 创建圆弧线(拱顶部)
LARC, 50, 30, 1, 6,
LARC, 20, 30, 40                                     ! 创建圆弧线(仰拱部)
SAVE                                                 ! 保存数据
```

生成的直线如图 8 – 23 所示。

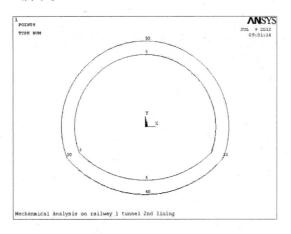

**图 8 – 23　创建的线图**

4) 单元网格划分

① 设置单元大小并将所有直线划分单元，其单元图如图 8 – 24 所示。

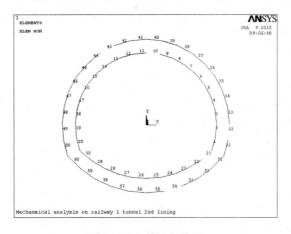

**图 8 – 24　单元网格图**

| | |
|---|---|
| LESIZE, ALL,,, 10,, 1,,, 1, | ! 设置单元大小，每条弧线划分成 10 个单元 |
| TYPE, 1 | ! 设置将要创建单元的类型 |
| MAT, 1 | ! 设置将要创建单元的材料 |
| REAL, 1 | ! 设置将要创建单元的几何常数 |
| LMESH, 1, 6, 1 | ! 将所有直线划分单元 |
| /PNUM, KP, 0 | ! 以下为显示单元编号和颜色 |
| /PNUM, ELEM, 1 | |
| /REPLOT | ! 重新显示 |
| SAVE | |

② 创建弹簧单元, 加了弹簧单元的单元网格如图 8 – 25 所示。

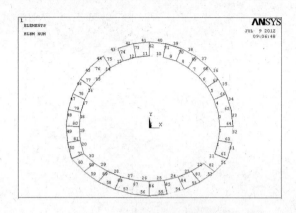

图 8 – 25　包括弹簧单元网格图

| | |
|---|---|
| TYPE, 2 | ! 设置将要创建单元的类型 |
| MAT, 1 | ! 设置将要创建单元的材料 |
| REAL, 2 | ! 设置将要创建单元的几何常数 |
| E, 1, 31 | ! 通过两个结点创建弹簧单元 |
| E, 2, 32 | |
| E, 3, 33 | |
| E, 4, 34 | |
| E, 5, 35 | |
| E, 6, 36 | |
| E, 7, 37 | |
| E, 8, 38 | |
| E, 9, 39 | |
| E, 10, 40 | |
| E, 11, 41 | |
| E, 12, 42 | |
| E, 13, 43 | |
| E, 14, 44 | |
| E, 15, 45 | |
| E, 16, 46 | |
| E, 17, 47 | |
| E, 18, 48 | |
| E, 19, 49 | |
| E, 20, 50 | |
| E, 21, 51 | |
| E, 22, 52 | |
| E, 23, 53 | |

```
E, 24, 54
E, 25, 55
E, 26, 56
E, 27, 57
E, 28, 58
E, 29, 59
E, 30, 60
Lclear, 4, 6, 1                        ! 清除用于创建地层弹簧单元的外层梁单元
LDELE, 4, 6, 1, 1                      ! 删除外层直线
FINISH                                 ! 返回 Main Menu 主菜单
```

　　提示 1：在生成弹簧单元的另外一个结点时，一般的做法是采用先划分梁单元，然后利用梁单元的结点，借助于复制菜单来生成弹簧单元的另外一个结点；也可根据弹簧单元的长度和必须加在法线方向的条件来计算结点的坐标，然后采用创建结点的方法生成结点。

　　提示 2：在采用载荷－结构法对地下工程的衬砌结构进行力学分析时，通常采用梁单元 Beam3 模拟衬砌结构；而用弹簧单元 Combinl4 模拟隧道结构与围岩间的相互作用，即地层弹簧。

　　第 3 步：加载与求解

　　1）加载

　　① 对四周各结点施加 $Ux$ 和 $Uy$ 两个方向的约束。

```
/SOL                                   ! 进入求解器
D, 31, U x, 0, 0, 60, 1, Uy,           ! 在 U x 和 Uy 两个方向的施加约束
```

　　② 施加重力加速度。

```
ACEL, 0, 10, 0,                        ! 在 Y 方向施加重力加速度
```

　　③ 在结点上施加集中力，加上载荷和位移边界条件后的几何模型如图 8－26 所示。

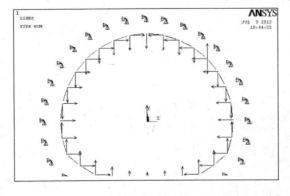

图 8－26　带载荷和边界条件的有限元模型

F，2，Fx，0                                 ！在结点上施加 X 方向集中力

F，13，Fx，43554.43356

F，14，Fx，86574.64508

F，15，Fx，128464.6048

F，16，Fx，168285.8813

F，17，Fx，204799.5937

F，18，Fx，236448.4444

F，19，Fx，261396.9365

F，20，Fx，277795.0781，

F，21，Fx，283894.0611。

F，12，Fx，247397.3915

F，30，Fx，1 90308.0663

F，29，Fx，149683.6899

F，28，Fx，1 03226.8339

F，27，Fx，52665.0399

F，26，Fx，0

F，25，Fx，－52665.0399

F，24，Fx，－103226.8339

F，23，Fx，－149683.6899

F，22，Fx，－1 90308.0663

F，1，Fx，－247397.391 5

F，3，Fx，－283894.061 1

F，4，Fx，－277795.078 1

F，5，Fx，－261396.9365

F，6，Fx，－236448.4444

F，7，Fx，－204799.5937

F，8，Fx，－168285.8813

F，9，Fx，－128464.6048

F，10，Fx，－86574.64508

F，11，Fx，－43554.43356

F，2，Fy，－449636.88                        ！在结点上施加 Y 方向集中力

F，13，Fy，－441210

F，14，Fy，－416229.66

F，15，Fy，－375629.1

F，16，Fy，－320951.4

F，17，Fy，－254238.6

F，18，Fy，－178008.6

F，19，Fy，－95102.7

```
F, 20, Fy, 0
F, 21, Fy, 82772.64
F, 12, Fy, 259324.92
F, 30, Fy, 413398.46
F, 29, Fy, 454320.04
F, 28, Fy, 484308
F, 27, Fy, 502604.08
F, 26, Fy, 508719.08
F, 25, Fy, 502604.08
F, 24, Fy, 484308
F, 23, Fy, 454320.04
F, 22, Fy, 413398.46
F, 1, Fy, 259324.92
F, 3, Fy, 82772.64
F, 4, Fy, 0
F, 5, Fy, -95102.7
F, 6, Fy, -178008.6
F, 7, Fy, -254238.6
F, 8, Fy, -320951.4
F, 9, Fy, -375629.1
F, 10, Fy, -416229.66
F, 11, Fy, -441210
SAVE
```

提示：在结点上加结点力时，其结点力的大小根据作用在结构上的面载荷进行换算，即根据梁单元的长度进行计算。同时要将所有的力换算成国际单位——牛顿。如果面载荷的方向不是平行于 $X$ 轴，也不是平行于 $Y$ 轴，则要进行力的分解。在模型上加重力时，一般输入的重力加速度为 10 或 9.8，面不是 -10 或 -9.8。

2）求解

① 求解前设置

```
NROPT, FULL,,            ! 采用全牛顿-拉普森法进行求解
Allsel                  ! 选择所有内容
Outres, all, all        ! 输出所有内容
```

② 求解

```
Sovle                   ! 求解计算
Finish                  ! 求解结束后返回 Main Menu 主菜单
SAVE
```

第4步：后处理

后处理的目的是以图形和表的形式表示计算结果，其基本过程为：先进入后处理器，查看结构的内力和变形图；去掉受拉的弹簧，再进入求解处理器进行求解，然后进入后处理器查看结构的变形图，如此反复进行，直到计算的结果中无受拉的弹簧为止。最后进入后处理器列出各单元的内力和位移值，以及输出结构的内力图和变形图。

1）初次查看内力和变形结果

① 绘制变形图，如图8－27所示。路径为：General Postproc→Plot Results→Deformed Shape→Def + Undeformed。

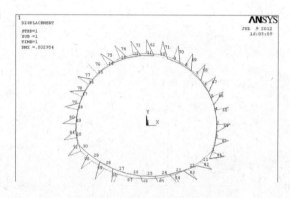

图8－27 第一次变形图/m

| /POST1 | ！进入后处理器 |
|---|---|
| PLDISP，1 | ！绘制变形和未变形图 |

② 内力表格制作。路径：General Postproc→Element Table→Defene Table。

| ETABLE，，SMISC，6 | ！6、12 表示弯矩 |
|---|---|
| ETABLE，，SMISC，12 | |
| ETABLE，，SMISC，1 | ！1、7 表示轴力 |
| ETABLE，，SMISC，7 | |
| ETABLE，，SMISC，2 | ！2、8 表示剪力 |
| ETABLE，，SMISC，8 | |

③ 查看内力，包括弯矩、轴力和剪力，如图8－28、图8－29和图8－30所示。路径：General Postproc→Plot Results→Contour Plot→Line Elem Res。

| PLLS，SMIS6，SMISl2，－1，0 | ！绘制弯矩图 |
|---|---|
| ESEL，R，TYPE，，1 | ！仅显示单元类型1 |
| PLLS，SMISl，SMIS7，1，0 | ！绘制轴力图 |
| PLLS，SMIS2，SMIS8，1，0 | ！绘制剪力图 |

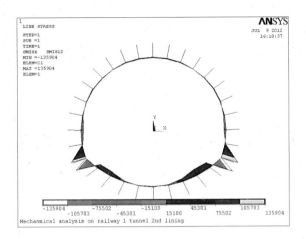

图 8-28   第一次弯矩图/N·m

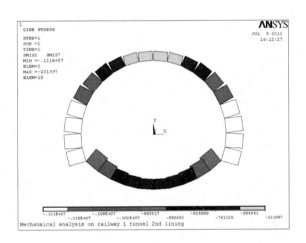

图 8-29   第一次轴力图/N

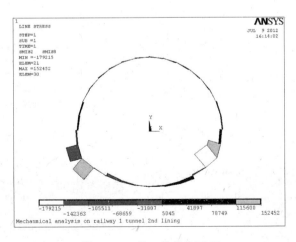

图 8-30   第一次剪力图/N

2）去掉受拉弹簧再计算

① 去掉受拉弹簧单元，由图 8 - 27 可看出，上下部分弹簧单元受拉，因此要进行重新计算。采用单元的"生死"模拟，即将受拉弹簧的属性赋予"死"。路径：Solution→LoadStepOptions→Other→BirthandDeath→Kill Elements。

| | |
|---|---|
| Finish | ！结束后处理器操作 |
| /sol | ！进入求解器 |
| Ekill, 62 | ！杀死 62 号地层弹簧单元 |
| Ekill, 71 | |
| Ekill, 70 | |
| Ekill, 73 | |
| Ekill, 74 | |
| Ekill, 88 | |
| Ekill, 86 | |
| Ekill, 87 | |
| Ekill, 85 | |
| Ekill, 86 | |
| SAVE | |

② 重新求解。删除受拉弹簧单元后得到的模型如图 8 - 31 所示。

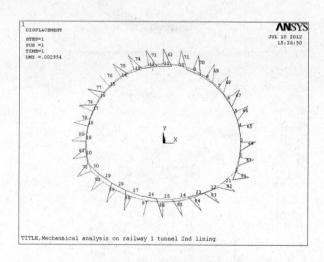

图 8 - 31　新的计算模型

| | |
|---|---|
| Allsel | ！选择所有内容 |
| Solve | ！求解计算 |
| Finish | ！求解结束返回 Main Menu 主菜单 |
| SAVE | |

3）查看最后计算结果

其过程跟初次查看内力和变形时相同，其内力和变形如图8 - 32、图8 - 33、图8 - 34和图8 - 35 所示。其中用到的不同命令流如下：

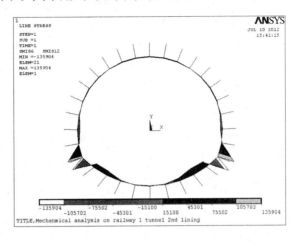

图8 - 32 变形图/m

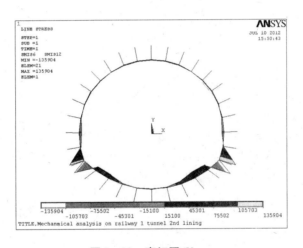

图8 - 33 弯矩图/N·m

/POST1
EATBAB, REFL                                                      ！更新单元表数据
PRETAB, SMIS6, SMIS12, SMIS1, SMIS7, SMIS2, SMIS8  ！打印单元表数据
PRNSOL, DOF                                                      ！打印结点位移

提示：在输出弯矩图时，一般将系数设置为负数，这样画出的图才是在地下工程中构的弯矩图，其规定是当结构的哪一侧受拉时，弯矩图应该画在哪一侧。而且系数应该是一个小于1的数，一般取 - 0.5 附近的数。

提示：在进行地下工程结构受力分析时，一般是在结构的全周都加上地层弹簧单元。进入求解处理器进行求解，然后进入后处理器，查看结构的变形图，将受拉的弹簧

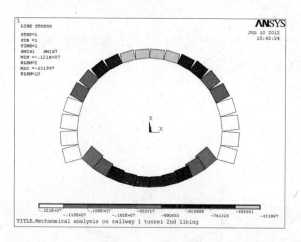

图 8 - 34　轴力图/N

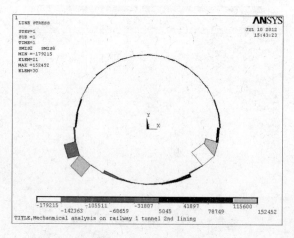

图 8 - 35　剪力图/N

单元全部去掉，再进入求解处理器进行求解，进入后处理器查看结构的变形图，如此反复进行，直到计算的结果中无受拉的弹簧为止。本次分析才反复一次就达到的要求。

### 3. 给出系统防爆能力动态数值模拟分析

在数值模拟计算中，综合考虑计算的精度、计算时间、计算机性能的影响，这里可利用模型的对称性，选取三维模型的二分之一部分进行模拟分析，如图 8 - 36 所示。图 8 - 37、图 8 - 38 分别为钢管、橡胶管以及水的计算网格划分示意图。

解:建模命令流如下所示:

```
/prep7
/title, Torpedo.
/com, Torpedo.
/plopts, info, 0                    ! 不显示绘图信息，图例等
/num, 0                             ! 1：显示颜色；0：全部显示
/pnum, line, 1
```

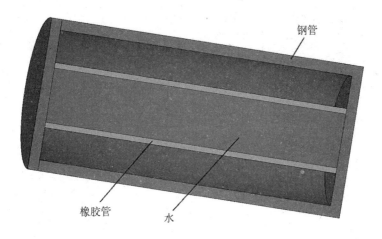

图 8 – 36　水中爆炸加载二分之一模型示意图

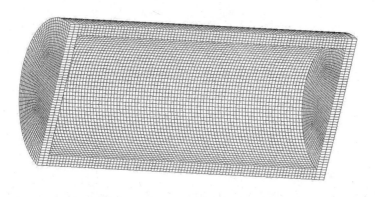

图 8 – 37　钢管网格划分简单示意图

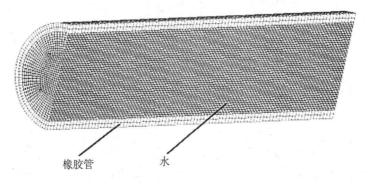

图 8 – 38　橡胶管与水网格划分简单示意图

/pnum, area, 1

/pnum, volu, 0

/pnum, kp, 1

/Triad, off

/Color, pbak, on, 1, 4

```
et, 1, solid164
et, 2, shell163
keyw, pr_struc, 1
mshape, 0, 3D
mshape, 0, 2D
mshkey, 1                              ! 采用映射网格划分
Wpstyle, , , , , , , , 1
MP, DENS, 1, 1.3e-3                    ! 钢套, Part1
MP, DENS, 2, 1.3e-3                    ! 胶管, Part2
MP, DENS, 3, 1.3e-3                    ! 水, Part3
Csys, wp
*afun, deg
numstr, kp, 1                          ! 起始 ID 号
Numstr, line, 1                        ! 起始 ID 号
Numstr, area, 1                        ! 起始 ID 号
K, , 0, 0                              ! 钢套1/4 建模.
k, , 16, 0
k, , 16, 112
k, , 0, 112
a, 1, 2, 3, 4                          ! a1
save, a1, db
k, , 466, 112
k, , 466, 96
k, , 16, 96
a, 3, 5, 6, 7                          ! a2
k, , 482, 112
k, , 482, 0
k, , 466, 0
a, 5, 8, 9, 10                         ! a3
k, , 500, 0
vrot, all, , , , , , 1, 11, 90, 1      ! v1-3
vsel, s, volu, , 1, 3, 1, 1
vatt, 1, , 1
save, str1, db
vsel, s, volu, , 1, , , 1
vplot, all
lesize, 4, , , 28
lesize, 15, , , 28
```

```
lesize, 17, , , 28
amesh, 6
extopt, esize, 2                                   ! 2 等分
vsweep, 1, 6, 4,
save, v1, db
vsel, s, volu, , 2, , , 1
vplot, all
lesize, 16, , , 28
lesize, 24, , , 28
lesize, 8, , , 4
lesize, 21, , , 4
amesh, 11
extopt, esize, 90                                  ! 90 等分
vsweep, 2, 11, 9,
save, v2, db
vsel, s, volu, , 3, , , 1
vplot, all
lesize, 12, , , 28
lesize, 22, , , 28
lesize, 27, , , 28
amesh, 15
extopt, esize, 2                                   ! 2 等分
vsweep, 3, 15, 14,
save, v3, db
allsel, all
vsymm, z, all, , , , 0, 0
allsel, all
numm, node
save, str01, db
k, , 16, 40                                        ! 胶管开始建模
k, , 16, 48
k, , 466, 40
k, , 466, 48
a, 34, 35, 37, 36                                  ! a33
vrot, 33, , , , , , 1, 11, 90, 1                   ! v7
vsel, s, volu, , 7, , , 1
vatt, 2, , 1
save, str2, db
```

```
vsel, s, volu, , 7, , , 1                                    ！胶管开始网格划分
vplot, all
lesize, 65, , , 28
lesize, 66, , , 28
lesize, 57, , , 2
lesize, 61, , , 2
amesh, 34
extopt, esize, 90                                           ！90 等分
vsweep, 7, 34, 36,
save, v7, db
vsymm, z, all, , , , 0, 0
allsel, all
numm, node
save, str02, db
K, , 16, 0
k, , 16, 40
k, , 466, 40
k, , 466, 0
a, 50, 51, 52, 53                                           ！a45
vrot, 45, , , , , , 1, 11, 90, 1                            ！v9
vsel, s, volu, , 9, , , 1
vatt, 3, , 1
save, str3, db
vsel, s, volu, , 9, , , 1                                    ！水体开始网格划分
vplot, all
lesize, 83, , , 20
lesize, 87, , , 20
lesize, 89, , , 20
amesh, 48
extopt, esize, 200                                          ！200 等分
vsweep, 9, 48, 46,
save, v9, db
vsymm, z, all, , , , 0, 0
save, str03, db
numm, node
allsel, all
aclear, all
vsel, s, volu, , 9, 10, , 1
```

```
vplot, all
asel, s, area, , 46, , , 1
asel, a, area, , 50, , , 0                         !
allsel, below, area
nsla, s, 1
cm, cont_n1, node
edcgen, assc, cont_n1                              ! 定义加载面
Allsel, all
edpart, create
edwrite, lsdyna, water, k
```

后处理给出爆破加载条件下给水系统的破坏情况，图 8 - 39 是橡胶管某一单元压力变化曲线示意图，从图中可以看出，该单元的最大压力为 6.4MPa，远远大于橡胶管的失效单元强度，因此造成了该单元的失效。但橡胶毁伤破坏起到了较好的缓冲、泄压作用，因此对外围的钢管形成了保护。如图 8 - 40 所示计算得到的钢管压力变化曲线，从中可以看出传递到钢管对应的压力小于 1MPa，仅有弹性变形，不会破坏结构，橡胶管起到了很好的防护效果，与该实验结果基本一致。

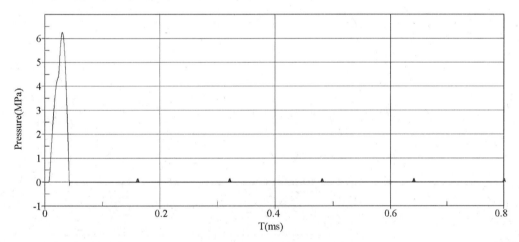

**图 8 - 39　橡胶管某一单元压力变化曲线示意图**

### 4. 挡土墙静力分析

试采用 ANSYS 程序分析计算例题 7 - 1，并对比分析计算结果。

### 5. 某地下工程钢筋混凝土平板防护门静力分析

其计算简图见图 8 - 41。已知：门孔尺寸 0.6m × 1.20m，在门作用有均布荷载，其集度 $q = 0.176$MPa，防护门按弹塑性体系计算，平板防护门为四边简支，试采用 ANSYS 计算平板防护门的内力和应力。

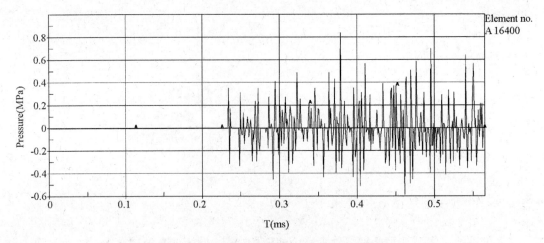

图 8 – 40  钢管某一单元压力变化曲线示意图

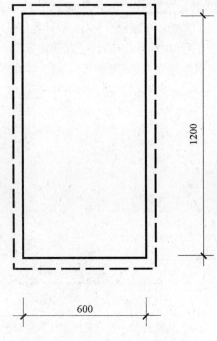

图 8 – 41  某防护门计算简图

# 第9章 自编程序与 ANSYS 软件的衔接

对一些新现象和原理进行科学研究时，现有的商业软件可能由于功能有限而会极大阻碍复杂数值分析的进行，此时需要进行自主程序的开发。如果仅进行核心计算模块的开发，在充分利用现有商业软件平台，特别是利用其前后处理平台，将会达到事半功倍的效果。本章主要介绍如何实现自编程序与现有商业软件前后处理平台(以 ANSYS 为例)的衔接，并给出具体的实例以展示衔接的全过程[9]。

## 9.1 连续体平面问题有限元计算程序

为了便于自编程序与 ANSYS 前后处理器的衔接，本节介绍衔接基本原理以及与第七章相同的另一套连续体平面问题有限元计算程序 FEM2D 的实现原理[9]。该程序可以直接接受由 ANSYS 前处理所输出的结点信息文件 NODE_ANSYS. IN 和单元信息文件 ELEMENT_ANSYS. IN，经过计算后，输出一个一般性计算结果文件 DATA_OUT 和一个专供 ANSYS 进行后处理的计算结果文件 FOR_POST. DAT。有关 ANSYS 前后处理的衔接在 9.2 节中讨论。

### 9.1.1 程序原理

该程序有如下特点。

问题类型：可用于弹性力学平面应力问题和平面应变问题的分析。

单元类型：常应变三角形单元。

位移模式：线性位移模式。

载荷类型：结点载荷，非结点载荷应先换算为等效结点载荷。

材料性质：单一的均匀的弹性材料。

约束方式：为位移固定约束，为保证无刚体位移，弹性体至少应有针对三个刚体运动自由度的独立约束。

方程求解：针对半带宽刚度方程的 Gauss 消元法。

结点信息：可以读入由 ANSYS 前处理导出的结点信息文件 NODE_ANSYS. IN，或手工生成。

单元信息：可以读入由 ANSYS 前处理导出的单元信息文件 ELEMENT_ANSYS. IN，

或手工生成。

结果文件：输出一般的结果文件 DATA. OUT 和供 ANSYS 进行后处理的文件 FOR_POST. DAT。

该程序的原理如图 9 - 1 所示。

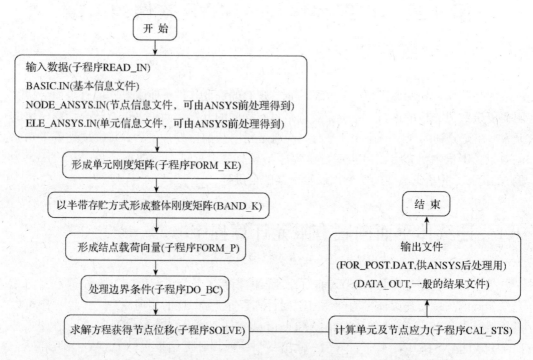

**图 9 - 1  FEM2D 程序原理框图**

程序中主要变量、子程序、文件管理的说明如下。

## 1. 主要变量

ID：问题类型码，ID = 1 时为平面应力问题，ID = 2 时为平面应变问题。

N_NODE：结点个数。

N_LOAD：结点载荷个数。

N_DOF：自由度，N_DOF = N_NODE * 2（平面问题）。

N_ELE 单元个数。

N_BAND：矩阵半带宽。

N_BC：有约束的结点个数。

PE：弹性模量。

PR：泊松比。

PT：厚度。

IJK_ELE(N_ELE, 3)：单元结点编号数组，IJK_ELE(I, 1)，UK_ELE(I, 2)，UK_ELE(I, 3)分别存放单元 I 的三个结点的整体编号。

X(N_NODE)、Y(N_NODE)：结点坐标数组，X(I)、Y(I)分别存放结点 I 的 x，y 坐

标值。

IJK_U(N_BC, 3)：结点约束数组，IJK_U(I, 1)表示第 I 个约束的结点编号，IJK_U(I, 2)，UK_U(I, 3)分别表示该结点沿 X, Y 方向的支承情况，为 1 时表示有固定约束，为零时无约束。

P_IJK(N_LOAD, 3)：结点载荷数组，P_IJK(I, 1)表示载荷作用的结点编号，P_IJK(I, 2)，P IJK(I, 3)分别为该结点沿 X, Y 方向的结点载荷数值。

AK(N_DOF, N_BAND)：整体刚度矩阵。

AKE(6, 6)：单元刚度矩阵。

BB(3, 6)：位移－应变转换矩阵(3 结点单元的几何矩阵)。

DD(3, 3)：弹性矩阵。

SS(3, 6)：应力矩阵。

RESULT_N(N_DOF)：结点载荷数组，存放结点载荷向量，解方程后该矩阵存放结点位移。

DISP_E(6)：单元的结点位移向量。

STS_ELE(N_ELE, 3)：单元的应力分量。

STS_ND(N_NODE, 3)：结点的应力分量。

## 2. 子程序

READ_IN：读入数据。

BAND_K：形成半带宽的整体刚度矩阵。

FORM_KE：计算单元刚度矩阵。

FORM_P：计算结点载荷。

CAL_AREA：计算单元面积。

DO_BC：处理边界条件。

CAL_DD：计算单元弹性矩阵。

SOLVE：计算结点位移。

CAL_BB：计算单元位移——应变关系矩阵。

CAL_STS：计算单元和结点应力。

## 3. 文件管理

源程序文件：FEM2D. FOR。

程序需读入的数据文件：

BASIC. IN(模型的基本信息文件，需手工生成)；

NODE_ANSYS. IN(结点信息文件，可由 ANSYS 前处理导出，或手工生成)；

ELEMENT_ANSYS. IN(单元信息文件，可由 ANSYS 前处理导出，或手工生成)。

若需从 ANSYS 前处理中导出 NODE_ANSYS. IN 和 NODE_ANSYS. IN 这两个文件，其方法见下一节。

程序输出的数据文件：

DATA. OUT(一般的结果文件)；

FOR_POST. DAT(专供 ANSYS 进行后处理的结果数据文件)。

FEM2D. FOR 程序中的文件管理如图 9 – 2 示。

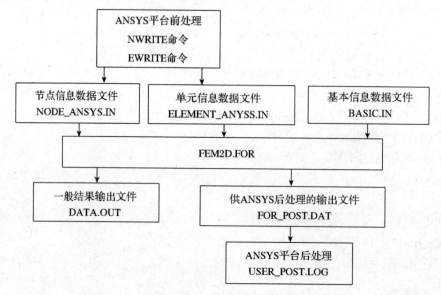

**图 9 – 2  FEM2D. FOR 程序中的文件管理以及与 ANSYS 前后处理平台的衔接**

数据文件格式需读入的模型基本信息文件 BASIC. IN 的格式如表 9 – 1 所示。

表 9 – 1　模型基本信息文件 BASIC. IN 的格式

| 栏　目 | 格式说明 | 实际需输入的数据 |
|---|---|---|
| 基本模型数据 | 第 1 行，每两个数之间用",",号隔开，整型数 | 问题类型（ID），单元个数（N_ELE），结点个数（N_NODE），有约束的结点数（N_BC），有载荷的结点数（N_LOAD）（例如：1, 4, 6, 5, 3） |
| 材料性质 | 第 2 行，每两个数之间用",",号隔开，实型数 | 弹性模量（PE），泊松比（PR），单元厚度（PT）（例如：1., 0., 1.） |
| 结点约束信息 | 在材料性质输入行之后另起行，每两个数之间用",",号隔开，整型数（约束代码：1 表示有固定约束，0 无约束） | IJ K_U(N_BC, 3) 位移约束的结点编号，该节点 $x$ 方向约束代码，该结点 $y$ 方向约束代码，……（例如：1, 1, 0, 2, 1, 0, 4, 1, 1, 5, 0, 1, 6, 0, 1） |
| 结点载荷信息 | 在结点约束信息输入行之后另起行，每两个数之间用",",号隔开 | P_IJK(N_LOAD, 3) 载荷作用的结点编号，该节点 $z$ 方向载荷，该结点 $y$ 方向载荷，……（例如：1, -0.5, -1.5, 3, -1., -1., 6, -0.5, -0.5） |

需读入的结点信息文件 NODE_ANSYS. IN 的格式如表 9-2 所示。

表 9-2　结点信息文件 NODE_ANSYS. IN 的格式

| 栏　目 | 格式说明 | 实际需输入的数据 |
|---|---|---|
| 结点信息 | 每行为一个结点的信息<br>（每行三个数，每两个数之间用空格或","分开） | ND_ANSYS( N_NODE, 3)<br>结点号，该结点的 $x$ 方向坐标，该结点 $y$ 方向坐标<br>（例如：3　0.5　1.2） |

需读入的单元信息文件 ELEMENT_ANSYS. IN 的格式如表 9-3 所示。该格式按 4 结点单元准备，结点号 4 与结点号 3 的编号相同，由于需要与 ANSYS 前处理的输出数据文件相衔接，该文件的每行有 14 个数，后 10 位整型数在本程序中暂时无用，可输入"0"。

表 9-3　单元信息文件 ELEMENT_ANSYS. IN 的格式

| 栏　目 | 格式说明 | 实际需输入的数据 |
|---|---|---|
| 单元信息 | 每行为一个单元的信息<br>（每行有 14 个整型数，前 4 个为单元结点编号，对于 3 结点单元，第 4 个结点编号与第 3 个结点编号相同，后 10 个数暂时无用，可输入"0"，每两个整型数之间用至少一个空格分开） | NE_ANSYS( N_ELE, 14)<br>单元的结点号 1　单元的结点号 2　单元的结点号 3　单元的结点号 4　0　0　0　0　0　0　0<br>（例如：1　4　5　5　0　0　0　0　0　0　0　0　0） |

输出结果文件 DATA. OUT(一般的结果文件)格式如表 9-4 所示。

表 9-4　输出结果文件 DATA. OUT 的格式

| 栏　目 | 实际需输入的数据 |
|---|---|
| 结点位移 | I　　RESULT_N(2*I-1)　　RESULT_N(2*I)<br>结点号　　$x$ 方向位移　　　$y$ 方向位移 |
| 单元应力的三个分量 | IE STS_ELE(IE, 1)　STS_ELE(IE, 2) STS_ELE(IE, 3)<br>单元号　　$x$ 方向应力　　$y$ 方向应力　　剪切应力 |
| 结点应力的三个分量<br>（经平均处理后） | I　　STS_ND(I, 1)　　STS_ND(I, 2)　　STS_ND(I, 3)<br>单元号　　$x$ 方向应力　　$y$ 方向应力　　剪切应力 |

专供 ANSYS 进行后处理的结果数据文件 FOR_POST. DAT 的格式如表 9-5 所示。

表9-5 专供 ANSYS 进行后处理的结果数据文件 FOR_POST. DAT 的格式

| 栏　目 | 格式说明 | 实际输出的数据 |
|---|---|---|
| PARTI: 模型信息 | (共1行, 两个数, 格式2F9.4) | 结点数(N_NODE) 单元数(N_ELE)<br>(例如: 6.0000　4.0000) |
| PART II: 结点坐标、结点位移、结点应力(经平均处理后的三个分量), 在模型信息输出行后的第1行代表第1号结点的结果, 往后依此类推。 | (共有总结点数的行数, 每行 7 个数, 格式7F9.4) | X(I) Y(I) RESULT_N(2 * I - 1)　RESULT_N(2 * I) STS_ND(I, 1) STS_ND(I, 2) STS_ND(I, 3)<br>结点的 x 坐标　结点的 y 坐标　结点 x 方向位移　结点 y 方向位移　结点 x 方向应力　结点 y 方向应力　结点剪切应力<br>(例: 0.0000 2.0000 0.0000 - 5.2527 - 1.0879 - 3.0000 0.4396) |
| PART III: 单元结点编号、单元应力的三个分量, 在结点输出结果后的第1行代表第1号单元的结果, 往后依此类推。 | (共有总单元数的行数, 每行 7 个数, 格式7F9.4) | IJK_ELE(I, 1)　IJK_ELE(I, 2)　IJK_ELE(I, 3) IJK_ELE(I, 3) STS_ELE(I, 1) STS_ELE(I, 2) STS_ELE(I, 3)<br>单元的结点号1　单元的结点号2　单元的结点号3　单元的结点号4　单元 X 方向应力　单元 y 方向应力　单元剪切应力(例如: 1.0000 2.0000 3.0000 3.0000 - 1.0879 - 3.0000 0.4396) |

## 9.1.2　FEM2D. FOR 源程序

完整的源程序如下:

```
C =======================================================
C
C THIS  IS  A PROGRAM  FOR  FINITE  ELEMENT  ANALYSIS  BY
C TRIANGLE ELEMENT
C                              FEM2D. FOR
C
C note:
C    input data files include three:
C    (1)BASIC. IN(basic information, manually)
C    (2)NODE_ANSYS. IN(Information of node, which may come from  ANSYS or
C manually)
C    (3)ELEMENT_ANSYS. IN(information of element, which may come from ANSYS
C or manually)
```

```
C
C       output files include two：
C       (1)DAT A, OUT(general out put)
C       (2)FOR_POST.DAT(data file for ANSYS postprocessing)
C
C key parameters：
C       ID：problem indicator(1 for plane stress, 2 for plane strain)
C       N_ELE：element number
C       N_NODE：node number
C       N_BC：  node number of BC(u)
C       N_LOAD ：node number of BC(p)
C       PE, PR, PT：young's modulus, poison ratio, thickness
C
C key array：
C       IJK_ELE(N_ELE, 3) ：  node order of element
C       X(N_NODE), Y(N_NODE) ：X and Y coord of node
C       IJK_U(N_BC, 3)：  BC(u)
C       P - IJK(N_LOAD, 3)：  BC(p)
C       AKE(6, 6)：  stiffness matrix of 3 - node element
C       AK(500, 100)：  banded global stiffness matrix
C       STS_ELE(500, 3)：  stress components of element
C       STS_ND(500, 3)：   stress components of node
C
C ==========================================================
        PROGRAM FEM2D
        DIMENSION IJK_ELE(500, 3), X(500), Y(500), IJK_U(50, 3), P_IJK(50, 3),
       &RESULT_N(500), AK(500, 100)
        DIMENSION STS_ELE(500, 3), STS_ND(500, 3)
        OPEN(4, FILE = 'BASIC. IN')
        OPEN(5, FILE = 'NODE_ANSYS. IN')
        OPEN(6, FILE = 'ELEMENT_ANSYS. IN')
        OPEN(8, FILE = 'DATA. OUT')
        OPEN(9, FILE = 'FOR_POST. DAT')
        READ(4, * )ID, N_ELE, N_NODE, N_BC, N_LOAD
        IF(ID. EQ. 1)WRITE(8, 20)
        IF(ID. EQ. 2)WRITE(8, 25)
20      FORMAT(/5X, ' ======PLANE TRESS PROBLEM ============')
25      FORMAT(/5X, ' =========PLANE STRAIN PROBLEM ============')
```

```
        CALL READ_IN(ID, N_ELE, N_NODE, N_BC, N_BAND, N_LOAD, PE,
        PR, PT, &IJK_ELE, X, Y, IJK_U, P_IJK)
        CALL BAND_K(N_DOF, N_BAND, N_ELE, IE, N_NODE, IJK_ELE, X, Y, PE,
        PR, PT, AK)
        CALL FORM_P(N_ELE, N_NODE, N_LOAD, N_DOF, IJK_ELE, X, Y, P_IJK,
        RESULT_N)
        CALL DO_BC(N_BC, N_BAND, N_DOF, IJK_U, AK, RESULT_N)
        CALL SOLVE(N_NODE, N_DOF, N_BAND, AK, RESULT_N)
        CALL CAL_STS(N_ELE, N_NODE, N_DOF, PE, PR, IJK_ELE, X, Y, RESULT_N,
        &STS_ELE, STS_ND)
C       to putout a data file for ANSYS postprocessing(channel 9#)
        WRITE(9, 70) REAL(N_NODE), REAL(N_ELE)
70      FORMAT(2F9.4)
        WRITE(9, 71)(X(I), Y(I), RESULT_N(2*I-1), RESULT_N(2*I),
        &STS_ND(I, 1), STS_ND(I, 2), STS_ND(I, 3), I=1, N_NODE)
71      FORMAT(7F9.4)
        WRITE(9, 72)(REAL(IJK_ELE(I, 1)), REAL(IJK_ELE(I, 2)),
        &REAL(IJK_ELE(I, 3)), REAL(IJK_ELE(I, 3)),
        &STS_ELE(I, 1), STS_ELE(I, 2), STS_ELE(I, 3), I=1, N_ELE)
72      FORMAT(7F9.4)
        CLOSE(4)
        CLOSE(5)
        CLOSE(6)
        CLOSE(8)
        CLOSE(9)
        END
C       to the original data in order to model the problem
        SUBROUTINE READ_IN(ID, N_ELE, N_NODE, N_BC, N_BAND, N_LOAD, PE, PR,
        &PT, IJK_ELE, X, Y, IJK_U, P_IJK)
        DIMENSION IJK_ELE(500, 3), X(N_NODE), Y(N_NODE), IJK_U(N_BC, 3),
        &P_IJK(N_LOAD, 3), NE_ANSYS(N_ELE, 14)
        REAL ND_ANSYS(N_NODE, 3)
        READ(4, *)PE, PR, PT
        READ(4, *)((IJK_U(I, J), J=1, 3), I=1, N_BC)
        READ(4, *)((P_IJK(I, J), J=1, 3), I=1, N_LOAD)
        READ(5, *)((ND_ANSYS(I, J), J=1, 3), I=1, N_NODE)
        READ(6, *)((NE_ANSYS(I, J), J=1, 14), I=1, N_ELE)
        DO 10 I=1, N_NODE
```

```
          X(I) = ND_ANSYS(I, 2)
          Y(I) = ND_ANSYS(I, 3)
10        CONTINUE
          DO 11 I = 1, N_ELE
          DO 11 J = 1, 3
          IJK_ELE(I, J) = NE_ANSYS(I, J)
11        CONTINUE
          N_BAND = 0
          DO 20 IE = 1, N_ELE
          DO 20 I = 1, 3
          DO 20 J = 1, 3
          IW = IABS(IJK_ELE(IE, I) - IJK_ELE(IE, J))
          IF(N_BAND. LT. IW)N_BAND = IW
20        CONTINUE
          N_BAND = (N_BAND + 1) * 2
          IF(ID. EQ. 1) THEN
          ELSE
          PE = PE/(1.0 - PR * PR)
          PR = PR/(1.0 - PR)
          END IF
          RETURN
          END
C      to form the stiffness matrix of element
          SUBROUTINE FORM_KE(IE, N_NODE, N_ELE, IJK_ELE, X, Y, PE, PR, PT, AKE)
          DIMENSION IJK_ELE(500, 3), X(N_NODE), Y(N_NODE), BB(3, 6), DD(3, 3),
          &AKE(6, 6), SS(6, 6)
          CALL CAL_DD(PE, PR, DD)
          CALL CAL_BB(IE, N_NODE, N_ELE, IJK_ELE, X, Y, AE, BB)
          DO 10 I = 1, 3
          DO 10 J = 1, 6
          SS(I, J) = 0.0
          DO 10 K = 1, 3
10        SS(I, J) = SS(I, J) + DD(I, K) * BB(K, J)
          DO 20 I = 1, 6
          DO 20 J = 1, 6
          AKE(I, J) = 0.0
          DO 20 K = 1, 3
20        AKE(I, J) = AKE(I, J) + SS(K, I) * BB(K, J) * AE * PT
```

```
       RETURN
       END
C      to form banded global stiffness matrix
       SUBROUTINE BAND_K(N_DOF, N_BAND, N_ELE, IE, N_NODE, IJK_ELE, X,
       Y, PE,
       &PR, PT, AK)
       DIMENSION IJK_ELE(500, 3), X(N_NODE), Y(N_NODE), AKE(6, 6), AK
       (500, 100)
       N_DOF = 2 * N_NODE
       DO 40 I = 1, N_DOF
       DO 40 J = 1, N_BAND
40     AK(I, J) = 0
       DO 50 IE = 1, N_ELE
       CALL FORM_KE(IE, N_NODE, N_ELE, IJK_ELE, X, Y, PE, PR, PT, AKE)
       DO 50 I = 1, 3
       DO 50 II = 1, 2
       IH = 2 * (I - 1) + II
       IDH = 2 * (IJK_ELE(IE, I) - 1) + II
       DO 50 J = 1, 3
       DO 50 JJ = 1, 2
       IL = 2 * (J - 1) + JJ
       IZL = 2 * (IJK_ELE(IE, J) - 1) + JJ
       IDL = IZL - IDH + 1
       IF(IDL. LE. 0)THEN
       ELSE
       AK(IDH, IDL) = AK(IDH, IDL) + AKE(IH, IL)
       END IF
50     CONTINUE
       RETURN
       END
C
C      to calculate the area of element
       SUBROUTINE CAL_AREA(IE, N_NODE, IJK_ELE, X, Y, AE)
       DIMENSION IJK_ELE(500, 3), X(N_NODE), Y(N_NODE)
       I = IJK_ELE(IE, 1)
       J = IJK_ELE(IE, 2)
       K = IJK_ELE(IE, 3)
       XIJ = X(J) - X(I)
```

```
      YIJ = Y( J) − Y( I)
      XIK = X( K) − X( I)
      YIK = Y( K) − Y( I)
      AE = ( XIJ * YIK − XIK * YIJ)/2.0
      RETURN
      END
C
C     to calculate the elastic matrix of element
      SUBROUTINE CAL_DD( PE, PR, DD)
      DIMENSION DD(3, 3)
      DO 10 I = 1, 3
      DO 10 J = 1, 3
10    DD( I, J) = 0.0
      DD(1, 1) = PE/( 1.0 − PR * PR)
      DD(1, 2) = PE * PR/( 1.0 − PR * PR)
      DD(2, 1) = DD(1, 2)
      DD(2, 2) = DD(1, 1)
      DD(3, 3) = PE/(( 1.0 + PR) * 2.0)
      RETURN
      END
C
C     to calculate the strain − displacement matrix of element
      SUBROUTINE   CAL_BB( IE, N_NODE, N_ELE, IJK_ELE, X, Y, AE, BB)
      DIMENSION IJK_ELE(500, 3), X( N_NODE), Y( N_NODE), BB(3, 6)
      I = IJK_ELE( IE, 1)
      J = IJK_ELE( IE, 2)
      K = IJK_ELE( IE, 3)
      DO 10 II = 1, 3
      DO 10 JJ = 1, 3
10    BB( II, JJ) = 0.0
      BB(1, 1) = Y( J) − Y( K)
      BB(1, 3) = Y( K) − Y( I)
      BB(1, 5) = Y( I) − Y( J)
      BB(2, 2) = X( K) − X( J)
      BB(2, 4) = X( I) − X( K)
      BB(2, 6) = X( J) − X( I)
      BB(3, 1) = BB(2, 2)
      BB(3, 2) = BB(1, 1)
```

```
            BB(3, 3) = BB(2, 4)
            BB(3, 4) = BB(1, 3)
            BB(3, 5) = BB(2, 6)
            BB(3, 6) = BB(1, 5)
            CALL CAL_AREA(IE, N_NODE, IJK_ELE, X, Y, AE)
            DO 20 I1 = 1, 3
            DO 20 J1 = 1, 6
20          BB(I1, J1) = BB(I1, J1)/(2.0 * AE)
            RETURN
            END
C
C       to form the global load matrix
            SUBROUTINE FORM_P(N_ELE, N_NODE, N_LOAD, N_DOF, IJK_ELE, X, Y, P
            _IJK,
            &RESULT_N)
            DIMENSION IJK_ELE(500, 3), X(N_NODE), Y(N_NODE), P_IJK(N_LOAD,
            3),
            &RESULT_N(N_DOF)
            DO 10 I = 1, N_DOF
10          RESULT_N(I) = 0.0
            DO 20 I = 1, N_LOAD
            II = P_IJK(I, 1)
            RESULT_N(2 * II - 1) = P_IJK(I, 2)
20          RESULT_N(2 * II) = P_IJK(I, 3)
            RETURN
            END
C
C       to deal with BC(u)(here only for fix displacement)using"1 - 0"method
            SUBROUTINE DO_BC(N_BC, N_BAND, N_DOF, IJK_U, AK, RESULT_N)
            DIMENSION RESULT_N(N_DOF), IJK_U(N_BC, 3), AK(500, 100)
            DO 30 I = 1, N_BC
            IR = IJK_U(I, 1)
            DO 30 J = 2, 3
            IF(IJK_U(I, J).EQ.0)THEN
            ELSE
            II = 2 * IR + J - 3
            AK(II, 1) = 1.0
            RESULT_N(II) = 0.0
```

```
        DO 10 JJ = 2, N_BAND
10      AK(II, JJ) = 0.0
        DO 20 JJ = 2, II
20      AK(II - JJ + 1, JJ) = 0.0
        END IF
30      CONTINUE
        RETURN
        END
C
C       to solve the banded FEM equation by GAUSS elimination
        SUBROUTINE SOLVE(N_NODE, N_DOF, N_BAND, AK, RESULT_N)
        DIMENSION RESULT_N(N_DOF), AK(500, 100)
        DO 20 K = 1, N_DOF - 1
        IF(N_DOF. GT. K + N_BAND - 1) IM = K + N_BAND - 1
        IF(N_DOF. LE. K + N_BAND - 1) IM = N_DOF
        DO 20 I = K + 1, IM
        L = I - K + 1
        C = AK(K, L)/AK(K, 1)
        IW = N_BAND - L + 1
        DO 10 J = 1, IW
        M = J + I - K
10      AK(I, J) = AK(I, J) - C * AK(K, M)
20      RESULT_N(I) = RESULT_N(I) - C * RESULT_N(K)
        RESULT_N(N_DOF) = RESULT_N(N_DOF)/AK(N_DOF, 1)
        DO 40 I1 = 1, N_DOF - 1
        I = N_DOF - I1
        IF(N_BAND. GT. N_DOF - I - 1)JQ = N_DOF - I + 1
        IF(N_BAND. LE. N_DOF - I - 1)JQ = N_BAND
        DO 30 J = 2, JQ
        K = J + I - 1
30      RESULT_N(I) = RESULT_N(I) - AK(I, J) * RESULT_N(K)
40      RESULT_N(I) = RESULT_N(I)/AK(I, 1)
        WRITE(8, 50)
50      FORMAT(/12X, '* * * * * * * RESULTS BY FEM2D * * * * * * *', //8X, '--
       &DISPLACEMENT OF NODE --'//5X, 'NODE NO', 8X, 'X - DISP', 8X, 'Y - DISP')
        DO 60 I = 1, N_NODE
60      WRITE(8, 70)I, RESULT_N(2 * I - 1), RESULT_N(2 * I)
70      FORMAT(8X, I5, 7X, 2E15.6)
```

```
      RETURN
      END
C
C     calculate the stress components of element and node
      SUBROUTINE CAL_STS(N_ELE, N_NODE, N_DOF, PE, PR, IJK_ELE, X, Y,
     &RESULT_N, STS_ELE, STS_ND)
      DIMENSION IJK_ELE(500, 3), X(N_NODE), Y(N_NODE), DD(3, 3), BB(3, 6),
     &SS(3, 6), RESULT_N(N_DOF), DISP_E(6)
      DIMENSION STS_ELE(500, 3), STS_ND(500, 3)
      WRITE(8, 10)
10    FORMAT(//8X, ' -- STRESSES OF ELEMENT -- ')
      CALL CAL_DD(PE, PR, DD)
      DO 50 IE = 1, N_ELE
      CALL CAL_BB(IE, N_NODE, N_ELE, IJK_ELE, X, Y, AE, BB)
      DO 20 I = 1, 3
      DO 20 J = 1, 6
      SS(I, J) = 0.0
      DO 20 K = 1, 3
20    SS(I, J) = SS(I, J) + DD(I, K) * BB(K, J)
      DO 30 I = 1, 3
      DO 30 J = 1, 2
      IH = 2 * (I - 1) + J
      IW = 2 * (IJK_ELE(IE, I) - 1) + J
30    DISP_E(IH) = RESULT_N(IW)
      STX = 0
      STY = 0
      TXY = 0
      DO 40 J = 1, 6
      STX = STX + SS(1, J) * DISP_E(J)
      STY = STY + SS(2, J) * DISP_E(J)
40    TXY = TXY + SS(3, J) * DISP_E(J)
      STS_ELE(IE, 1) = STX
      STS_ELE(IE, 2) = STY
      STS_ELE(IE, 3) = TXY
50    WRITE(8, 60) IE, STX, STY, TXY
60    FORMAT(1X, 'ELEMENT NO. = ', I5/18X, 'STX = ', E12.6, 5X, 'STY = ',
     &E12.6, 2X, 'TXY = ', E12.6)
C     the following part is to calculate stress components of node
```

```
        WRITE(8, 55)
55      FORMAT(//8X, '-- STRESSES OF NODE --')
        DO 90 I = 1, N_NODE
        A = 0.
        B = 0.
        C = 0.
        II = 0
        DO 70 K = 1, N_ELE
        DO 70 J = 1, 3
        IF(IJK_ELE(K, J). EQ. I)THEN
        II = II + 1
        A = A + STS_ELE(K, 1)
        B = B + STS_ELE(K, 2)
        C = C + STS_ELE(K, 3)
        END IF
70      CONTINUE
        STS_ND(I, 1) = A/II
        STS_ND(I, 2) = B/II
        STS_ND(I, 3) = C/II
        WRITE(8, 75)I, STS_ND(I, 1), STS_ND(I, 2), STS_ND(I, 3)
75      FORMAT(1X, 'NODE NO. = ', I5/18X, 'STX = ', E12.6, 5X, 'STY = ',
        &E12.6, 2X, 'TXY = ', E12.6)
90      CONTINUE
        RETURN
        END
C       FEM2D PROGRAM END
```

# 9.2　自编程序与 ANSYS 软件前后处理器的衔接

## 9.2.1　利用 ANSYS 进行前处理

在第七章和本章上一节我们讨论了基于 FORTRAN 语言的分析程序 RFEP. FOR 和 FEM2D. FOR,这两个程序虽然只是采用 3 结点三角形单元对平面问题进行有限元静力分析,且只提供最简单的编程模块,但是读者在完全理解该程序的计算原理后,可以在此基础上进行扩充,开发出功能更加齐全的自编程序。

下面介绍自编程序怎样接受由 ANSYS 前处理所得出的结点信息文件 NODE_

ANSYS. IN 和单元信息文件 ELEMENT _ ANSYS. IN。以下算例所采用的平台为 ANSYS10.0,在 ANSYS 其他版本上(如 ANSYS10.0,ANSYS13.0,ANSYS14.5 等)的实现也大致相同。

有关 ANSYS 的基本操作见第 8 章。

首先在 ANSYS 平台中直接进行几何建模和单元划分,单元和结点如图 9 - 3 所示,然后利用 ANSYS 输出结点信息和单元信息的功能,就可以实现前处理器的应用,即由 ANSYS 前处理输出的结点信息文件 NODE_ANSYS. IN 和单元信息文件 ELEMENT_ ANSYS. IN。ANSYS 中输出结点信息和单元信息的命令如下:

NWRITE, NODE_ANSYS, IN, , 0

EWRITE, ELEMENT_ANSYS, IN, , 0

下面给出具体利用 ANSYS 前处理的菜单(GUI)操作过程。

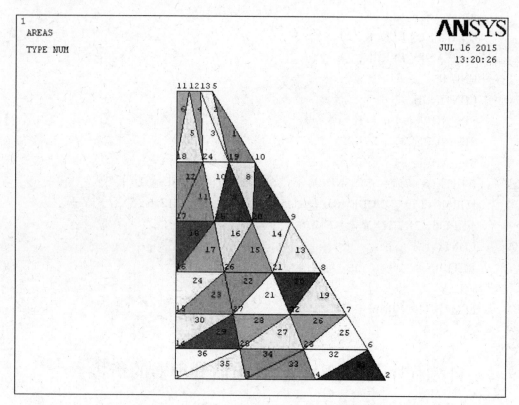

图 9 - 3 在 ANSYS 平台中所划分的单元和结点

## 1. 进入 ANSYS

程序→ANSYS 10.0→ANSYS Product Launcher→Working directory(设置工作目录)→ Initial jobname(设置工作文件名):triangle→Simulution Environment:Ansys→License: Ansys Mechanical→Run→OK。

## 2. 设定单元类型

ANSYS Main Menu：Preprocessor → Element Type → Add/Edit/Delete → Add → Solid：Quad 4node 42(选择单元类型)→OK(返回到 Element Type 窗口)→Options…：在 Element behavior 中选 Plane Strain→Close。

## 3. 生成关键点、线、面

生成关键点：ANSYS Main Menu：Preprocessor → Modeling → Create → KeyPoints → In Active CS→Nodenumber：1(结点号)，0(x 坐标)，0(y 坐标)→Apply→再重复操作输入另 3 个结点号及 xy 坐标：2(9, 0)，3(0, 12)，4(1.5, 12)0→OK。

生成线：ANSYS Main Menu：Preprocessor→Modeling→Create→Lines→Straight Line→分别点击(1, 2)、(1, 3)、(2, 4)、(2, 4)两点生成四条线。

生成面：ANSYS Main Menu：Preprocessor→Modeling→Create→Areas→Arbitrary→By Lines→选取生成的四条线形成面。

## 4. 划分单元

ANSYS Main Menu：Preprocessor→Meshling→MeshToo→Lines→set→选第一条和第四条线，在 NDIV 中：填3；选第二条和第三条线，在 NDIV 中：填6，在 SPACE 中：填2.4→Shape：选 Tri 和 Mapped→点击 Mesh→OK，即可生成图 9 - 1 所示单元，与第 7 章中划分情况完全一样。

## 5. 输出前处理中的结点和单元信息

ANSYS Main Menu：Preprocessor→Modeling→Create→Nodes→Write Node File→(输入导出的结点信息文件名称)：NODE_ANSYS. IN→OK。

ANSYS Main Menu：Preprocessor→Modeling→Create→Elements→Write Elem File→(输入导出的单元信息文件名称)：Elements_ANSYS. IN→OK。

## 6. 退出系统

ANSYS Utility Menu：File→Exit…→Save Everything→OK。

ANSYS 前处理的命令流形式为：

```
/PREP7
! *
ET, 1, PLANE42
! *
KEYOPT, 1, 1, 0
KEYOPT, 1, 2, 0
KEYOPT, 1, 3, 2
KEYOPT, 1, 5, 0
```

```
KEYOPT, 1, 6, 0
! *
! *
MPTEMP, , , , , ,., ,
MPTEMP, 1, 0
MPDATA, EX, 1, , 2e7
MPDATA, PRXY, 1, , 0.167
K, 4, 1.5, 12, ,
K, 3, 0, 12, ,
K, 2, 9, 0, ,
K, 1, 0, 0, ,
LSTR, 1, 2
LSTR, 1, 3
LSTR, 2, 4
LSTR, 3, 4
FLST, 2, 4, 4
FITEM, 2, 1
FITEM, 2, 3
FITEM, 2, 2
FITEM, 2, 4
AL, P51X
FLST, 5, 2, 4, ORDE, 2
FITEM, 5, 1
FITEM, 5, 4
CM, _Y, LINE
LSEL, , , , P51X
CM, _Y1, LINE
CMSEL, , _Y
! *
LESIZE, _Y1, , , 3, , , , , 0
! *
FLST, 5, 2, 4, ORDE, 2
FITEM, 5, 2
FITEM, 5, -3
CM, _Y, LINE
LSEL, , , , P51X
CM, _Y1, LINE
CMSEL, , _Y
```

```
! *
LESIZE, _Y1, , , 6, 2.4, , , , 0
! *
MSHAPE, 1, 2D
MSHKEY, 1
! *
MSHAPE, 0, 2D
! *
CM, _Y, AREA
ASEL, , , , 1
CM, _Y1, AREA
CHKMSH, 'AREA'
CMSEL, S, _Y
! *
AMESH, _Y1
! *
CMDELE, _Y
CMDELE, _Y1
CMDELE, _Y2
! *
ACLEAR,        1
! APLOT
MSHAPE, 1, 2D
! *
CM, _Y, AREA
ASEL, , , , 1
CM, _Y1, AREA
CHKMSH, 'AREA'
CMSEL, S, _Y
! *
AMESH, _Y1
! *
CMDELE, _Y
CMDELE, _Y1
CMDELE, _Y2 EWRITE, ELEMENT_ANSYS, IN, , 0
NWRITE, NODE_ANSYS, IN, , 0
EWRITE, ELEMENT_ANSYS, IN, , 0
*ENDDO
```

\* CFCLOSE

由以上 ANSYS 操作所得到的结点信息文件 NODE＿ANSYS. IN 和单元信息文件 ELEMENT＿ANSYS. IN 的格式如表9－6 和表9－7 所示。

表9－6　ANSYS 所导出的结点信息文件 NODE＿ANSYS. IN 的格式

| | 结点编号 | 结点 $x$ 坐标 | 结点 $y$ 坐标 |
|---|---|---|---|
| 实际数据 | 1<br>2<br>3<br>4<br>5<br>⋮<br>28 | 9. 000000000000<br>3. 000000000000<br>6. 000000000000<br>1. 500000000000<br>⋮<br>2. 742696011238 | 12. 00000000000<br>⋮<br>1. 235059146058 |
| 说明 | 结点编号按照八位数整型数据的格式输出，坐标按照 20 位浮点型数据输出，其中空格占六位。结点坐标为 0 时，ANSYS 将不予输出，因此在利用该数据文件作为结点信息读入时，必须注意格式。需要在相应结点坐标处补 0 | | |

表9－7　ANSYS 所导出的单元信息文件 ELEMENT＿ANSYS. IN 的格式

| | | | | | | | | | | | | | |
|---|---|---|---|---|---|---|---|---|---|---|---|---|---|
| 实际数据 | 5 | 19 | 10 | 10 | 0 | 0 | 0 | 0 | 1 | 1 | 1 | 1 | 0 | 1 |
| | 5 | 13 | 19 | 19 | 0 | 0 | 0 | 0 | 1 | 1 | 1 | 1 | 0 | 2 |
| | 13 | 24 | 19 | 19 | 0 | 0 | 0 | 0 | 1 | 1 | 1 | 1 | 0 | 3 |
| | 13 | 12 | 24 | 24 | 0 | 0 | 0 | 0 | 1 | 1 | 1 | 1 | 0 | 4 |
| | 12 | 18 | 24 | 24 | 0 | 0 | 0 | 0 | 1 | 1 | 1 | 1 | 0 | 5 |
| | ⋮ | ⋮ | ⋮ | ⋮ | ⋮ | ⋮ | ⋮ | ⋮ | ⋮ | ⋮ | ⋮ | ⋮ | ⋮ | ⋮ |
| | 28 | 14 | 1 | 1 | 0 | 0 | 0 | 0 | 1 | 1 | 1 | 1 | 0 | 36 |
| ANSYS 的编码格式 | I | J | K | L | M | N | O | P | | | NUM | | | |
| 说明 | 输出是按照 8 结点四边形单元格式输出的，每一行前四列对应四个单元顶点的编号，对于三角形单元第四列与第三列相同。接下来四列输出另外四个结点的编号，缺省为 0。最后一列输出单元编号。每一行第 9～13 列依次输出已定义的单元材料类型编号，问题类型编号，实常数编号，单元坐标系类型编号 | | | | | | | | | | | | |

本例中由 NWRITE 命令所得到的数据文件 NODE＿ANSYS. IN 如下（注意：ANSYS 中的命令 NWRITE 对于数据"0"的输出为"空位"）：

　　　1

　　　2　9. 000000000000

　　　3　3. 000000000000

　　　4　6. 000000000000

|    |                |                |
|----|----------------|----------------|
| 5  | 1.500000000000 | 12.00000000000 |
| 6  | 8.228088033714 | 1.235059146058 |
| 7  | 7.308464615989 | 2.706456614417 |
| 8  | 6.212863993943 | 4.459417609691 |
| 9  | 4.907611539632 | 6.547821536588 |
| 10 | 3.352588719087 | 9.035858049461 |
| 11 | 0.000000000000 | 12.00000000000 |
| 12 | 0.500000000000 | 12.00000000000 |
| 13 | 1.000000000000 | 12.00000000000 |
| 14 | 0.000000000000 | 1.235059146058 |
| 15 | 0.000000000000 | 2.706456614417 |
| 16 | 0.000000000000 | 4.459417609691 |
| 17 | 0.000000000000 | 6.547821536588 |
| 18 | 0.000000000000 | 9.035858049461 |
| 19 | 2.235059146058 | 9.035858049461 |
| 20 | 3.271741026422 | 6.547821536588 |
| 21 | 4.141909329296 | 4.459417609691 |
| 22 | 4.872309743993 | 2.706456614417 |
| 23 | 5.485392022476 | 1.235059146058 |
| 24 | 1.117529573029 | 9.035858049461 |
| 25 | 1.635870513211 | 6.547821536588 |
| 26 | 2.070954664648 | 4.459417609691 |
| 27 | 2.436154871996 | 2.706456614417 |
| 28 | 2.742696011238 | 1.235059146058 |

本例中由 EWRITE 命令所得到的数据文件 ELEMENT_ANSYS.IN 如下：

| 5  | 19 | 10 | 10 | 0 | 0 | 0 | 0 | 1 | 1 | 1 | 1 | 0 | 1  |
|----|----|----|----|---|---|---|---|---|---|---|---|---|----|
| 5  | 13 | 19 | 19 | 0 | 0 | 0 | 0 | 1 | 1 | 1 | 1 | 0 | 2  |
| 13 | 24 | 19 | 19 | 0 | 0 | 0 | 0 | 1 | 1 | 1 | 1 | 0 | 3  |
| 13 | 12 | 24 | 24 | 0 | 0 | 0 | 0 | 1 | 1 | 1 | 1 | 0 | 4  |
| 12 | 18 | 24 | 24 | 0 | 0 | 0 | 0 | 1 | 1 | 1 | 1 | 0 | 5  |
| 12 | 11 | 18 | 18 | 0 | 0 | 0 | 0 | 1 | 1 | 1 | 1 | 0 | 6  |
| 10 | 20 | 9  | 9  | 0 | 0 | 0 | 0 | 1 | 1 | 1 | 1 | 0 | 7  |
| 10 | 19 | 20 | 20 | 0 | 0 | 0 | 0 | 1 | 1 | 1 | 1 | 0 | 8  |
| 19 | 25 | 20 | 20 | 0 | 0 | 0 | 0 | 1 | 1 | 1 | 1 | 0 | 9  |
| 19 | 24 | 25 | 25 | 0 | 0 | 0 | 0 | 1 | 1 | 1 | 1 | 0 | 10 |
| 24 | 17 | 25 | 25 | 0 | 0 | 0 | 0 | 1 | 1 | 1 | 1 | 0 | 11 |

| | | | | | | | | | | | | | |
|---|---|---|---|---|---|---|---|---|---|---|---|---|---|
| 24 | 18 | 17 | 17 | 0 | 0 | 0 | 0 | 1 | 1 | 1 | 1 | 0 | 12 |
| 9 | 21 | 8 | 8 | 0 | 0 | 0 | 0 | 1 | 1 | 1 | 1 | 0 | 13 |
| 9 | 20 | 21 | 21 | 0 | 0 | 0 | 0 | 1 | 1 | 1 | 1 | 0 | 14 |
| 20 | 26 | 21 | 21 | 0 | 0 | 0 | 0 | 1 | 1 | 1 | 1 | 0 | 15 |
| 20 | 25 | 26 | 26 | 0 | 0 | 0 | 0 | 1 | 1 | 1 | 1 | 0 | 16 |
| 25 | 16 | 26 | 26 | 0 | 0 | 0 | 0 | 1 | 1 | 1 | 1 | 0 | 17 |
| 25 | 17 | 16 | 16 | 0 | 0 | 0 | 0 | 1 | 1 | 1 | 1 | 0 | 18 |
| 8 | 22 | 7 | 7 | 0 | 0 | 0 | 0 | 1 | 1 | 1 | 1 | 0 | 19 |
| 8 | 21 | 22 | 22 | 0 | 0 | 0 | 0 | 1 | 1 | 1 | 1 | 0 | 20 |
| 21 | 27 | 22 | 22 | 0 | 0 | 0 | 0 | 1 | 1 | 1 | 1 | 0 | 21 |
| 21 | 26 | 27 | 27 | 0 | 0 | 0 | 0 | 1 | 1 | 1 | 1 | 0 | 22 |
| 26 | 15 | 27 | 27 | 0 | 0 | 0 | 0 | 1 | 1 | 1 | 1 | 0 | 23 |
| 26 | 16 | 15 | 15 | 0 | 0 | 0 | 0 | 1 | 1 | 1 | 1 | 0 | 24 |
| 7 | 23 | 6 | 6 | 0 | 0 | 0 | 0 | 1 | 1 | 1 | 1 | 0 | 25 |
| 7 | 22 | 23 | 23 | 0 | 0 | 0 | 0 | 1 | 1 | 1 | 1 | 0 | 26 |
| 22 | 28 | 23 | 23 | 0 | 0 | 0 | 0 | 1 | 1 | 1 | 1 | 0 | 27 |
| 22 | 27 | 28 | 28 | 0 | 0 | 0 | 0 | 1 | 1 | 1 | 1 | 0 | 28 |
| 27 | 14 | 28 | 28 | 0 | 0 | 0 | 0 | 1 | 1 | 1 | 1 | 0 | 29 |
| 27 | 15 | 14 | 14 | 0 | 0 | 0 | 0 | 1 | 1 | 1 | 1 | 0 | 30 |
| 6 | 4 | 2 | 2 | 0 | 0 | 0 | 0 | 1 | 1 | 1 | 1 | 0 | 31 |
| 6 | 23 | 4 | 4 | 0 | 0 | 0 | 0 | 1 | 1 | 1 | 1 | 0 | 32 |
| 23 | 3 | 4 | 4 | 0 | 0 | 0 | 0 | 1 | 1 | 1 | 1 | 0 | 33 |
| 23 | 28 | 3 | 3 | 0 | 0 | 0 | 0 | 1 | 1 | 1 | 1 | 0 | 34 |
| 28 | 1 | 3 | 3 | 0 | 0 | 0 | 0 | 1 | 1 | 1 | 1 | 0 | 35 |
| 28 | 14 | 1 | 1 | 0 | 0 | 0 | 0 | 1 | 1 | 1 | 1 | 0 | 36 |

为避免数据"0"的输出为"空位"，希望结点坐标按照指定格式输出，对此可以在输入窗口中直接输入以下命令：

*GET, NMAX, NODE, , COUNT
*CFOPEN, NODE_ANSYS, IN
*DO, I, 0, NMAX
*VWRITE, I, NX(I), NY(I)
(F5.0, F20.12, F20.12)
*ENDDO
*CFCLOSE

此时，输出的 NODE_ANSYS. IN 文件如下：

    1.  0.000000000000    0.000000000000

| 2. | 9.000000000000 | 0.000000000000 |
|---|---|---|
| 3. | 3.000000000000 | 0.000000000000 |
| 4. | 6.000000000000 | 0.000000000000 |
| 5. | 1.500000000000 | 12.00000000000 |
| 6. | 8.228088033714 | 1.235059146058 |
| 7. | 7.308464615989 | 2.706456614417 |
| 8. | 6.212863993943 | 4.459417609691 |
| 9. | 4.907611539632 | 6.547821536588 |
| 10. | 3.352588719087 | 9.035858049461 |
| 11. | 0.000000000000 | 12.00000000000 |
| 12. | 0.500000000000 | 12.00000000000 |
| 13. | 1.000000000000 | 12.00000000000 |
| 14. | 0.000000000000 | 1.235059146058 |
| 15. | 0.000000000000 | 2.706456614417 |
| 16. | 0.000000000000 | 4.459417609691 |
| 17. | 0.000000000000 | 6.547821536588 |
| 18. | 0.000000000000 | 9.035858049461 |
| 19. | 2.235059146058 | 9.035858049461 |
| 20. | 3.271741026422 | 6.547821536588 |
| 21. | 4.141909329296 | 4.459417609691 |
| 22. | 4.872309743993 | 2.706456614417 |
| 23. | 5.485392022476 | 1.235059146058 |
| 24. | 1.117529573029 | 9.035858049461 |
| 25. | 1.635870513211 | 6.547821536588 |
| 26. | 2.070954664648 | 4.459417609691 |
| 27. | 2.436154871996 | 2.706456614417 |
| 28. | 2.742696011238 | 1.235059146058 |

在得到结点信息文件 NODE_ANSYS.IN 和单元信息文件 ELEMENT_ANSYS.IN 后，就可以使用自主程序 RFEP.FOR 进行有限元分析，然后按规定的格式输出数据文件 FOR_POST.DAT（格式见表 9-3），该例题具体的 FOR_POST.DAT 文件内容见例 9.1。

## 9.2.2   ANSYS 后处理的接口程序

自编程序经过计算分析之后，输出了一般性结果文件 DATA.OUT，下面介绍怎样提供一个专供 ANSYS 进行后处理的结果数据文件 FOR_POST.DAT。

若用户使用自主程序已得到有限元分析的结果，可以利用 ANSYS 平台进行后处理显示。

对于结果问题可以显示的内容为：结点、基于结点的物理量（如位移、应力、应变等，由用户提供）、单元、基于单元的物理量。

具体的实现方法为：首先根据输出一般性结果文件 DATA. OUT 和由用户按表 9 – 3 所规定的格式形成数据文件 FOR_POST. DAT 并存放在 ANSYS 工作目录中，然后在 ANSYS 环境下调用下面的命令流文件（USER_POST. LOG），调用方式如下：

ANSYS Main Menu：file→read input from→plate. log（相应目录中的文件）→OK，则可以全自动完成 log 里面的所有操作。

接口程序 USER_POST. LOG 的内容如下：

```
! ——————————————user_post. log——————————begin——————————
! 以下为 2D 问题平面 3 结点(4 结点)单元上用户定义物理量的信息传递过程
! 用户提供的信息数据见 FOR_POST. DAT 文件
! FOR_POST. DAT 文件的格式如下
! PART1(共 1 行两个数，格式 2f 9.4)：结点总数 INFO(1)、单元总数 INFO(2)
! PART2(基于结点的信息，共 INFO(1)行，每行 7 个数，格式 7f 9.4)：
! 节点 x 坐标、结点 y 坐标、结点物理量 1(x 方向位移)、结点物理量 2(y 方
! 向位移)、结点物理量 3(x 方向应力)、结点物理量 4(y 方向应力)、结点物
! 理量 5(剪应力)
! PART3(基于结点的信息，共 INFO(2)行，每行 7 个数，格式 7f 9.4)：
! 单元结点 1、单元结点 2、单元结点 3、单元结点 4(对于三角形单元，第 4 个
! 结点号与第 3 个相同)、
! 单元物理量 1(x 应力)、单元物理量 2(y 应力)、单元物理量 3(z 应力)
! ——————————————————————————————————————————————
/PREP7
ET, 1, PLANE42
DOF, rotx        ! define new DOF at node which should be ploted
DOF, roty
DOF, rotz
*dim, INFO, , 2
! above define an array INFO:INFO(1):number of node, INFO(2):number of elements
*vread, INFO(1), FOR_POST, DAT
(2f9.4)
*, ND_INFO, , INFO( ), 7
! above define an array ND_INFO which refers to the information of nodes
* vread, ND_INFO(1, 1), FOR_POST, dat, , , JIK, 7, INFO(1), , , 1
(7f9.4)
*, ELE_INFO, , INFO(2), 7
! above define an array ele_info which refers to the information of elements
```

* vread, ELE_INFO(1, 1), FOR_POST, dat, , JIK, 7, INFO(2), , INFO(1) +1
(7f9.4)
* do, i, 1, INFO(1)
N, i, ND_INFO(i, 1), ND_INFO(i, 2)! creat the nodes by first two columns of ND_INFO
* enddo
* do, i, 1, INFO(2)
E, ELE_INFO(i, 1), ELE_INFO(i, 2), ELE_INFO(i, 3), ELE_INFO(i, 4)
! above creat the elements by first four columns of ELE_INFO
* enddo
/post1
* do, i, 1, INFO(1)　　　　　　　　　! cyclically display nodal information
dnsol, i, u, x, ND_INFO(i, 3)　　　　! set ux to display ND_INFO( * , 3) data
dnsol, i, u, y, ND_INFO(i, 4)　　　　! set uy to display ND_INFO( * , 4) data
dnsol, i, rot, x, ND_INFO(i, 5)　　　! set rotx to display ND_INFO( * , 5) data
dnsol, i, rot, y, ND_INFO(i, 6)　　　! set roty to display ND_INFO( * , 6) data
dnsol, i, rot, z, ND_INFO(i, 7)　　　! set rotz to display ND_INFO( * , 7) data
* enddo
* do, i, 1, INFO(2)　　　　　　　　　! cyclically display element information
* do, j, 1, 3
num = ELE_INFO(i, j)
desol, i, num, s, x, ELE_INFO(i, 5)　! set sx to display ELE_INFO( * , 5) data
desol, i, num, s, y, ELE_INFO(i, 6)　! set sy to display ELE_INFO( * , 6) data
desol, i, num, s, z, ELE_INFO(i, 7)　! set sz to display ELE_INFO( * , 7) data
* enddo
* enddo! ————————————user_post. log——————————end——————

注:以上文件必须生成. LOG 文件,并将所有后面的说明语句,如! set sx to display
ELE_INFO( * ,5)data 等语句删除,从 ANSYS 中由 File-read Input form 读入,即可进行后
处理了。

　　用户所提供的文件 FOR_POST. DAT 中的数据与接口程序 USER_POST. LOG 中的数
据组之间的对应关系见表 9 - 8。

表 9 - 8　FOR_POST. DAT 的数据与 USRE_POST. LOG 的数据的对应关系

| FOR_POST. DAT 中的数据 | USRE_POST. LOG 中的数据 |
| --- | --- |
| PART1<br>（共 1 行，两个数，格式 2f9.<br>4），作为一维数组的两个数） | INFO(2)：结点总数、单元总数<br>　（例如：6.0000 4.0000） |

（续表）

| FOR_POST. DAT 中的数据 | USRE_POST. LOG 中的数据 |
|---|---|
| PART2<br>（共 INFO(1) 行，每行 7 个数，格式 7f9.4） | ND_INFO：有 INFO(1) 行，7 列，每行的信息为：<br>结点 $x$ 坐标　　结点 $y$ 坐标　　结点物理量 1（$x$ 方向位移）<br>结点物理量 2（$y$ 方向位移）结点物理量 3（$x$ 方向应力）<br>结点物理量 4（$y$ 方向应力）结点物理量 5（剪应力）<br>（例如：0.0000　2.0000　0.0000　-5.2527　-1.0879　-3.0000<br>　0.4396） |
| PART3<br>（共 INFO(2) 行，每行 7 个数，格式 7f9.4）<br>单元为按照逆时针排序的 4 个结点编号，对于三角形单元，第 4 列与第 3 列相同 | ELE_INFO：有 INFO(2) 行，7 列，每行的信息为：<br>单元的结点号 1　　单元的结点号 2　　单元的结点号 3<br>单元的结点号 4　　单元的 $x$ 方向应力　　单元的 $y$ 方向应力<br>单元的剪应力<br>（例如：1.0000　2.0000　3.0000　3.0000　-1.0879　-3.0000<br>　0.4396） |

# 9.3　计算实例

分析计算例 7-1。要求采用 ANSYS 前处理划分结点和单元，采用自主程序 FEM2D. FOR 分析计算，采用 ANSYS 对计算结果进行后处理。

采用自主程序 FEMD2D. FOR 计算分析所需要的数据文件分为两部分：一部分为手工准备的模型基本信息文件 BASIC. IN（根据程序说明）的数据为：

2,36,28,4,7

2.0e7,0.167,1.

1,1,1,2,1,1,3,1,1,4,1,1

2, -700.0, 0, 6, -600.0, 0, 7, -500.0, 0, 8, -400.0, 0, 9, -300.0, 0, 10, -200.0, 0, 5, -100.0, 0,

把由 ANSYS 生成的结点信息文件 NODE_ANSYS. IN 和单元信息文件 ELEMENT_ ANSYS. IN 拷到程序 FEM2D. FOR 所在目录下，运行 FEM2D. FOR 即可得到计算结果。

计算结果分为两部分：一是输出直接结果文件 DATA. OUT 的数据，如下所示，其中结点应力为经平面处理后给出的。

```
===========PLANE STRAIN PROBLEM ===============
********** RESULTS BY FEM2D **********
-- DISPLACEMENT OF NODE --
NODE NO          X - DISP              Y - DISP
```

| | | |
|---|---|---|
| 1 | 0.000000E + 00 | 0.000000E + 00 |
| 2 | 0.000000E + 00 | 0.000000E + 00 |
| 3 | 0.000000E + 00 | 0.000000E + 00 |
| 4 | 0.000000E + 00 | 0.000000E + 00 |
| 5 | − 0.517109E − 03 | − 0.671742E − 04 |
| 6 | − 0.606320E − 04 | 0.239464E − 04 |
| 7 | − 0.106616E − 03 | 0.454054E − 04 |
| 8 | − 0.160132E − 03 | 0.592729E − 04 |
| 9 | − 0.240765E − 03 | 0.550633E − 04 |
| 10 | − 0.360116E − 03 | 0.159838E − 04 |
| 11 | − 0.515833E − 03 | − 0.145211E − 03 |
| 12 | − 0.515714E − 03 | − 0.119115E − 03 |
| 13 | − 0.516085E − 03 | − 0.930504E − 04 |
| 14 | − 0.339353E − 04 | − 0.356202E − 04 |
| 15 | − 0.815832E − 04 | − 0.696111E − 04 |
| 16 | − 0.147761E − 03 | − 0.100207E − 03 |
| 17 | − 0.238177E − 03 | − 0.125107E − 03 |
| 18 | − 0.359681E − 03 | − 0.141143E − 03 |
| 19 | − 0.358676E − 03 | − 0.352437E − 04 |
| 20 | − 0.236319E − 03 | 0.412464E − 06 |
| 21 | − 0.148148E − 03 | 0.164813E − 04 |
| 22 | − 0.855482E − 04 | 0.174953E − 04 |
| 23 | − 0.385138E − 04 | 0.100278E − 04 |
| 24 | − 0.358727E − 03 | − 0.871180E − 04 |
| 25 | − 0.235749E − 03 | − 0.584800E − 04 |
| 26 | − 0.144221E − 03 | − 0.352375E − 04 |
| 27 | − 0.773168E − 04 | − 0.177619E − 04 |
| 28 | − 0.299438E − 04 | − 0.635130E − 05 |

−− STRESSES OF ELEMENT −−

ELEMENT NO. = 　1

STX = − .245753E + 02STY = 0. 105111E + 02　　TXY = − .659623E + 02

ELEMENT NO. = 　2

STX = − .346330E + 02　　STY = 0. 373060E + 02　　TXY = − .195695E + 02

ELEMENT NO. = 　3

STX = 0. 424335E + 00　　STY = − .251766E + 01　　TXY = − .586410E + 02

ELEMENT NO. = 　4

STX = − .154287E + 02　　STY = − .848092E + 00　　TXY = − .911223E + 01

ELEMENT NO. = 5

$\quad$ STX = 0.152177E + 02 $\quad$ STY = − .114757E + 02 $\quad$ TXY = − .396019E + 02

ELEMENT NO. = 6

$\quad$ STX = − .812105E + 00 $\quad$ STY = − .284418E + 02 $\quad$ TXY = − .480441E + 01

ELEMENT NO. = 7

$\quad$ STX = − .358406E + 02 $\quad$ STY = 0.994466E + 02 $\quad$ TXY = − .139733E + 03

ELEMENT NO. = 8

$\quad$ STX = − .729811E + 01 $\quad$ STY = 0.966899E + 02 $\quad$ TXY = − .302061E + 02

ELEMENT NO. = 9

$\quad$ STX = − .480383E + 01 $\quad$ STY = 0.119108E + 02 $\quad$ TXY = − .112714E + 03

ELEMENT NO. = 10

$\quad$ STX = − .689094E + 01 $\quad$ STY = − .390053E + 02 $\quad$ TXY = − .262448E + 02

ELEMENT NO. = 11

$\quad$ STX = 0.187605E + 02 $\quad$ STY = − .583110E + 02 $\quad$ TXY = − .724363E + 02

ELEMENT NO. = 12

$\quad$ STX = − .942355E + 01 $\quad$ STY = − .134387E + 03 $\quad$ TXY = − .480129E + 01

ELEMENT NO. = 13

$\quad$ STX = − .774994E + 02 $\quad$ STY = 0.207568E + 03 $\quad$ TXY = − .184312E + 03

ELEMENT NO. = 14

$\quad$ STX = − .315419E + 02 $\quad$ STY = 0.120887E + 03 $\quad$ TXY = − .856211E + 02

ELEMENT NO. = 15

$\quad$ STX = − .290072E + 02 $\quad$ STY = 0.499803E + 02 $\quad$ TXY = − .154172E + 03

ELEMENT NO. = 16

$\quad$ STX = − .233383E + 02 $\quad$ STY = − .805402E + 02 $\quad$ TXY = − .662801E + 02

ELEMENT NO. = 17

$\quad$ STX = 0.166157E + 02 $\quad$ STY = − .926119E + 02 $\quad$ TXY = − .103302E + 03

ELEMENT NO. = 18

$\quad$ STX = − .194726E + 02 $\quad$ STY = − .249018E + 03 $\quad$ TXY = − .225779E + 02

ELEMENT NO. = 19

$\quad$ STX = − .120132E + 03 $\quad$ STY = 0.286873E + 03 $\quad$ TXY = − .210535E + 03

ELEMENT NO. = 20

$\quad$ STX = − .895332E + 02 $\quad$ STY = 0.147543E + 03 $\quad$ TXY = − .150079E + 03

ELEMENT NO. = 21

$\quad$ STX = − .490911E + 02 $\quad$ STY = 0.102758E + 03 $\quad$ TXY = − .194304E + 03

ELEMENT NO. = 22

$\quad$ STX = − .608743E + 02 $\quad$ STY = − .108973E + 03 $\quad$ TXY = − .116944E + 03

ELEMENT NO. = 23

$\quad$ STX = 0.138738E + 02 $\quad$ STY = − .110236E + 03 $\quad$ TXY = − .142347E + 03

ELEMENT NO. = 24

STX = −.384757E + 02　STY = −.367409E + 03　TXY = −.550980E + 02

ELEMENT NO. = 25

STX = −.966384E + 02　STY = 0.346369E + 03　TXY = −.267816E + 03

ELEMENT NO. = 26

STX = −.142520E + 03　STY = 0.175198E + 03　TXY = −.207364E + 03

ELEMENT NO. = 27

STX = −.341748E + 02　STY = 0.149345E + 03　TXY = −.234400E + 03

ELEMENT NO. = 28

STX = −.932433E + 02　STY = −.117474E + 03　TXY = −.157744E + 03

ELEMENT NO. = 29

STX = 0.723699E + 01　STY = −.113399E + 03　TXY = −.182066E + 03

ELEMENT NO. = 30

STX = −.618880E + 02　STY = −.488137E + 03　TXY = −.956626E + 02

ELEMENT NO. = ˙31

STX = 0.829889E + 02　STY = 0.413951E + 03　TXY = −.418996E + 03

ELEMENT NO. = 32

STX = −.129302E + 03　STY = 0.183441E + 03　TXY = −.251070E + 03

ELEMENT NO. = 33

STX = 0.347525E + 02　STY = 0.173346E + 03　TXY = −.266148E + 03

ELEMENT NO. = 34

STX = −.834447E + 02　STY = −.964147E + 02　TXY = −.161488E + 03

ELEMENT NO. = 35

STX = −.220111E + 02　STY = −.109792E + 03　TXY = −.206926E + 03

ELEMENT NO. = 36

STX = −.922193E + 02　STY = −.609489E + 03　TXY = −.142975E + 03

−−STRESSES OF NODE−−

NODE NO. = 1

STX = −.571152E + 02　STY = −.359641E + 03　TXY = −.174950E + 03

NODE NO. = 2

STX = 0.829889E + 02　STY = 0.413951E + 03　TXY = −.418996E + 03

NODE NO. = 3

STX = −.235678E + 02　STY = −.109535E + 02　TXY = −.211521E + 03

NODE NO. = 4

STX = −.385360E + 01　STY = 0.256913E + 03　TXY = −.312071E + 03

NODE NO. = 5

STX = −.296041E + 02　STY = 0.239086E + 02　TXY = −.427659E + 02

NODE NO. = 6

$$STX = -.476506E+02 \quad STY = 0.314587E+03 \quad TXY = -.312627E+03$$
NODE NO. = 7
$$STX = -.119763E+03 \quad STY = 0.269480E+03 \quad TXY = -.228572E+03$$
NODE NO. = 8
$$STX = -.957214E+02 \quad STY = 0.213995E+03 \quad TXY = -.181642E+03$$
NODE NO. = 9
$$STX = -.482940E+02 \quad STY = 0.142634E+03 \quad TXY = -.136555E+03$$
NODE NO. = 10
$$STX = -.225713E+02 \quad STY = 0.688826E+02 \quad TXY = -.786337E+02$$
NODE NO. = 11
$$STX = -.812105E+00 \quad STY = -.284418E+02 \quad TXY = -.480441E+01$$
NODE NO. = 12
$$STX = -.341044E+00 \quad STY = -.135885E+02 \quad TXY = -.178395E+02$$
NODE NO. = 13
$$STX = -.165458E+02 \quad STY = 0.113134E+02 \quad TXY = -.291076E+02$$
NODE NO. = 14
$$STX = -.489568E+02 \quad STY = -.403675E+03 \quad TXY = -.140235E+03$$
NODE NO. = 15
$$STX = -.288300E+02 \quad STY = -.321927E+03 \quad TXY = -.977024E+02$$
NODE NO. = 16
$$STX = -.137775E+02 \quad STY = -.236347E+03 \quad TXY = -.603260E+02$$
NODE NO. = 17
$$STX = -.337854E+01 \quad STY = -.147239E+03 \quad TXY = -.332718E+02$$
NODE NO. = 18
$$STX = 0.166068E+01 \quad STY = -.581016E+02 \quad TXY = -.164025E+02$$
NODE NO. = 19
$$STX = -.129628E+02 \quad STY = 0.191491E+02 \quad TXY = -.522229E+02$$
NODE NO. = 20
$$STX = -.219717E+02 \quad STY = 0.497290E+02 \quad TXY = -.981209E+02$$
NODE NO. = 21
$$STX = -.562579E+02 \quad STY = 0.866272E+02 \quad TXY = -.147572E+03$$
NODE NO. = 22
$$STX = -.881157E+02 \quad STY = 0.124041E+03 \quad TXY = -.192404E+03$$
NODE NO. = 23
$$STX = -.752213E+02 \quad STY = 0.155214E+03 \quad TXY = -.231381E+03$$
NODE NO. = 24
$$STX = 0.443218E+00 \quad STY = -.410908E+02 \quad TXY = -.351396E+02$$
NODE NO. = 25

STX = − .318823E + 01    STY = − .845960E + 02    TXY = − .672592E + 02

NODE NO. =   26

STX = − .202010E + 02    STY = − .118298E + 03    TXY = − .106357E + 03

NODE NO. =   27

STX = − .406643E + 02    STY = − .139243E + 03    TXY = − .148178E + 03

NODE NO. =   28

STX = − .529760E + 02    STY = − .149537E + 03    TXY = − .180933E + 03

计算输出的另一部分结果文件为 FOR_POST. DAT 的数据，如下所示，该文件将作为 ANSYS 后处理的数据文件。

| 28.0000 | 36.0000 | | | | | |
|---|---|---|---|---|---|---|
| 0.0000 | 0.0000 | 0.0000 | 0.0000 | − 57.1152 | − 359.6407 | − 174.9502 |
| 9.0000 | 0.0000 | 0.0000 | 0.0000 | 82.9889 | 413.9508 | − 418.9956 |
| 3.0000 | 0.0000 | 0.0000 | 0.0000 | − 23.5678 | − 10.9535 | − 211.5207 |
| 6.0000 | 0.0000 | 0.0000 | 0.0000 | − 3.8536 | 256.9125 | − 312.0712 |
| 1.5000 | 12.0000 | − 0.0005 | − 0.0001 | − 29.6041 | 23.9086 | − 42.7659 |
| 8.2300 | 1.2400 | − 0.0001 | 0.0000 | − 47.6506 | 314.5866 | − 312.6271 |
| 7.3100 | 2.7100 | − 0.0001 | 0.0000 | − 119.7634 | 269.4799 | − 228.5719 |
| 6.2100 | 4.4600 | − 0.0002 | 0.0001 | − 95.7214 | 213.9950 | − 181.6420 |
| 4.9100 | 6.5500 | − 0.0002 | 0.0001 | − 48.2940 | 142.6338 | − 136.5553 |
| 3.3500 | 9.0400 | − 0.0004 | 0.0000 | − 22.5713 | 68.8826 | − 78.6337 |
| 0.0000 | 12.0000 | − 0.0005 | − 0.0001 | − 0.8121 | − 28.4418 | − 4.8044 |
| 0.5000 | 12.0000 | − 0.0005 | − 0.0001 | − 0.3410 | − 13.5885 | − 17.8395 |
| 1.0000 | 12.0000 | − 0.0005 | − 0.0001 | − 16.5458 | 11.3134 | − 29.1076 |
| 0.0000 | 1.2400 | 0.0000 | 0.0000 | − 48.9568 | − 403.6751 | − 140.2346 |
| 0.0000 | 2.7100 | − 0.0001 | − 0.0001 | − 28.8300 | − 321.9274 | − 97.7024 |
| 0.0000 | 4.4600 | − 0.0001 | − 0.0001 | − 13.7775 | − 236.3465 | − 60.3260 |
| 0.0000 | 6.5500 | − 0.0002 | − 0.0001 | − 3.3785 | − 147.2389 | − 33.2718 |
| 0.0000 | 9.0400 | − 0.0004 | − 0.0001 | 1.6607 | − 58.1016 | − 16.4025 |
| 2.2400 | 9.0400 | − 0.0004 | 0.0000 | − 12.9628 | 19.1491 | − 52.2229 |
| 3.2700 | 6.5500 | − 0.0002 | 0.0000 | − 21.9717 | 49.7290 | − 98.1209 |
| 4.1400 | 4.4600 | − 0.0001 | 0.0000 | − 56.2579 | 86.6272 | − 147.5719 |
| 4.8700 | 2.7100 | − 0.0001 | 0.0000 | − 88.1157 | 124.0405 | − 192.4043 |
| 5.4900 | 1.2400 | 0.0000 | 0.0000 | − 75.2213 | 155.2139 | − 231.3811 |
| 1.1200 | 9.0400 | − 0.0004 | − 0.0001 | 0.4432 | − 41.0908 | − 35.1396 |

| | | | | | | |
|---|---|---|---|---|---|---|
| 1.6400 | 6.5500 | −0.0002 | −0.0001 | −3.1882 | −84.5960 | −67.2592 |
| 2.0700 | 4.4600 | −0.0001 | 0.0000 | −20.2010 | −118.2983 | −106.3571 |
| 2.4400 | 2.7100 | −0.0001 | 0.0000 | −40.6643 | −139.2435 | −148.1778 |
| 2.7400 | 1.2400 | 0.0000 | 0.0000 | −52.9760 | −149.5373 | −180.9331 |
| 5.0000 | 19.0000 | 10.0000 | 10.0000 | −24.5753 | 10.5111 | −65.9623 |
| 5.0000 | 13.0000 | 19.0000 | 19.0000 | −34.6330 | 37.3060 | −19.5695 |
| 13.0000 | 24.0000 | 19.0000 | 19.0000 | 0.4243 | −2.5177 | −58.6410 |
| 13.0000 | 12.0000 | 24.0000 | 24.0000 | −15.4287 | −0.8481 | −9.1122 |
| 12.0000 | 18.0000 | 24.0000 | 24.0000 | 15.2177 | −11.4757 | −39.6019 |
| 12.0000 | 11.0000 | 18.0000 | 18.0000 | −0.8121 | −28.4418 | −4.8044 |
| 10.0000 | 20.0000 | 9.0000 | 9.0000 | −35.8406 | 99.4466 | −139.7326 |
| 10.0000 | 19.0000 | 20.0000 | 20.0000 | −7.2981 | 96.6899 | −30.2061 |
| 19.0000 | 25.0000 | 20.0000 | 20.0000 | −4.8038 | 11.9108 | −112.7137 |
| 19.0000 | 24.0000 | 25.0000 | 25.0000 | −6.8909 | −39.0053 | −26.2448 |
| 24.0000 | 17.0000 | 25.0000 | 25.0000 | 18.7605 | −58.3110 | −72.4363 |
| 24.0000 | 18.0000 | 17.0000 | 17.0000 | −9.4236 | −134.3873 | −4.8013 |
| 9.0000 | 21.0000 | 8.0000 | 8.0000 | −77.4994 | 207.5683 | −184.3123 |
| 9.0000 | 20.0000 | 21.0000 | 21.0000 | −31.5419 | 120.8866 | −85.6211 |
| 20.0000 | 26.0000 | 21.0000 | 21.0000 | −29.0072 | 49.9803 | −154.1716 |
| 20.0000 | 25.0000 | 26.0000 | 26.0000 | −23.3383 | −80.5402 | −66.2801 |
| 25.0000 | 16.0000 | 26.0000 | 26.0000 | 16.6157 | −92.6119 | −103.3022 |
| 25.0000 | 17.0000 | 16.0000 | 16.0000 | −19.4726 | −249.0184 | −22.5779 |
| 8.0000 | 22.0000 | 7.0000 | 7.0000 | −120.1316 | 286.8734 | −210.5352 |
| 8.0000 | 21.0000 | 22.0000 | 22.0000 | −89.5332 | 147.5432 | −150.0786 |
| 21.0000 | 27.0000 | 22.0000 | 22.0000 | −49.0911 | 102.7580 | −194.3037 |
| 21.0000 | 26.0000 | 27.0000 | 27.0000 | −60.8743 | −108.9731 | −116.9438 |
| 26.0000 | 15.0000 | 27.0000 | 27.0000 | 13.8738 | −110.2356 | −142.3467 |
| 26.0000 | 16.0000 | 15.0000 | 15.0000 | −38.4757 | −367.4092 | −55.0980 |
| 7.0000 | 23.0000 | 6.0000 | 6.0000 | −96.6384 | 346.3686 | −267.8162 |
| 7.0000 | 22.0000 | 23.0000 | 23.0000 | −142.5203 | 175.1976 | −207.3641 |
| 22.0000 | 28.0000 | 23.0000 | 23.0000 | −34.1748 | 149.3449 | −234.4005 |
| 22.0000 | 27.0000 | 28.0000 | 28.0000 | −93.2433 | −117.4741 | −157.7435 |
| 27.0000 | 14.0000 | 28.0000 | 28.0000 | 7.2370 | −113.3987 | −182.0665 |
| 27.0000 | 15.0000 | 14.0000 | 14.0000 | −61.8880 | −488.1373 | −95.6626 |

| | | | | | | |
|---|---|---|---|---|---|---|
| 6.0000 | 4.0000 | 2.0000 | 2.0000 | 82.9889 | 413.9508 | −418.9956 |
| 6.0000 | 23.0000 | 4.0000 | 4.0000 | −129.3022 | 183.4405 | −251.0696 |
| 23.0000 | 3.0000 | 4.0000 | 4.0000 | 34.7525 | 173.3461 | −266.1485 |
| 23.0000 | 28.0000 | 3.0000 | 3.0000 | −83.4447 | −96.4147 | −161.4878 |
| 28.0000 | 1.0000 | 3.0000 | 3.0000 | −22.0111 | −109.7920 | −206.9257 |
| 28.0000 | 14.0000 | 1.0000 | 1.0000 | −92.2193 | −609.4893 | −142.9747 |

按照上一节所述方法，可得到在 ANSYS 中所得到的例题 7 – 1 的后处理显示结果如图 9 – 4 所示。

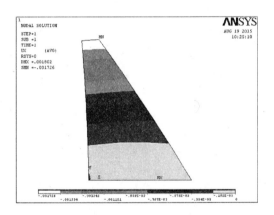

（a）$x$ 方向的位移

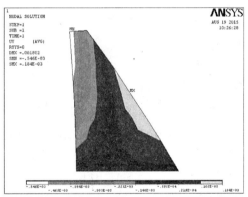

（b）$y$ 方向的位移

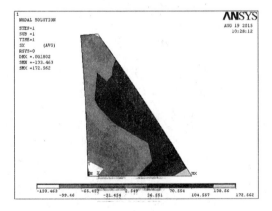

（c）$x$ 方向的结点应力

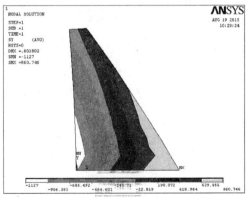

（d）$y$ 方向的结点应力

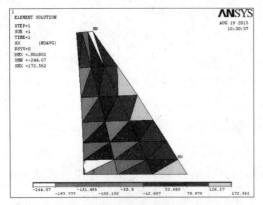 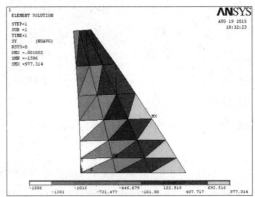

(e) x 方向的单元应力　　　　　　　　　　(f) y 方向的单元应力

图 9 - 4　ANSYS 后处理所给出的各种分布图

# 习　题

如图 9 – 5(a)所示为一个不计自重的三角形平面应力问题，弹性模量 $E = 1\mathrm{MPa}$，泊松比 $\mu = 0.25$，比重 $\gamma = 0$，厚度 $t = 1\mathrm{m}$，集中力 $P = 10\mathrm{MN}$。试采用 ANSYS 平台作为前后处理器，并使用自主程序 RFEP. FOR 或其他自主程序进行计算和分析。要求单元的划分如图 9 – 5(b)所示。

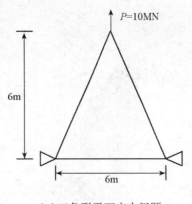 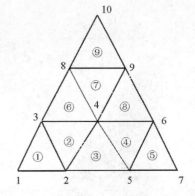

(a)三角形平面应力问题　　　　　　　(b)三角形平面应力问题的单元划分

图 9 – 5　不计自重的三角形平面应力问题

# 参 考 文 献

[1]  刘晓平. 土木工程结构分析及程序设计[M]. 北京：人民交通出版社，2001.

[2]  李廉锟. 结构力学[M]. 5 版. 北京：高等教育出版社，2010.

[3]  刘德贵，费景高，等. FORTRAN 算法汇编[M]. 北京：国防工业出版社，1988.

[4]  江见鲸，贺小岗. 工程结构计算机仿真分析[M]. 北京：清华大学出版社，1996.

[5]  徐芝纶. 弹性力学简明教程[M]. 北京：高等教育出版社，2010.

[6]  张胜民. 基于有限元软件 ANSYS 7.0 的结构分析[M]. 北京：清华大学出版社，2003.

[7]  博嘉科技. 有限元分析软件 ANSYS 融会与贯通[M]. 北京：中国水利水电出版社，2002.

[8]  李围，等. 隧道及地下工程 ANSYS 实例分析[M]. 北京：中国水利水电出版社，2008.

[9]  曾攀. 有限元分析及应用[M]. 北京：清华大学出版社，2004.